Elektrische Widerstand-Schweißung und -Erwärmung

Von

Dipl.-Ing. **A. J. Neumann**
Oberingenieur

Mit einem Geleitwort von
Dr.-Ing. A. Hilpert
Professor an der Techn. Hochschule
Berlin

Mit 250 Textabbildungen

Berlin
Verlag von Julius Springer
1927

ISBN-13: 978-3-642-47251-0 e-ISBN-13: 978-3-642-47644-0
DOI: 10.1007/978-3-642-47644-0

Softcover reprint of the hardcover 1st edition 1927

Geleitwort.

Wenn man die neuen Schweißverfahren überblickt, so sind es die beiden großen Gruppen der Gasschmelzschweißung einerseits und der elektrischen Schweißung andererseits, welche in ganz erheblichem Maße seit Anfang unseres Jahrhunderts die Herstellung der Einzel- und Reihenstücke beeinflussen. Von den elektrischen Schweißverfahren ist das der Lichtbogenschweißung in der Literatur vielfach behandelt worden, z. B. von Schimpke-Horn, Meller u. a. Über das Verfahren der Widerstandschweißung in ihren Abarten als Punkt-, Naht-, Stumpf- und Abschmelzschweißung sind wohl auch zerstreut zahlreiche Angaben in der einschlägigen Literatur gemacht worden, aber es besteht meines Wissens noch keine Buchveröffentlichung in deutscher Sprache, in der in erwünschter Weise die genannten Verfahren der Widerstandschweißung systematisch behandelt werden, denn das einzige, bereits im Jahre 1892 erschienene Büchlein von Etienne de Fodor liegt schon sehr weit zurück. Seit dieser Zeit aber — insbesondere nach dem Kriege — haben sich diese Verfahren infolge ihrer Vorzüge immer mehr eingeführt, und die wirtschaftlichen Vorteile, die sich mit Hilfe der elektrischen Widerstandschweißung erzielen lassen, zwingen auch immer weitere Kreise, sich mit diesem Sondergebiet vertraut zu machen.

Nachdem nunmehr auch endlich an technischen Lehranstalten und Hochschulen über diese Verfahren spezielle Kollegs und Übungen abgehalten werden, ist ein diesbezügliches Spezialwerk auch für die studierende Jugend erwünscht. Ich habe es deshalb sehr begrüßt, daß mit dem vorliegenden Werk eine bisherige Lücke in der Schweißliteratur ausgefüllt wird, die von vielen empfunden wurde, die sich aus einem Spezialwerk über Widerstandschweißung ebenso orientieren wollten, wie sie es bisher schon über Gasschmelz- und Lichtbogenschweißung tun konnten. Vielen aber wird das vorliegende Buch auch Anregung bringen können zur Anwendung dieser besonderen Verfahren in der Fabrikation, zum mindesten zur Prüfung, inwieweit dieselben geeigneter und wirtschaftlicher sind als bisherige Verfahren, wobei eine etwaige konstruktive Abänderung der zu bearbeitenden Stücke in eine für die neueren Verfahren geeignete

Form in Kauf genommen werden kann. Diese Anregung wird dann sicher in vielen Fällen zur Anwendung führen.

Über eines darf man sich nicht täuschen: wir stehen noch ziemlich am Anfang des Vorwärtsdringens dieser neuen Schweißverfahren; trotzdem ist das Anwendungsgebiet bereits ein sehr großes geworden. Die Reinlichkeit, die im wesentlichen ohne Leerlaufarbeit vorhandene Betriebsbereitschaft, ferner die unter dem Einfluß der zentralisierten Stromerzeugung auch eingetretene Verbilligung des elektrischen Stromes sind mächtige Faktoren zugunsten der elektrischen Widerstandschweißung, besonders auch in ihrer Form als Elektroesse, die in hygienisch einwandfreier Weise Rauch und Ruß vermeidet.

Die Elektrizität hat seinerzeit ihren Siegeslauf begonnen mit der Lichtversorgung, dann erst kam die Kraftversorgung mittels Elektrizität und erst in neuester Zeit die Wärmeversorgung. Wie die Licht- und Kraftversorgung heute als etwas ganz Selbstverständliches im Werkstattbetrieb erscheint, so wird es auch mit der Wärmeversorgung werden, und damit wird sich auch die elektrische Widerstandschweißung ein ungeheuer großes Gebiet erobern. Dazu kann auch das vorliegende Buch beitragen, indem es weitere Kreise zur Mitarbeit heranzieht für die vielen Probleme, die es auf dem Gebiete der elektrischen Widerstandschweißung und -erwärmung noch zu lösen gibt.

Charlottenburg, im Mai 1927.

Prof. Dr.-Ing. **A. Hilpert.**

Vorwort.

Der Fortschritt, der sich auf dem Gebiete der elektrischen Widerstandschweißung und -erwärmung in den letzten Jahren bemerkbar gemacht hat, veranlaßte mich, in meinem Buche auf die verschiedenen Typen und Fabrikate elektrischer Widerstandschweißmaschinen näher einzugehen und ihre charakteristischen Merkmale ausführlicher zu behandeln. Hierbei war ich bemüht, die Prinzipien der Maschinen so darzulegen, daß sich eine sinngemäße Übertragung derselben auch auf andere Spezialmaschinen ermöglichen läßt.

Die allgemeinen Betrachtungen über die einzelnen Schweißverfahren wurden zweckmäßig von der Besprechung der Maschinentypen getrennt gehalten.

Bei meinen Arbeiten bin ich von den Herren Prof. Dr.-Ing. Hilpert, Prof. Dr.-Ing. Bock, Chemnitz, Oberingenieur Schröder, Dipl.-Ing. Flatauer und Obering. Strecker unterstützt worden und möchte nicht verfehlen, genannten Herren für ihre liebenswürdige Hilfe an dieser Stelle meinen verbindlichsten Dank auszusprechen. Auch den verschiedenen Schweißmaschinenfabriken, die mich durch freundliche Überlassung von Material in meiner Arbeit unterstützt haben, möchte ich hiermit meinen besten Dank übermitteln. Ebenso gebührt der Verlagsbuchhandlung für ihr freundliches Entgegenkommen in der drucktechnischen Ausstattung des Buches mein ganz besonderer Dank.

Berlin, im Mai 1927.

Dipl.-Ing. **A. J. Neumann.**

Inhaltsverzeichnis.

I. Begriffe, Arten und Bezeichnungen auf dem Gebiete der Schweißtechnik[1]).

1. Begriffe.

Der Begriff des Schweißens wurde wie folgt bestimmt: „Unter Schweißen wird das Vereinigen von metallischen Werkstücken gleichen oder ähnlichen Werkstoffes unter Zuführung von Wärme verstanden."

2. Arten.

Man unterscheidet zwei Arten des Schweißens:

a) Preßschweißen. Vereinigen der Werkstücke an der Verbindungsstelle unter Anwendung von Druck in teigigem Zustande. Hierzu gehören folgende Verfahren:

1. Hammerschweißung (Feuer, Wassergas usw.),
2. elektrische Widerstandschweißung,
3. Thermitschweißung, soweit sie eine Erwärmung der zu verbindenden Enden nur bis zum teigigen Zustand bewirkt.

b) Schmelzschweißen. Vereinigen der Werkstücke an der Verbindungsstelle in flüssigem Zustande mit oder ohne Zufügung geeigneten Werkstoffes. Hierzu gehören folgende Verfahren:

1. Zu- und Ablaufgießverfahren,
2. Thermitschweißung, soweit sie eine Erwärmung der zu verbindenden Enden bis zum Schmelzfluß bewirkt,
3. Lichtbogenschweißung (Benardos, Slavianoff, Zerener),
4. Gasschmelzschweißung: Sauerstoff mit Gas (Leuchtgas, Wasserstoff, Azetylen usw.) bzw. mit flüssigem Brennstoff.

3. Bezeichnungen.

Für die Gasschmelz- und Lichtbogenschweißung wurden bezüglich Form und Lage der Schweißenden sowie Ausführungsform und Art der Schweißnaht einheitliche Bezeichnungen geschaffen, die vom „Fachausschuß für Schweißtechnik im Verein deutscher Ingenieure" in Form von Normblättern kürzlich veröffentlicht wurden.

Für die elektrische Widerstandschweißung sind ebenfalls einheitliche Bezeichnungen (siehe Abb. 1, Normblatt DIN 1911) erschienen.

Danach unterscheidet man:

Stumpfschweißung,
Abschmelzschweißung,
Reihen-Punktschweißung,

---

[1]) Bearbeitet von der Gruppe Prof. Hilpert im Fachausschuß für Schweißtechnik des VDI.

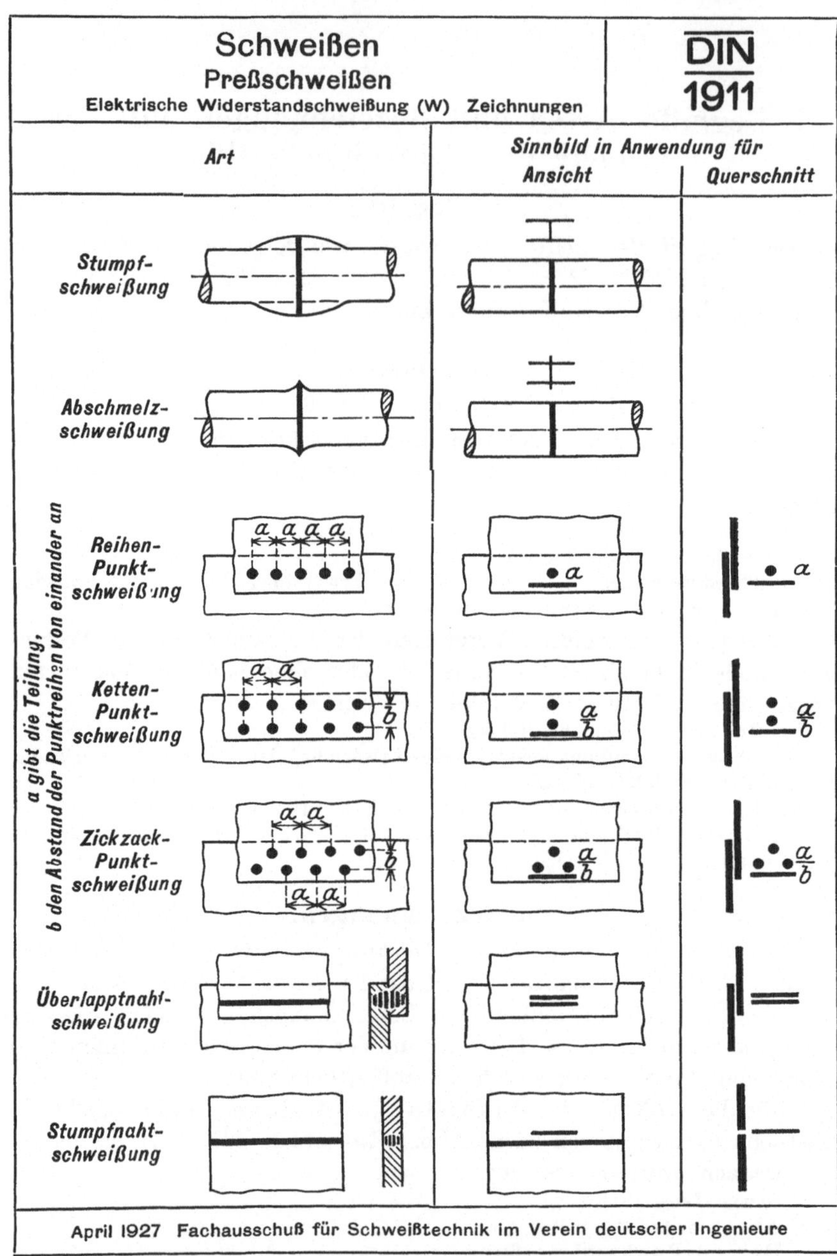

Abb. 1[1]). Normblatt der elektrischen Widerstandschweißung.

[1]) Wiedergabe erfolgt mit Genehmigung des Deutschen Normenausschusses. Verbindlich für die vorstehenden Angaben bleiben die Dinormen. Normblätter sind durch den Beuth-Verlag G. m. b. H., Berlin S 14, Dresdenerstr. 97 zu beziehen.

Ketten-Punktschweißung,
Zickzack-Punktschweißung,
Überlapptnahtschweißung,
Stumpfnahtschweißung.

Zur Unterscheidung der verschiedenartigen Schweißverfahren sind noch sogenannte „Kurzzeichen" festgelegt worden, die bei Konstruktionszeichnungen an den betreffenden Stellen hinzuzufügen sind, und zwar

für die Gasschmelzschweißung der Buchstabe *G*,
für die Lichtbogenschweißung der Buchstabe *L*,
für die Widerstandschweißung der Buchstabe *W*.

4. Geschichtliche Entwicklung.

Der erste praktische Versuch, Elektrowärme in Form von Widerstandserwärmung auszunutzen, wird Professor Elihu Thomson zugeschrieben. Seine Vorgänger um 1865, wie Wilde, Benardos, beschreiben zwar schon die Verwendung von Stromwärme zu Schmelz- und Erwärmungszwecken, jedoch beruhen diese Versuche nur zum Teil auf Widerstandserwärmung. Professor E. Thomson, der eigentliche Erfinder der Widerstandschweißung, ist, wie es so häufig bei wichtigen Erfindungen der Fall ist, durch einen kleinen Zufall auf den Gedanken gekommen, Strom zum Schweißen zu benutzen. Er wollte im Jahre 1877 bei einem Vortrag über das Wesen der Elektrizität die Reversibilität einer Induktorspule nachweisen und benutzte zu diesem Zwecke eine feindrähtig bewickelte Spule, eine Batterie Leydener Flaschen und eine galvanische Batterie. Mit dieser Anordnung zeigte Thomson, wie Ströme niedriger Spannung hochgespannt werden können, und lud damit die Leydener Flaschen. Dann kehrte er den Vorgang um und entlud die hochgespannten Ströme der Leydener Batterie in die Spule, die er primärseitig kurzgeschlossen hatte. Bei diesem Kurzschließen brachte er die Enden der Spule in Berührung miteinander, wodurch sie fest aneinander schmolzen. Thomson wiederholte diesen Versuch noch einige Male mit dem gleichen Erfolge und kam dann auf die Idee, das Ergebnis industriell auszuwerten. Zu diesem Zweck gründete er die Thomson Electric Welding Company unter Mitwirkung von Lemp und Rasmussen. So entstand auch die erste Maschine (Abb. 2).

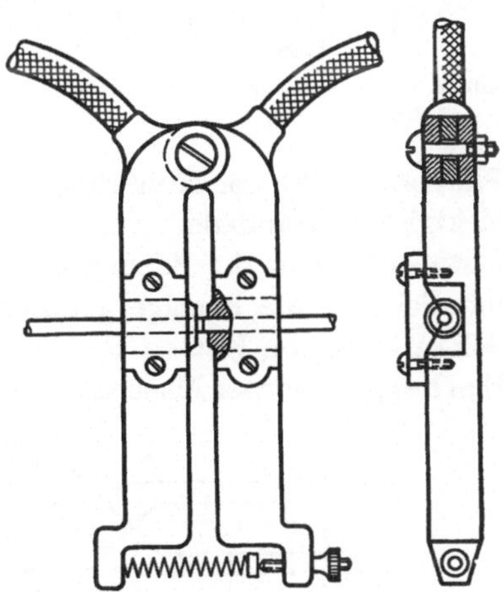
Abb. 2. Das erste praktische Schweißgerät Thomson, Patent 10. August 1886.

Die beiden zu schweißenden Drähte wurden in den Spannklammern, die gegenseitig im Drehpunkt isoliert waren, festgehalten. Die Stromzuführung erfolgte durch bewegliche Leiter. Eine Feder diente zum Auseinanderhalten der Backen. Mit diesem Gerät wurden dünne Drähte erfolgreich stumpfgeschweißt. Eine Maschine, die Thomson bereits mit Transformator ausgestattet hat, ist aus Abb. 3 ersichtlich.

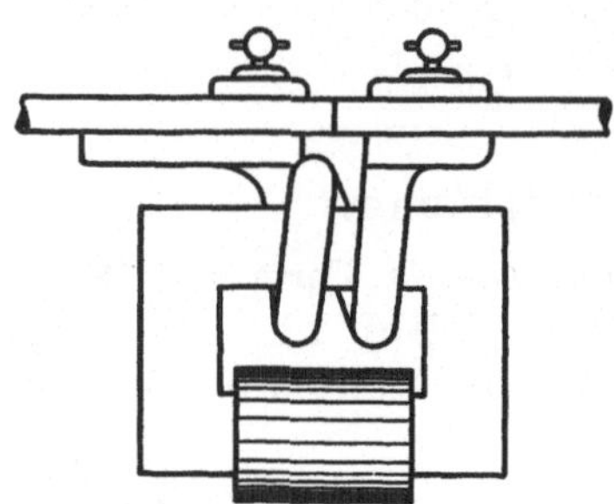

Abb. 3. Thomsonsche Stumpfschweißmaschine älteren Datums.

Diese Maschine kann als grundlegend für den Bau von Stumpfschweißmaschinen angesehen werden, ihre Bauart ist auch heute noch bei ganz kleinen Maschinen in Anwendung. Auf diesem Gebiete setzte eine rege Tätigkeit ein, und es wurden namentlich von Alexander Siemens, Coffin, Dewey Verbesserungen in der Stromführung und mechanischen Ausrüstung getroffen, die aber von dem Thomsonschen Prinzip nur wenig abweichen. Die Wasserkühlung der Kontakte rührt auch aus dieser Zeit her, ebenso die elektrische Schmiede. Die Stumpfschweißmaschine wurde nach dieser Entwicklung in der Kleineisenindustrie verwendet und ihre Größe allmählich auf die heutige gebracht. Man baute Spezialmaschinen zur Schweißung von Ketten in Deutschland zuerst nach den Patenten von Helberger, ferner Maschinen zur Reifenherstellung usw. Die Maschinen

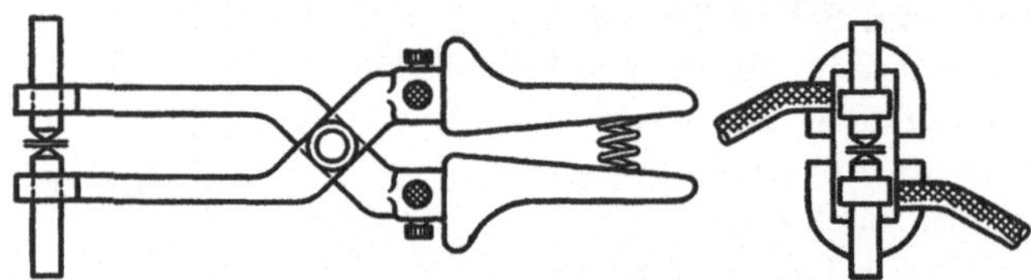

Abb. 4. Benardossches Schweißgerät zum Punktschweißen.

nahmen auch an Leistungsgröße zu, und es entstand das sogenannte Abbrenn- oder Abschmelzverfahren, das dann auch bei kleineren Maschinen in Anwendung kam. Durch dieses Verfahren wurde die Schweißung von Rohren, Felgen, dünnwandigen Gegenständen ermöglicht und günstigste Festigkeitsverhältnisse erzielt.

Die ersten Versuche elektrischer Punktschweißung wurden von Benardos mit Kohlenelektroden (D.R.P. 46776—79) in den Jahren 1887 und 1888 ausgeführt. Benardos kam zum ersten Male auf den Gedanken, eine Schweißung unter Druck vorzunehmen; die Vorrichtung, die er dazu benutzte, ist aus Abb. 4 ersichtlich.

Diese Vorrichtung ermöglichte die Schweißung zweier Bleche, kann jedoch nur als Versuch angesehen werden. Nach 10jähriger Pause wurde der Gedanke Benardos von Kleinschmidt weiterverfolgt, indem er Kupferelektroden verwendete, die jedoch nur die Schweißstelle mit Strom versorgten, während der Druck durch besondere Organe bewirkt wurde. Im Jahre 1903 führte Bouchayer eine Vereinigung von zwei 2stelligen Transformatoren aus, wobei die Schweißung auf einmal erfolgte.

Abb. 5 veranschaulicht das Punktschweißverfahren, wie es heute bei den meisten Maschinen zur Anwendung gelangt. Die mit niedriggespanntem Strom gespeisten Kupferelektroden ruhen mittels Feder- oder Gewichtsdruck auf der Schweißstelle. Aus diesem Prinzip ist dann das Nahtschweißen mit Rollenelektroden hervorgegangen, das sich heute ebenfalls in der Blechwarenfabrikation stark eingebürgert hat.

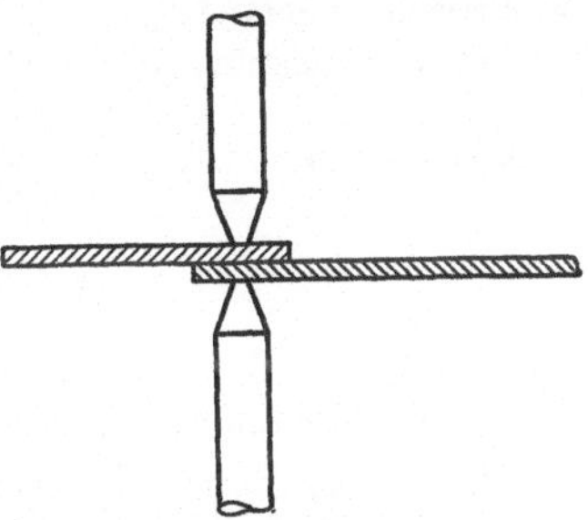

Abb. 5. Prinzip des Harmatta-Verfahrens.

Nach dieser grundlegenden Entwicklung fand der Schweißmaschinenbau auch in Deutschland Eingang, und zwar brachte die AEG die ersten Maschinen auf den Markt. Die Schwierigkeiten, die sich der Einführung boten, lagen darin, daß viele Städte nur über den damals üblichen Gleichstrom verfügten. Aber schon im Jahre 1904 erkannte man die großen Vorteile dieses Verfahrens auf wirtschaftlichem Gebiete, und die Blechwaren- und Kleineisenindustrie bekundete ein lebhaftes Interesse für die Maschinen. Die von der AEG im Anfang der Entwicklung der Punktschweißmaschinen inne gehabten Patente haben durch Helberger, Pfretzschner und Timar erhebliche konstruktive Verbesserungen erfahren, und die Weiterentwicklung der noch unvollständigen Konstruktion der Punktschweißmaschinen wurde von diesem Zeitpunkt an erst allgemein gefördert und in richtige Wege geleitet. Insbesondere wurden in den Kriegsjahren durch den Zwang der Wirtschaftsnot Verbesserungen hinsichtlich der Anwendung durchgeführt. Nach dem Kriege entwickelte sich besonders die Nahtschweißung auf Grund der Patente von Schröder. Durch grundlegende Bauarten haben in erster Linie die AEG, Pfretzschner, Fäßler, Mack und Schröder zu der wirtschaftlichen Entwicklung der Schweißmaschinen beigetragen.

II. Grundzüge der Elektrotechnik.

1. Maßeinheiten.

Dem elektromagnetischen Maßsystem ist das absolute oder physikalische (C-G-S) System zugrunde gelegt. Die Längeneinheit ist 1 cm, die Masseneinheit 1 g, die Zeiteinheit 1 sek. Die Einheit der Kraft ist 1 cmg/sek^2 = 1 Dyn. 1 kg = 981000 Dyn. 1 Dyn = 0,000001019 kg.

Größe	Einheit	Zeichen	Verhältnis zur absoluten Einheit	Dimension der absoluten Einheit
Elektromotorische Kraft (E) (oder Spannung)	Volt	V	10^8	$c^{3/2} g^{1/2} s^{-2}$
Stromstärke (J)	Ampere	A	10^{-1}	$c^{1/2} g^{1/2} s^{-1}$
Widerstand (R)	Ohm	Ω	10^9	$c s^{-1}$
Elektrizitätsmenge	Coulomb	Cb	10^{-1}	$c^{1/2} g^{1/2}$
Elektrische Kapazität	Farad	F	10^{-9}	$c^{-1} s^2$
Elektrische Arbeit (A)	Joule	J	10^7	$c^2 g s^{-2}$
Elektrische Leistung ($\mathfrak{E}$) (Effekt)	Voltampere oder Watt	VA oder W	10^7	$c^2 g s^{-3}$
Selbstinduktion	Henry	H	10^9	c

2. Ohmsches Gesetz.

Bedeutet E den Spannungsunterschied zwischen zwei beliebigen Punkten eines einfachen stromdurchflossenen Leiters in V, J die Stromstärke in A, R den Leitungswiderstand in Ω, so ist:

$$E = JR \quad \text{oder} \quad J = \frac{E}{R}.$$

3. Einfluß der Temperatur auf den Widerstand.

Der spezifische Widerstand der Metalle und Legierungen vergrößert sich allgemein mit der Temperatur, und zwar nach der allgemeinen Formel:

$$r = r_0(1 + \alpha t).$$

Stoffe	Spez. Widerstand	Temperaturkoeffizient α bezogen auf 15° C
	Ohm $\frac{mm^2}{m}$	$\frac{1}{1000° C}$
Blei, gepreßt	0,20	4,11
Eisen:		
99,0 vH	0,15	—
99,5 vH	0,125	—
99,9 vH	0,10	—
Eisenblech	0,13	4,6
Eisenblech, legiert (2 vH Si)	0,36	—
Eisendraht (Mittel)	0,143	4,7
Stahldraht	0,172	6,24
Eisen, gegossen	etwa 0,8	—
Gold	0,022	3,50
Kupfer, rein	0,0162	4,28
Mustergültiges Kupfer	0,01724	3,93
Kupfer, nach VDE als Leitungskupfer zulässig .	0,01784	3,81
Nickel	0,10	6,34
Platin	0,094	3,84

Stoffe	Spez. Widerstand Ohm $\frac{mm^2}{m}$	Temperaturkoeffizient α bezogen auf 15° C $\frac{1}{1000°\,C}$
Silber, weich	0,0158	3,6
Silber, hart	0,0175	3,6
Zink	0,0625	3,9
Zinn	0,11—0,14	4,5
Legierungen.		
Elektron	0,063	2,2
Messingdraht (30 vH *Zn*)	0,085—0,065	1,2—2,0
Nickelin I	0,41—0,43	0,019—0,021
Ni-Zn-Legierungen:		
Blanca extra	0,495—0,45	0,11—0,087
Neusilber IIa	0,38—0,36	0,072—0,073
Nickelin	0,40	0,22
Rheotan	0,47	0,23
Fe-Ni-Legierungen:		
Kruppin	0,85—0,86	0,7
Superior	0,85—0,86	0,73—0,69

4. Widerstand in Ohm eines gegebenen Leiters.

Gegeben sei ein Draht von der Länge l, dem konstanten Querschnitte f, dem Widerstande in Ohm $= r$; dann ergibt sich als Widerstand (R) eines zweiten Drahtes von gleichem Material, dem konstanten Querschnitte F und der Länge L:

$$R = r\frac{L}{l}\frac{f}{F}.$$

5. Widerstand eines Leiters von veränderlichem Querschnitte

(R) = der Summe der Widerstände der einzelnen Drahtstücke oder $R = r_0 + r_1 + r_2 + r_3 + r_4 + \cdots\cdots = \sum_0^n r_k$. Dasselbe gilt auch bei Veränderungen im Materiale (z. B. Draht, leitende Flüssigkeit).

6. Mehrere Stromquellen in einem Stromkreis

(Hintereinanderschaltung) erzeugen eine elektromotorische Kraft = der Summe der elektromotorischen Kräfte der einzelnen Stromquellen. Es ergibt sich hieraus als allgemeine Form des Ohmschen Gesetzes

$$i = \frac{\Sigma e}{\Sigma r}.$$

7. Joulesches Gesetz.

Der Widerstand eines Leiters sei R in Ω, der durch denselben fließende Strom sei J in A, so entsteht in t Sekunden eine Wärmemenge

$$Q = 0{,}238\, J^2 \cdot R \cdot t \cdot 10^{-3} \text{ in Kilogramm-Kalorien (WE).}$$

$$1 \text{ Joule} = 1 \text{ Sekunden-VA} = \frac{1}{9{,}81} = 0{,}102 \text{ mkg}$$

oder $1 \text{ Joule} = 0{,}238 \cdot 10^{-3}$ WE (Kilogramm-Kalorien).

8. Erstes Kirchhoffsches Gesetz.

In jedem Verzweigungspunkte eines Stromkreises ist die Summe der durch alle Zweige fließenden Stromstärken gleich Null; es fließt demnach eine gleich große Elektrizitätsmenge ab und zu.

9. Zweites Kirchhoffsches Gesetz.

Die elektromotorische Kraft (EMK) e eines verzweigten, geschlossenen Stromkreises, für dessen Verzweigungen die Widerstände r_1, r_2, r_3, r_4 usw. und die Stromstärken i_1, i_2, i_3, i_4 usw. gelten, ist

$$e = i_1 r_1 + i_2 r_2 + i_3 r_3 + i_4 r_4 \text{ usw.} = \sum_1^n i_k r_k.$$

10. Stromverzweigung.

Bei der Verzweigung eines Stromleiters in mehrere (parallel geschaltete) Leiter verhalten sich die Stromstärken umgekehrt proportional wie ihre Widerstände: $i_1 : i_2 : i_3 = \frac{1}{r_1} : \frac{1}{r_2} : \frac{1}{r_3}$, wobei $J = i_1 + i_2 + i_3$.
Der Gesamtwiderstand R ergibt sich aus:
$\frac{1}{R} = \frac{1}{r_1} + \frac{1}{r_2} + \frac{1}{r_3}$; z. B. für zwei parallel geschaltete Leiter

$$R = \frac{r_1 r_2}{r_1 + r_2}.$$

11. Magnetismus.

a) Gesetz von Coulomb. Ein Pol von der Intensität m_1 übt auf einen anderen von der Intensität m_2 in der Entfernung l eine Kraft aus:

$P = \frac{m_1 m_2}{l^2}$, gemessen im absoluten (el.-magn.) Maßsystem.

b) Magnetisches Feld, Kraftlinien. Von einem magnetischen Pole gehen nach allen Richtungen Kraftlinien aus (das sind Richtungen der Kraftwirkung), man sagt, er erzeugt ein magnetisches Feld. Die Intensität dieses Feldes $\mathfrak{H}$ an einer bestimmten Stelle wird ausgedrückt durch die Anzahl der durch die Flächeneinheit (1 qcm) hindurchgehenden Kraftlinien. Die Kraft f, die ein solches Feld auf einen Pol von der Intensität m ausübt, ist $f = \mathfrak{H} m$, daher $\mathfrak{H} = \frac{f}{m}$. In einem gleichförmigen (homogenen) Felde sind die Kraftlinien parallel und gleich dicht.

c) Magnetische Induktion. Befindet sich ein Eisenstab in einem magnetischen Feld von der Feldstärke $\mathfrak{H}$, so wird im Eisenstab eine magnetische Induktion $\mathfrak{B}$ hervorgerufen von der Größe: $\mathfrak{B} = \mu \mathfrak{H}$, worin μ den Durchlässigkeits- oder Permeabilitätskoeffizienten bedeutet. Für Luft wird $\mu = 1$ gesetzt. Für Eisen und Stahl ist μ nicht konstant, sondern abhängig von der Sättigung $\mathfrak{H}$.

d) Hysteresis. Setzt man einen noch unmagnetischen Eisenkörper einem wachsenden magnetischen Felde aus, so erhält man eine Erstmagnetisierungskurve. Läßt man nun die Feldstärke bis auf 0 abnehmen, dann bis zu einem entgegengesetzten Werte anwachsen, dann wieder bis auf 0 abnehmen und bis zur ursprünglichen Feldstärke anwachsen, so erhält man zwei Kurven (Hysteresisschleife), welche sich nicht decken. Die zwischen beiden liegende Fläche stellt die zum Magnetisieren erforderliche Arbeit A dar, welche sich in Wärme umsetzt. Nach Steinmetz beträgt annäherungsweise $A = \eta \cdot \mathfrak{B}^{1,6}$, worin η eine Konstante bedeutet.

Material	η	Material	η
Sehr weicher Eisendraht . .	0,002	Weicher geglühter Gußstahl .	0,008
Sehr dünnes, weiches Eisenblech	0,0024	Weicher Maschinenstahl . . .	0,0094
Dünnes gutes Eisenblech . .	0,003	Gußstahl	0,012
Dickes Eisenblech	0,0035	Gußeisen	0,016
Umformer-Kerneisen	0,0045	Harter Gußstahl	0,025

e) Magnetischer Kreis. Für den magnetischen Kreis gilt allgemein

$$\Phi = \frac{\mathfrak{F}}{\mathfrak{R}}.$$

$\mathfrak{F}$ ist die magnetomotorische Kraft, $\mathfrak{R}$ = magnetischer Widerstand, $\Phi = \mathfrak{B} q$ = magnetischer Fluß. $\mathfrak{F} = \Sigma\, \mathfrak{H} \cdot l$, $\quad \mathfrak{R} = \Sigma \frac{1}{\mu} \cdot \frac{l}{q}$, worin l die Länge, q der Querschnitt, μ der Durchlässigkeitskoeffizient der einzelnen Teile des magnetischen Kreises.

Magnetisches Feld eines Stromes. Die Feldstärke eines in Kreisform vom Radius r gebogenen Leiters beträgt im Kreismittelpunkt

$$\mathfrak{H} = \frac{2\pi \cdot J}{r}.$$

In einem Solenoid von z Drahtwindungen auf seine Länge l ist

$$\mathfrak{H} = \frac{4\pi z J}{l}.$$

Setzt man diesen Wert in die Gleichung $\mathfrak{F} = \Sigma \mathfrak{H} l$ ein, so ergibt sich für die magnetomotorische Kraft eines Solenoids $\mathfrak{F} = 4\pi\, z \cdot J$.

Die magnetisierende Kraft einer stromdurchflossenen Drahtspule wird bestimmt durch das Produkt aus der Zahl der Windungen pro Zentimeter Spulenlänge und der Stromstärke in Ampere. Dieses Produkt nennt man die Zahl der Amperewindungen, Bezeichnung AW. Da J in C-G-S-Einheit = 10 Ampere, so ist in AW ausgedrückt $\mathfrak{F} = 0{,}4\pi z J = 0{,}4\pi\,\mathrm{AW}$, ferner da $0{,}4\pi = 1{,}257$ ist, $\mathfrak{H} = \frac{1{,}257\,\mathrm{AW}}{l}$ oder $\mathrm{AW} = 0{,}8\, \mathfrak{H} \cdot l$.

12. Induktion.

1. Verstärkung oder Erregung des Stromes in einem geschlossenen Leiter erzeugt im benachbarten geschlossenen Leiter einen entgegen-

gesetzt fließenden Strom, dessen Dauer nur so lange währt wie die Verstärkung der Stromstärke im ersten Leiter.

2. Schwächung oder Unterbrechung des Stromes im primären Leiter erzeugt einen gleichgerichteten Strom im sekundären Leiter. — Der Leiter, in welchem die Stromänderung vorerst bewirkt wird, wird als induzierender Leiter, der andere als induzierter bezeichnet.

3. Näherung eines stromdurchflossenen (primären) Leiters an den sekundären wirkt ebenso wie Stromverstärkung, Entfernung wie Stromschwächung.

4. Abwechselnde Stromverstärkung und Schwächung erzeugt sekundäre Wechselströme, d. h. Ströme, welche oszillierend ihre Richtung ändern.

13. Magnetische Induktion.

Wird ein Leiter in einem magnetischen Felde so bewegt, daß er Kraftlinien schneidet, so wird in ihm eine elektromotorische Kraft erregt, und zwar in einer Richtung, die senkrecht zur Bewegungsrichtung und senkrecht zur Richtung der Kraftlinien steht.

Bedeutet $\mathfrak{B}$ die magnetische Induktion, l die Länge des bewegten Leiters in cm, v seine Geschwindigkeit in cm/sek, so ist E in Volt

$$E = \mathfrak{B} v l \cdot 10^{-8}.$$

Für die im Anker einer Dynamomaschine erregte elektromotorische Kraft in V gilt, wenn n = Umläufe pro Minute, z_a = Anzahl der wirksamen Ankerleiter, $\mathfrak{S}_a$ = Anzahl der Kraftlinien, die den Anker zwischen zwei Polen durchströmen, die Gleichung $E = \mathfrak{S}_a z_a \cdot \frac{n}{60} \cdot 10^{-8}$.

14. Wirbelströme.

Bei ausgedehnten Massen, z. B. in den Ankern von Elektromotoren, bildet sich eine große Zahl kurzgeschlossener Induktionsströme, welche sich direkt in Wärme verwandeln. Zur Verhütung der infolgedessen zu erwartenden Kraftverluste werden die Ankereisen der Dynamomaschinen und Elektromotoren in der Richtung, in welcher Wirbelströme zu erwarten sind, geteilt.

Man stellt Ankereisen, Transformatorenkerne usw. aus dünnen, durch gefirnißtes Papier oder Lack isolierten Blechen her.

15. Selbstinduktion.

Wird eine Spule mit zahlreichen Windungen von einem nicht konstanten Strom durchflossen, so stellen sich Induktionserscheinungen in den einzelnen Windungen ein, die durch eine gegenseitige Beeinflussung im Sinne des Induktionsgesetzes herbeigeführt werden. In Wechselstromkreisen führt die Selbstinduktion eine Erhöhung des Widerstandes herbei. Die Phasen für Spannung und Strom fallen nicht mehr zusammen (Phasenverschiebung). Ein Leiter besitzt die Einheit der Selbstinduktion (ein Henry), wenn bei einer stetigen Änderung der Stromstärke um 1 Ampere in 1 Sekunde der durch Selbstinduktion entstehende Strom eine elektromotorische Kraft von 1 Volt erhält. Wird ein Stromkreis, dessen Ohmscher Widerstand vernachlässigt werden kann, von Wechselstrom von J Ampere und der Frequenz (Periodenzahl) f durchflossen und herrscht an den Enden die Klemmenspannung E, so ist (in Henry)

$$L = \frac{E}{2\pi f J}\,.$$

Der scheinbare Widerstand infolge Selbstinduktion ist für Wechselstrom

$$\mathfrak{Z} = \sqrt{R^2 + (2\pi f L)^2}.$$

Hierin bedeutet R den Widerstand in Ohm, L den Selbstinduktionskoeffizienten, f die Zahl der Perioden.

III. Grundzüge der Erwärmungstechnik.

1. Wärmemessung.

Um den Wärmezustand eines Körpers zu charakterisieren, spricht man von seiner Temperatur im Vergleich zu derjenigen eines anderen Körpers. Dieser Vergleich läßt sich entweder, wie üblich, in Celsiusgraden oder in absoluten Einheiten ausdrücken. Die absolute Temperaturmessung wird den Berechnungen der allgemeinen Thermodynamik zugrunde gelegt, und zwar ist die absolute Temperatur gleich der Temperatur in Celsiusgraden plus 273°. Zur Messung der Temperatur dienen Thermometer, elektrische Widerstände, Thermoelemente sowie Pyrometer. Der Meßbereich von Flüssigkeitsthermometern ist nach unten zu weniger, nach oben mit etwa 550° begrenzt. — Elektrische Widerstandsthermometer beruhen auf der Änderung des Leitungswiderstandes eines dünnen Drahtes, jedoch ist auch hier die obere Meßgrenze 1000°. Höhere Temperaturen werden mit optischen Pyrometern gemessen. Diese Apparate beruhen auf dem Vergleich der Strahlungsfarben erwärmter Körper, arbeiten also nach einem photometrischen Prinzip. Die Strahlungsfarben des Eisens ergeben mit sicherer Annäherung folgende Temperaturen:

blendend weiß	über 1500°	dunkelorange	1100°
Schweißhitze	1400—1500	hellkirschrot	1100
starkes Weißglühen	1350	kirschrot	900
weißglühend	1300	dunkelkirschrot	800
hellorange	1200	dunkelrot	700
helles Glühen	1150	im Dunkeln rotglühend	500

Die Messungen mittels Pyrometer ermöglichen, das Material je nach Erfordernis wärmetechnisch zu behandeln. — Eine weitere Meßmethode bilden die sogenannten Segerkegel, welche aus Pyramiden aus Tonerdesilikaten von 6 cm Höhe bestehen und verschiedenen Temperaturen angepaßt sind; sie dienen zur überschlägigen Messung von Temperaturen zwischen 600° und 1900°.

Die meisten Messungen werden heutzutage nach Celsiusgraden ausgeführt, und es besteht zwischen diesen und den noch teilweise gebräuchlichen Temperaturgraden nach Reaumur und Fahrenheit folgende Beziehung:

$$C = {}^5/_4\,R = {}^5/_9\,(F - 32).$$

Erleidet ein fester Körper eine Temperaturänderung, so ändert sich seine äußere Gestalt, und man versteht unter der Längenausdehnungszahl die Zunahme der Längeneinheit des Körpers bei 1° Temperaturerhöhung. Da sich der Körper aber nach drei Richtungen hin ausdehnt, hat man mit einer Raumausdehnungszahl zu rechnen; diese ist für homogene feste Körper gleich dem Dreifachen der Längenausdehnungszahl. Diese Ausdehnungszahlen ändern sich im Verlauf der Erwärmung mit dem Aggregatzustande, sowie den chemischen und physikalischen Eigenschaften des betreffenden Körpers. Daher lassen sich diese Zwischenzeit-Grenztemperaturen nur im Mittel auswerten. — Die durch die Erwärmung verursachte Ausdehnung bzw. Zusammenziehung beim Erkalten, ruft ganz bedeutende Kräfte hervor. Die beim Erkalten wärmebehandelter Materialien auftretende Verkleinerung der Längenabmessung, das sogenannte Schwindmaß, beträgt bei

Blei	1:92	Gußstahl	1:72
Geschützbronze	1:130	Messing	1:62
Glockenbronze	1:65	Zink	1:80
Gußeisen	1:96	Zinn	1:147

Die erzeugte Wärme wird nach Wärmeeinheiten (WE) gemessen; hierunter versteht man diejenige Wärmemenge, welche erforderlich ist, um die Temperatur von 1 kg Wasser um 1° C zu erhöhen. Diese Wärmeeinheit bezeichnet man als Kilogrammkalorie (kgca).

Der Wert einer Wärmeeinheit in Arbeitseinheiten ausgedrückt heißt das mechanische Wärmeäquivalent und beträgt 427 mkg. Unter der spezifischen Wärme eines Körpers versteht man diejenige Wärmemenge in kgca, die erforderlich ist, um die Temperatur von 1 kg des Körpers um 1° C von 15° auf 16° C zu erhöhen.

Um G kg eines Körpers von der spezifischen Wärme c von der Temperatur t_1 auf t_2 zu bringen, ist eine Wärmezuführung von

$$Q = c\,G(t_2 - t_1)$$

erforderlich. Da jedoch die spezifische Wärme veränderlich ist, so ist

$$Q = G\int c \cdot dt.$$

Um diesen Ausdruck, der für die Berechnung immerhin Schwierigkeiten bereiten würde, zu vermeiden, genügt es, mit der mittleren spezifischen Wärme zwischen 0° und t^0 Temperatur c_m zu rechnen.

2. Mittlere spezifische Wärme einiger fester Körper.

Aluminium	0,22	Magnesium	0,25
Antimon	0,05	Messing	0,092
Blei	0,031	Nickel	0,11
Bronze	0,08	Platin	0,032
Eisen (Roheisen)	0,129	Quecksilber	0,033
Glas	0,20	Silber	0,056
Gold	0,031	Stahl	0,115
Gußeisen	0,13	Schlacke	0,18
Graphit	0,2	Wolfram	0,033
Holzkohle	0,2	Zink	0,094
Steinkohle	0,31	Zinn	0,056
Koks	0,20	Ziegelstein	0,22
Konstantan	0,098	Ziegelstein, feuerfest	0,208
Kupfer	0,094		

Die Schmelztemperatur eines festen Körpers ist diejenige, bei welcher der Körper in den flüssigen Aggregatzustand verwandelt wird. Diese Temperatur bezeichnet man als Schmelzpunkt.

3. Schmelzpunkte einiger fester Körper.

Wolfram	etwa 3000	Silber	960,5
Tantal	„ 2900	Emailfarben	960
Iridium	„ 2300	Deltametall	950
Platin	„ 1764	Messing	etwa 900
Porzellan	1550	Bronze	„ 900
Eisen, rein	1510	Chlorbarium	860
Nickel	1450	Chlornatrium	770
Silizium	1420	Chlorkalium	730
Flußeisen	1350—1450	Aluminium	657
Stahl	1300—1400	Antimon	630
Hochofenschlacke	1300—1430	Zink	419,4
Mangan	1245	Blei	327
Gußeisen, graues	1200	Zinn	231,8
„ weißes	1130	Weichlote	135—210°
Kupfer	1083	Kautschuk	125
Gold	1063		

Die untere Schmelztemperatur wird allgemein als die Temperatur des teigigen Materials bezeichnet. Der Bereich dieses Aggregatzustandes ist bei den verschiedenen Metallen größer oder kleiner; bei Eisen hängt derselbe von dem Kohlenstoffgehalt ab, und zwar hat kohlenstoffarmes Eisen einen größeren, kohlenstoffreiches einen kleineren Bereich des teigigen Zustandes.

Die Änderung des Aggregatzustandes bedingt eine Wärmeaufnahme oder -freigabe, und die Bezeichnung „Schmelzwärme in Anzahl WE" ist dadurch gegeben, daß ein Körper von 1 kg Gewicht ohne Erhöhung der Temperatur in festen oder flüssigen Zustand überführt wird.

Um die Temperatur eines Körpers zu erhöhen, kann man Wärme von einer höheren Wärmequelle durch Leitung, Berührung, Strömung, Strahlung oder durch elektrische Erwärmung auf ihn übertragen. Die meisten Körper erhalten bei Erwärmung die Zuleitung durch ihre Oberfläche. Man kann mithin von einem Wärmeübergang sprechen, der als Übergangszahl die Wärmemenge bezeichnet, die stündlich auf 1 qm Fläche und 1° Temperaturunterschied von einer Materie in die andere übertritt. Der Wärmeübergang ist bei verschiedenen Stoffen verschieden und hängt von der Wärmeleitzahl ab; diese ist die stündlich von 1 qm Fläche des einen Stoffes im Abstande von 1 m auf den anderen übertretende Wärmemenge bei einem Temperaturunterschied beider Flächen von 1°.

4. Wärmeleitzahl einiger Körper.

Stoff	Wärmeleitzahl	Stoff	Wärmeleitzahl
Aluminium	175	Messing	50—100
Blei	30	Nickel	50
Eisen	40—50	Platin	60
Gold	250	Porzellan	0,9
Kiefernholz längs der Faser	0,1	Quecksilber	6,5
„ quer zur Faser	0,03	Silber	360
Konstantan	200	Steinkohle	0,12
Kupfer	320		

Der Wärmeübergang von einem Medium auf das andere kann in Form von Durchleitung, Strömung und Strahlung erfolgen. Für den Wärmeaustausch ist die Größe der Oberfläche ausschlaggebend, ebenso wird der Vorgang durch die Beschaffenheit des Stoffes und die Verschiedenheit der Temperaturen beschleunigt, bzw. verzögert. Die Strahlung erfolgt durch die Oberfläche, und man bezeichnet als das Emissions- oder Strahlungsvermögen eines Körpers diejenige Wärme, die er in der Zeiteinheit von der Oberflächeneinheit ausstrahlt. Im Gegensatz hierzu ist das Absorptionsvermögen das Verhältnis zwischen der von einem Oberflächenteil aufgenommenen Wärme und der auf diese Fläche auftreffenden Strahlung.

IV. Die Metalle.

1. Eisen.

Die Eigenschaft des technisch verwerteten Eisens unterscheidet sich durch die Art und Menge seiner Nebenbestandteile. — Das chemisch reine Eisen hat für die Industrie keine besondere Bedeutung. — Schon vor mehreren tausend Jahren war das Eisen bekannt, ebenso das Schmieden und Schweißen.

Die Nebenbestandteile bedingen neben dem Eisengehalt den Wert der Erze und die Verfahren der Verhüttung. Den Erzen werden bestimmte Mengen verschiedener Nebenbestandteile beigemischt, welche einen Einfluß auf die chemischen und physikalischen Eigenschaften des Eisens haben. Die Einteilung des Eisens kann nach der Herstellungsform und physikalischen Eigenschaft wie folgt vorgenommen werden:

a) Roheisen. Das Roheisen wird durch Verhüttung von Eisenerzen gewonnen. Es ist nicht schmiedbar, spröde, nur mit Lichtbogen schweißbar, plötzlich schmelzend. Kohlenstoffgehalt mindestens 2 vH. Wir unterscheiden weißes und graues Roheisen. In dem ersten ist der Kohlenstoff chemisch gebunden, meist infolge größeren Mangangehaltes, daher auch die Bezeichnung „Mangan-" oder „Spiegeleisen". Die Farbe der Bruchfläche ist weiß. Es ist härter und spröder als das graue Roheisen, welches infolge der Wirkung von Silizium die Härte verliert. Farbe der Bruchfläche grau. Wir unterscheiden verschiedene Roheisensorten, je nach dem Verhüttungsprozeß und nach den chemischen Beimengungen. Durch das plötzliche Schmelzen und den leichten Fluß wird das Roheisen in der späteren Verarbeitung zum Maschinenguß und zu gußeisernen Konstruktionen verwendet. Die augenfälligsten und wesentlichsten Veränderungen seiner Eigenschaften erfährt das Eisen mit dem Gehalt an Kohlenstoff. Der Kohlenstoff ist in flüssigem Eisen nur in gelöstem Zustand vorhanden und kann in erkalteten Eisensorten in der Masse gelöst, wie auch in gebundenem Zustand oder als selbständiger Körper (Graphit, Temperkohle) auftreten.

b) Das schmiedbare Eisen. Wie der Name schon sagt, ist die Eisensorte schmiedbar, wenn ausgeglüht, in gewöhnlicher Temperatur zäh und biegsam, beim Erhitzen allmählich bis zum Schmelzen erweichend. Der Gehalt an Kohlenstoff ist geringer als 1,7 vH, und je niedriger er ist, desto länger bleibt bei Erwärmung der teigige Zustand, welcher das Schmiedeeisen zum Schweißen geeignet macht, bestehen. Je nach der Herstellungsart unterscheiden wir

1. Flußeisen oder Flußstahl,
2. Schweißeisen oder Schweißstahl.

Das Flußeisen wird in flüssigem Zustand erzeugt. Nach verschiedenen Verfahren unterscheiden wir Bessemer-, Thomas-, Siemens-Martin-, Tiegelstahl, Elektrostahl und Flußeisen. Das Roheisen wird im Hochofen aus oxydischen Eisenerzen geschmolzen und dann flüssig in den Roheisenmischern angesammelt, wodurch die Unterschiede der Zusammensetzung ausgeglichen werden. Dieses flüssige Roheisen wird in birnenförmige, mit Säuren oder basischen Futtern ausgekleidete Gefäße gegossen und darauf durch einen im Boden angebrachten Windkasten Luft hindurchgeblasen. Durch den Wind werden die Nebenbestandteile Silizium, Mangan, Phosphor und Kohlenstoff verbrannt und dadurch vergast oder verschlackt. Das entstandene, kohlenstoffarme Eisen wird durch Zusätze auf den gewünschten Kohlenstoffgehalt gebracht (Rückkohlung). Hierauf wird der Inhalt der Birne in gußeiserne Formen zu Blöcken vergossen, welche dann noch warm geschmiedet, gewalzt oder auch in Formen gepreßt werden können Das Siemens-Martinverfahren ist ein Mischverfahren, da das Roheisen mit Schrott in flachen Drehöfen mit Gasgenerativfeuerung eingeschmolzen wird. Die Weiterverarbeitung ist die gleiche wie beim Birnenverfahren. Um ein schlackenfreies Erzeugnis von vorzüglicher Festigkeit zu erhalten, ist man dazu übergegangen, die abgewogene Menge reinen Schmiedeeisens, das aus dem vorherigen Prozeß gewonnen wird, nochmals mit gewünschten Zusätzen, Nickel, Chrom, Vanadium, Molybdän, Wolfram, in Tiegeln umzuschmelzen oder aber in Elektrostahlöfen, um die schädlichen Bestandteile noch weiter zu beseitigen.

Das Schweißeisen wird entweder aus Abfällen in Paketen zusammengeschweißt oder unmittelbar aus Roheisen durch Puddeln gewonnen, und zwar wird das Roheisen in Berührung mit Sauerstoff abgebender Gasschlacke in Flammöfen mit eisernen Stangen gerührt. Dabei wird das Metall teigig und zu einzelnen Klumpen in Luppen vereinigt.

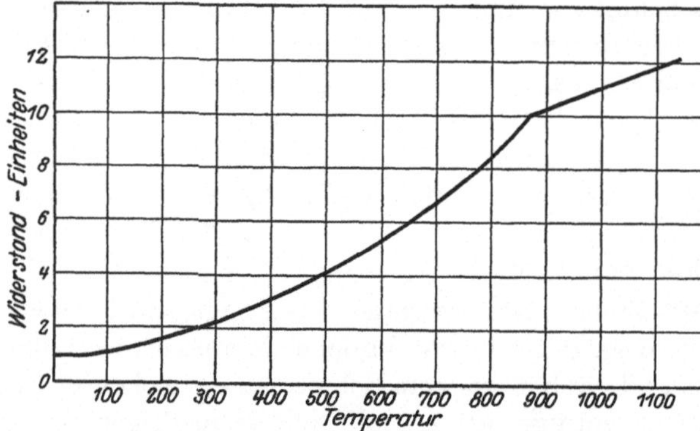

Abb. 6. Widerstandsänderung des Eisens in Abhängigkeit von der Temperatur (nach Hopkinson).

Nach der mechanischen Eigenschaft bezeichnet man diejenigen Sorten schmiedbaren Eisens, die beim Abschrecken aus der Rotglut hart werden, mit Stahl. Eine scharfe Begriffsabgrenzung gibt es nicht, da das Schmiedeeisen durch das Abschrecken etwas an Härte zunimmt, und zwar durch den Kohlenstoffgehalt beeinflußt, in verschiedenem Maße. Die höher gekohlten Schmiedeeisensorten können durch dieses Abschrecken glashart werden. Der Normenausschuß der Deutschen Industrie (NDI) schreibt heute für jedes gekohlte Eisen, gleich welcher Festigkeit, die Bezeichnung Stahl vor. Für die Widerstandschweißungen kommen in der Hauptsache die Sorten mit geringerer Festigkeit in Betracht, da die Schweißbarkeit bei den kohlenstoffarmen Sorten, die sich auch im Feuer gut schweißen lassen, am größten ist. Die Grundlage für die Schweißung bildet der teigige Zustand, welcher außer durch Kohlenstoff noch durch Silizium, Mangan, Nickel, Chrom, Wolfram, sowie auch durch die schädlichen Bestandteile wie Schwefel, Phosphor, Arsen beeinträchtigt wird. Der elektrische Widerstand des Eisens ist nicht konstant, sondern ändert sich wie bei fast allen Metallen mit der

Temperatur derselben. Aus Abb. 6 ist für die meist gebräuchlichen Eisensorten die Abhängigkeit des Widerstandes von der Temperatur ersichtlich. Wir sehen, daß der Widerstand allmählich steigt, bei der Temperatur des magnetischen Umwandlungspunktes eine Veränderung erfährt und dann bis zur Schweißtemperatur seinen Wert ungefähr auf das Elffache erhöht.

2. Kupfer.

In der Elektrotechnik wird das Kupfer infolge seiner guten Leitfähigkeit vielfach angewendet. Ebenso benutzt man Kupfer für Maschinenteile, die größeren Hitzegraden ausgesetzt sind und deren Hitze abgeleitet werden soll. Das Metall kommt in der Natur gediegen vor, und die Gewinnung erfolgt nach zwei Verfahren, der Verhüttung und der elektrolytischen Herstellung. Die Weiterverarbeitung geschieht durch Schmieden und Walzen zu Kupferdraht, Kupferblech, Kupferstangen und Kupferrohren. Die Schmelztemperatur beträgt 1083°, das spezifische Gewicht 8,8—9.

Das Kupfer hat eine rote Farbe, ist sehr geschmeidig, dehnbar sowohl im kalten als auch im warmen Zustand. Verunreinigungen durch Eisen, Blei, Arsen, Nickel, insbesondere Wismut machen das Kupfer brüchig. Sein Siedepunkt liegt bei 2300°. Die elektrische Leitfähigkeit ändert sich nicht allzu sehr mit der Temperatur. Überhitztes und verbranntes Kupfer hat eine körnige, ziegelrote Bruchfläche. Kupfer mit Kupfer läßt sich nach dem Widerstandsstumpfschweißverfahren leicht schweißen, da die Kupferoxyde einen niedrigeren Schmelzpunkt als das Kupfer selbst besitzen. Die punkt- und nahtweise Schweißung steht noch im Entwicklungsstadium. Da die Ableitung der Wärme sehr groß ist, müssen Kupferschweißungen in sehr kurzer Zeit ausgeführt werden.

3. Kupferlegierungen.

Messing ist eine Legierung von Kupfer und Zink, die sich bei guter Wärmeleitfähigkeit zur Verwendung für Gußgegenstände eignet. Messing ist in der Rotglühhitze spröde, läßt sich kalt wie Kupfer bearbeiten und zu dünnsten Blechen und Draht auswalzen. Die Schmelztemperatur beträgt etwa 900°, das spezifische Gewicht etwa 8,4—8,7. Die elektrische Leitfähigkeit sowie die Wärmeleitfähigkeit sind etwas geringer als die des Kupfers. Messing läßt sich mit geringerer Energie durch das Widerstandsschweißverfahren verarbeiten. Es empfiehlt sich jedoch, insbesondere bei Stumpfschweißungen, die Anwendung von oxydlösenden Mitteln, da die Oxyde eine höhere Schmelztemperatur als das Messing selbst besitzen. Als Flußmittel sind empfehlenswert Borax, Boraxsäure und Boraxsirup (aus Borax und Soda geschmolzen), Phosphor, phosphorsaures Natron, sowie auch Gemische dieser Stoffe. Für die übrigen Kupferlegierungen wie Tombak, Weißmessing, Bronze gelten ähnliche Bedingungen. Die Kupferlegierungen sind sowohl miteinander als untereinander schweißbar. Die Verbindung mit Eisen, welche als Hartlötung angesehen werden kann, bietet auch keine nennenswerte Schwierigkeit.

4. Aluminium.

Aluminium wird aus Tonerde durch elektrolytisches Verfahren hergestellt. Die Verwendung desselben für Kochgeschirre, Schmelzkessel, sowie in der Automobil- und Flugzeugindustrie hat die Produktion in hohem Maße gesteigert. Das Aluminium ist schmiedbar, streckbar, gut gießbar, es besitzt gute Wärmeleitfähigkeit, ist aber nicht besonders gut schweißbar, da sich beim Schweißen an der Oberfläche des Metalls Oxydhäutchen bilden, welche das Zusammenfügen der Teilchen verhindern. Durch geeignete Flußmittel können diese Oxydhäutchen aufgelöst werden. Solche Mittel bestehen aus Kryolith und Flußspatmehl mit Borax oder phosphorsaurem Natron und Chlornatron. Die Aluminiumlegierungen können ebenfalls durch elektrische Widerstandsschweißung verbunden werden. Vielfach benutzt man zur Vermeidung des Wärmeabflusses Eisen- und Stahlelektroden. Die Schmelztemperatur beträgt 657°, spezifisches Gewicht 2,7.

5. Nickel.

Nickel besitzt ähnliche Eigenschaften wie das Eisen. Der beim Eisen vorhandene charakteristische teigige Zustand tritt hier ebenfalls auf; somit eignet sich das Nickel gut zum Schweißen; ebenso kann eine ähnliche Verbindung zwischen Eisen und Nickel erzielt werden. Spezifisches Gewicht 8,6—9.

6. Blei.

Das Blei ist sehr leichtflüssig, jedoch bei Verwendung ganz niedriger Stromstärken gut schweißbar. Der Schmelzpunkt beträgt 327°, spezifisches Gewicht 11,25—11,37.

7. Zink.

Zink wird meistens aus Zinkspat gewonnen und kommt als Zinkblech und Schmelzzink in den Handel. Es ist geschmeidig und walzbar. Schmelztemperatur 419°, spezifisches Gewicht 7,13. Zink ist gut schweißbar, bei Überhitzung verbrennt es mit bläulicher Flamme zu Zinkweiß.

V. Schweißung verschiedener Metalle.

Außer Schmiedeeisen können eine große Reihe anderer Metalle mittels elektrischer Schweißung verbunden werden.

1. Stahl.

Die Schweißung von Stahlblechen ist schwieriger und nicht ausnahmslos möglich. Die Schwierigkeit besteht in der nach der Schweißung eintretenden Härtung der Bleche in der Umgebung des Schweißpunktes, so daß ein Abplatzen der Punkte bei geringster Biegung eintritt. Die Härtung ist um so größer, je schneller die Schweißung erfolgt. Grundbedingung beim Schweißen von Stahl ist somit möglichst langsame Schweißung und Verhinderung allzu rascher Abkühlung der Schweißstelle (Elektroden nicht zu stark kühlen). Nachheriges Ausglühen der Schweißstelle ist häufig günstig, jedoch zeitraubend und daher nicht immer anwendbar.

2. Verzinktes Eisen.

Dieses ist meistens ohne Schwierigkeit schweißbar, ruft jedoch eine Schwarzfärbung der Oberfläche des Schweißpunktes hervor, die um so größer ist, je intensiver die Schweißung. Die Schwarzfärbung kann auf der einen Seite des Schweißstückes durch Wahl einer großen Elektrode vermieden werden, wobei auf der Gegenseite eine um so kleinere Elektrode notwendig ist.

3. Verzinnte Bleche.

Hierfür gilt ähnliches wie für verzinkte Bleche.

4. Verbleite Eisenbleche.

Diese Schweißung erfordert verhältnismäßig kleine Elektrodenspitzen, um intensiven Stromdurchgang zu erzielen. Im übrigen gut schweißbar. Auch hier kann einseitig eine große Elektrode und gegenseitig eine um so kleinere verwendet werden, um größere Sauberkeit zu erzielen.

5. Messingbleche.

Voraussetzung ist äußerst geringer Druck der Schweißelektroden, damit höherer Übergangswiderstand zwischen den Blechen erzielt wird. Die Güte der Schweißung ist in hohem Grade abhängig von der Messinglegierung. Je zinkärmer diese ist, desto größer ist im allgemeinen die Schweißmöglichkeit. Die obere Grenze liegt je nach der Legierung bei etwa 3—4 mm Gesamtblechstärke.

6. Messing mit Eisenblechen.

Auch hier ist verhältnismäßig geringer Druck notwendig. Voraussetzung ist die Verwendung von reinem, also nicht verzundertem Blech.

7. Aluminium.

Die Schweißung ist schwieriger als bei Messingblech infolge der leichten Oxydierbarkeit. Der Elektrodendruck muß höher als bei Messing, jedoch nicht so hoch wie bei Eisenblech gewählt werden. Empfehlenswert sind ziemlich kleine Eisenelektroden; hohe Stromdichten und kurze Schweißdauer sind Bedingung.

8. Nickelbleche.

Im allgemeinen bis zu Dicken von etwa 2 mm einwandfrei schweißbar.

9. Tombak.

Hierfür gilt ähnliches wie für Nickelbleche.

10. Silber, Gold und Platin.

Diese sind bei Verwendung kleiner Elektroden und kurzer Schweißdauer in geringen Blechstärken einwandfrei zu schweißen.

VI. Prinzip der Widerstand-Schweißung.

Man versteht unter Schweißen eine Vereinigung von Werkstückteilen gleichen oder ähnlichen Werkstoffes derart, daß die Verbindungsstelle mit den benachbarten Teilen ein möglichst gleichwertiges Ganzes bildet. Man unterscheidet zwei Arten des Schweißens, und zwar Preßschweißung unter Anwendung von Druck im teigigen Zustande und Schmelzschweissung im flüssigen Zustande. Die letzte Art ist die autogene und elektrische Lichtbogenschweißung, ferner die Thermitschweißung und die in der Gießerei verwendete Zu- und Ablaufschweißung. Die Preßschweissung gliedert sich in Hammerschweißung und elektrische Widerstand-Schweißung. Letztere ist also auch eine mittels mechanischen Drucks erzielte Verbindung, bei der die Erwärmung mit Hilfe des elektrischen Stromes hervorgerufen wird. Der Vorgang ist folgender: die zu verschweißenden Teile werden nicht einzeln auf Schweißhitze erwärmt und dann unter Druck bearbeitet, sondern in einen Stromkreis geschaltet, so daß an der zu verschweißenden Stelle der Stromübergang stattfindet. Der elektrische Strom, der bekanntlich schwache Leiter erwärmt, fließt durch die Stücke, die zugleich den größten Widerstand im Stromkreis besitzen, und erhitzt sie. Die Hitze wird an der Kontaktstelle wegen ihres noch größeren Übergangswiderstandes am stärksten, so daß die Verschweißung unter Ausübung von Druck erfolgen kann. Die erforderliche Schweißhitze wird vom Strome geliefert und läßt sich nach dem Jouleschen Gesetz wie folgt zum Ausdruck bringen:

$$Q = \frac{R \cdot J^2 \cdot t}{A} = 0{,}238\, R \cdot J^2 \cdot t.$$

Hieraus ergibt sich, daß die Wärme von der Stromintensität und vom Widerstande und zunächst ohne Verluste lediglich von der Stromstärke, die in der zweiten Potenz liegt, abhängt.

Diese Stromstärken sind außerordentlich hoch; Schweißungen, bei denen bis zu 100000 Ampere erforderlich sind, sind durchaus keine Seltenheit. Da solch starke Ströme niedriger Spannung ungeheuere Zuleitungen erfordern würden, greift man zur Transformation. Die Eigenschaft des Wechselstromes, sich in ruhenden Aggregaten umformen zu lassen, gibt ihm eine besondere Eignung für dieses Gebiet. Zwar hat man auch versucht, Gleichstrom zu transformieren, es sind jedoch bisher nennenswerte Erfolge damit nicht bekannt geworden. Auch strebte man Versuche an, Wärme mittels hochfrequentierter Ströme zu erzeugen, doch befinden sich diese Versuche noch im Entwicklungsstadium. Wechselstrom ist heute sehr verbreitet und meistens vorhanden, häufig auch als Drehstrom in den Spannungen 110, 150, 220, 380, 440, 500 Volt. Diese Spannungen werden dann in den Schweißmaschinen auf Arbeitsspannungen von 0,5—10 Volt herabtransformiert und ermöglichen die Erzeugung von Strömen beliebig hoher Amperezahl. Der Arbeiter ist unempfindlich für diese niedriggespannten Ströme, die nur durch Meßinstrumente oder Metallteile festzustellen sind. Die Schweißströme erfordern reichlich bemessene Stromquerschnitte und möglichst kurze Stromwege, da sonst nur Verluste entstehen würden. Die Stromaufnahme bei Schweißmaschinen ist am größten beim Einschalten, da ja die zu verschweißenden Teile die Sekundärwindung durch ihren Widerstand gewissermaßen kurzschließen. Man belastet also die Maschine im ersten Augenblick voll, wobei sich die eingespannten Teile erwärmen und eine Steigerung des inneren Widerstandes hervorgerufen wird; die Erwärmung wirkt auch primärseitig auf die Stromaufnahme zurück, so daß ein Strom von 60 Ampere Stärke nach einigen Sekunden auf 40 Ampere sinkt. Der Aufnahmestrom wird jedoch nicht immer sinken, da er vom Widerstande des Schweißgutes abhängig ist; wenn sich der Querschnitt desselben infolge der Stauchung beim Teigigwerden erhöht, nimmt auch die Stromaufnahme zu. Ebenso ändert sich auch die Sekundärspannung bei derselben Maschine mit der Belastung und diese sinkt mit der Größe des Widerstandes. Das Verfahren ermöglicht also eine Schweißung mit niedriger Sekundärspannung und veränderlicher Stromaufnahme bei verschiedenen Schweißzeiten. Unter Schweißzeit ist die Dauer der Einschaltung des Stromes zu verstehen. Je kürzer diese Dauer, desto wirtschaftlicher ist die Schweißung, da Verluste durch Ableitung und Strahlung geringer werden. Bei kleinen Querschnitten beträgt die Schweißzeit Bruchteile einer Sekunde; dadurch läßt sich die Hitze auf diese eine Stelle lokalisieren, so daß man in der Lage ist, benachbarte Stellen mit der Hand zu berühren Ferner kann man die Stücke ständig überwachen und Schweißhitze und Temperaturfarben mit bloßem Auge beobachten. Besitzt die Maschine eine Reguliervorrichtung, so kann man eine bestimmte Temperatur beliebig lange beibehalten, indem man nur soviel Strom zufließen läßt, daß die durch

Verluste entzogene Wärmemenge ausgeglichen wird. Ein weiterer großer Vorteil ist die Sauberkeit und Verläßlichkeit des Verfahrens gegenüber anderen. Man kann die zu verschweißenden Teile so miteinander vereinigen, daß keinerlei Unreinlichkeiten, die die Festigkeit herabsetzen, in die Schweißstelle gelangen. Auch wird die Möglichkeit, daß sich einige Stellen nicht miteinander verschweißen, dadurch vermieden, daß die Wärmeentwicklung von innen nach außen erfolgt. Diese Eigenschaft hat auch die Schweißung von Metallen ermöglicht, die früher nicht schweißbar waren. Wenn auch bei einigen Metallen die Schweißbarkeit nur einen wissenschaftlichen Wert hat, so hat es sich in der Praxis erwiesen, daß fast alle verwendungsfähigen Metalle mit Hilfe des elektrischen Schweißverfahrens in innige Verbindung miteinander zu bringen sind.

1. Charakteristik der Stumpfschweißung.

Die Bezeichnung Stumpfschweißung bezieht sich auf solche Fälle, in denen zwei Enden stumpf aneinander gesetzt und mittels elektrischer Erhitzung unter Druck zusammengeschweißt werden. Da die Druckgebung im teigigen Zustand erfolgt, wird das Material gestaucht, und zwar am stärksten an der wärmsten Stelle, es bildet sich die das Verfahren charakterisierende Schweißwulst (Abb. 7).

Abb. 7. Ruhige Stumpfschweißung.

a) Einspannlängen. Der Vorgang beim Stumpfschweißverfahren ist folgender. Die beiden Stücke werden in zwei stromführende Backen (Abb. 8) eingespannt. Der Spanndruck muß so groß sein, daß er ein Ausweichen in der Stauchrichtung ausschließt. Der Strom wird solange eingeschaltet, bis die nötige Schweißhitze erreicht ist. Gleichmäßig werden beide Teile erhitzt, wenn sie gleich stark und lang sind oder ihr Widerstand gleich ist, also $R_1 = R_2$; demnach ergibt sich (Abb. 9) bei den spez. Widerständen ϱ_1 ϱ_2

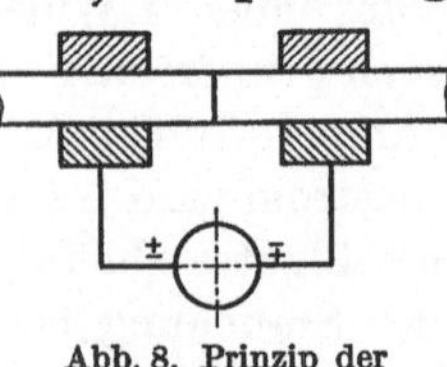

Abb. 8. Prinzip der Stumpfschweißung.

$$\text{für I:}\quad R_1 = \frac{4\,a\,\varrho_1}{d_1^2\,\pi} + r_{ü1},$$

$$\text{für II:}\quad R_2 = \frac{4\,b\,\varrho_2}{d_2^2\,\pi} + r_{ü2},$$

nach dem Jouleschen Gesetz: $Q = J^2 \cdot R \cdot t \cdot 0{,}238$ cal. Ist der Widerstand des einen Teiles größer, so wird in diesem auch eine größere Erwärmung hervorgerufen; die Folge davon kann sein, daß die Stücke nicht zuerst an der Schweißstelle, sondern an der schwächsten Stelle auf Schweißhitze kommen. Man muß also den größten Widerstand tunlichst an die Schweißstelle verlegen. Wäre in obigem Beispiel $d_1 = \frac{d_2}{2}$, so würde der Stab *I* wegschmelzen, bevor Stab *II* auf Schweißhitze gelangt, wobei natürlich gleiches Material vorausgesetzt ist. Man kann jedoch die Einspannlängen so wählen, daß sich ein gleicher Widerstand ergibt, auch wenn z. B. $d_1 = \frac{d_2}{2}$ ist, und zwar wird in diesem Falle $a = 4b$. Das stärkere Stück muß also 4mal so lang gespannt werden wie das schwächere. Dies ist für die Praxis von Wichtigkeit, allerdings sind hierbei Abkühlungen durch Strahlung und Ableitung sowie andere kleinere Faktoren nicht berücksichtigt. Die Schweißung würde auch nicht gelingen, wenn bei gleicher Spannweite mit verschiedenen spezifischen Widerständen zu rechnen wäre, so z. B. bei Eisen und Kupfer. Gleiche Durchmesser vorausgesetzt, würden die Widerstände gleich werden, wenn das Verhältnis der Einspannlängen $a = \frac{\varrho_1}{\varrho_2} b$ wäre. Hieraus folgt, daß Stücke von verschiedenem Widerstand diesem entsprechend einzuspannen sind. Es wäre noch die Frage zu erörtern, in welchem Verhältnis die Einspannlänge zum Querschnitt stehen muß. Für eine wirtschaftliche Durchführung ist die erwärmte Materialmenge ausschlaggebend; die Wirtschaftlichkeit wird mit zunehmender Länge geringer, also ist auch die Einspannlänge möglichst klein zu halten. Dadurch sinkt jedoch der Widerstand, und eine höhere Stromaufnahme wird erzielt, infolgedessen müssen die stromführenden Teile größer dimensioniert werden. In der Praxis haben sich im Laufe der Entwicklung der Schweißtechnik die aus Abb. 10 ersichtlichen günstigsten Einspannlängen bei günstigster Stromaufnahme ergeben. Diese Anhaltspunkte sind auch für nichtrunde Querschnitte gültig und sinngemäß einzuhalten, indem man das Stück mit kleinerem Widerstand kürzer spannt.

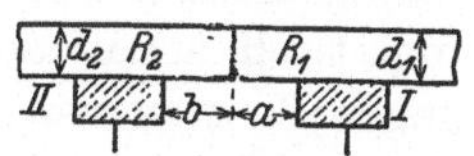

Abb. 9. Einspannlängen.

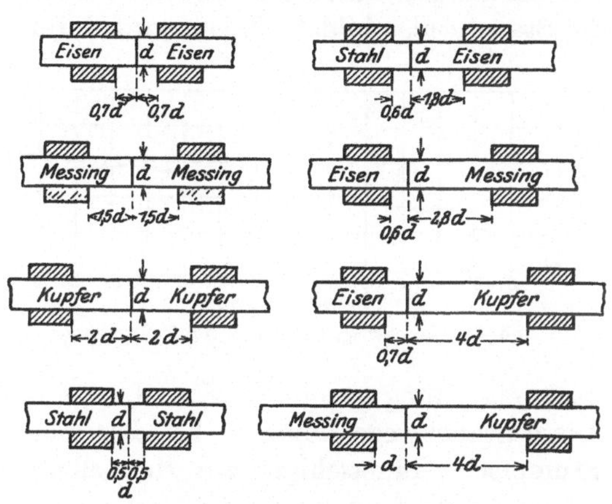

Abb. 10. Einspannlängen.

Beim Schweißen ungleicher Querschnitte, die so geformt sind, daß eine Verjüngung erst nach der Schweißung erfolgen soll, kann man mit einiger Übung eine gleichmäßige Erwärmung durch passende Formgebung erzielen. So kann man z. B. den Kupferstab (Abb. 10) anstatt 4mal bloß 1,8mal so lang spannen, wenn man das Ende des Kupfers auf den halben Durchmesser konisch verjüngt. Den gleichen Kunstgriff wendet man auch bei Flacheisen oder kleinen Wellen an, hier erzielt man durch Ansetzen oder Einschneiden ebenfalls eine gleichmäßige Wärmeverteilung. Eine andere Möglichkeit, gleichmäßige Wärme zu erreichen, ist durch die Einspannkontakte und Kontaktflächen gegeben. So wird häufig beim Schweißen von Stahl das Stahlplättchen fast vollkommen in Kupfer eingebettet, so daß nur ein ganz kleines Stückchen hervorragt.

b) Stauchwege. Wir kommen nun zu dem weiteren Schweißvorgang. Die bereits gleichmäßig erhitzten Enden werden gestaucht, wobei sich die Stauchwulst bildet. Diese wird durch den Stauchweg erzeugt und ist weitestgehend von dem Verwendungszweck und der weiteren Bearbeitungsmöglichkeit abhängig. Ist die Möglichkeit gegeben, die Wulst groß zu belassen, so ist dies von Vorteil, da dadurch die Festigkeit erhöht wird. Eine Zusammenstellung geeigneter Stauchwege zeigt das Diagramm (Abb. 11).

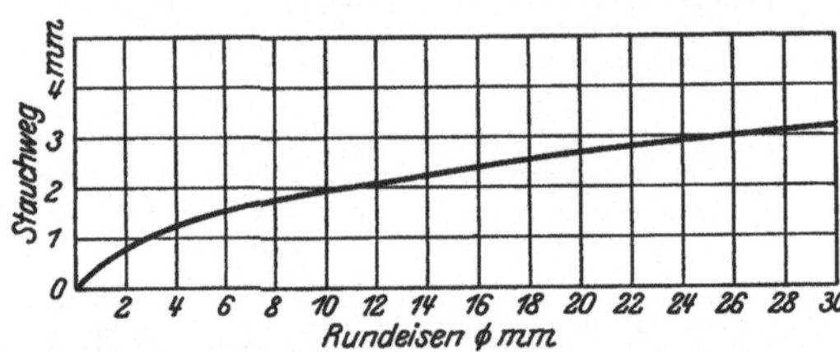

Abb. 11. Stauchwege bei der Stumpfschweißung.

Diese Stauchwege kommen bei den meisten automatisch arbeitenden Stumpfschweißmaschinen zur Herstellung von Ringen, Ketten usw. in Anwendung.

c) Wärmetechnischer Vorgang. Um die erforderliche Energie, die der Schweißung zugeführt werden soll, zu ermitteln, muß man den Vorgang wärmetechnisch behandeln. Die beiden Enden werden von Werkstättentemperatur auf Schweißhitze erwärmt. Es ist leider nicht möglich, die Hitze ganz auf die zu vereinigenden Flächen zu konzentrieren, sondern es wird auch ein Teil des Materials selbst auf Glut kommen. Stellt man sich das Stück an der Schweißstelle auf Schweißtemperatur vor, ohne daß dieser Vorgang durch den Strom verursacht wäre, und sieht man dabei von anderen Wärmevorgängen ab, so hat der Wärmeabfall nach den Backen zu in einem Zeitabschnitt den aus Abb. 12 ersichtlichen Verlauf „*a*". Im nächsten Zeitabschnitt überträgt sich die Hitze mehr nach den Backen zu, der Temperaturverlauf ist also etwa nach „*b*" charakterisiert. Wären keine anderen Wärmeverluste vorhanden, so müßten die Inhalte der durch die Kurven „*a*" und „*b*" eingeschlossenen Flächen bei Abkühlung gleich groß sein, wobei die vorherige Annahme beibehalten ist, daß nur die Stoßflächen auf Schweiß-

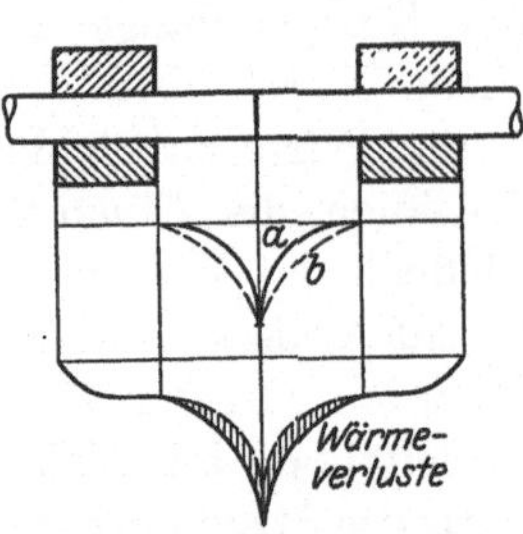

Abb. 12. Wärmebild bei der Stumpfschweißung.

hitze erwärmt sind. Die Ordinaten ergeben die Temperaturen, die Abszissen das Maß am Schweißstück. Für diesen Fall ergibt sich eine Wärmemenge von

$$Q = \frac{d^2 \cdot \pi}{4} l \cdot \gamma \cdot \int_0^{T_s} c_m \, dT,$$

worin l Funktion der Zeit ist.

Nach dem Jouleschen Gesetz ergibt sich aber, daß der in dem Stück entlang fließende Strom „i" dieses erwärmt. Soll im Augenblick der Schweißtemperatur diese Erwärmung die Größe „Q" besitzen, so fällt die Charakteristik des Vorganges gemäß der Schaulinie Abb. 12 aus.

Bei diesen Betrachtungen sind die Wärmeverluste nicht berücksichtigt, und zwar bei den Backen der Wärmeverschleppungsverlust an der ganzen Oberfläche, ferner die durch die Luft aufgenommene Berührung, Strömungs- sowie Strahlungsverluste. Der wirkliche Vorgang würde sich dann durch Summierung dieser Verluste ergeben. Gegebenenfalls kämen hierzu noch Molekularumwandlungswärmeverluste, die nur sehr schwer und ungenau rechnerisch festzulegen sind. In der Praxis erübrigt es sich jedoch, diese Größen zu ermitteln, man begnügt sich vielmehr mit der Annahme, daß man das eingespannte Schweißstück, wie vorher erwärmt, in der ganzen Einspannlänge auf Schweißtemperatur erwärmt und die für dieses Stück erforderliche Wärmemenge errechnet. Diese ergibt sich nach dem Vorigen bei gleichen Durchmessern und geschlossenem Eisen zu

$$Q = \frac{d^2 \cdot \pi}{4} l \cdot \gamma \cdot c_m (T_s - T_0).$$

Die Temperatur der Umgebung kann vernachlässigt werden, und da 1 KWh = 864 kgcal oder 1 kgcal = 4,184 KW-Sekunden ist, so ist die erforderliche Wärmemenge

$$Q = \frac{L t}{4{,}184}.$$

Soll sich der Vorgang in der Zeit von 1 Sekunde abspielen, so ergibt die Formel die Leistung in elektrischen Maßeinheiten für die benötigte Schweißmaschine, wobei noch die elektrischen Verluste zu berücksichtigen sind. Werden diese mit η in Rechnung gesetzt, so ergibt sich die Leistung in KW zu

$$L = 4{,}184 \cdot \frac{d^2 \pi \cdot l \cdot \gamma \cdot c_m (T_s - T_0)}{4 \cdot \eta}.$$

d) Elektrischer Vorgang. Die bisherigen Betrachtungen behandelten die Schweißvorgänge ohne Berücksichtigung der elektrischen Vorgänge. Die zugeführte Energie wird aus Elektrizität in Wärme umgewandelt, wobei erstere schon eine Umformung in ein niedrigeres Potential erfahren hat. Die Wärme tritt durch die Widerstände in Erscheinung. Die vom Schweißstrom herrührenden Widerstände im Stromkreis der Sekundären ergeben einen Gesamtwiderstand „R“, der neben der von der Maschine gelieferten Stromintensität sowie der Zeit die wichtigste Größe ist und besondere Beachtung verdient. Der Gesamtwiderstand setzt sich zusammen:

1. aus dem Übergangswiderstand von den Backen zum Material R_b. Dieser ist abhängig von der Auflagefläche, von deren Beschaffenheit, ob blank oder zundrig, glatt oder rauh, und vom Anpressungsdruck. Um den Widerstand gering zu halten, müssen die Stücke gut erfaßt werden, und zwecks Erzielung eines guten Schweißergebnisses müssen die Stromauflageflächen genügend groß sein. In Abb. 13 ist die Anordnung „a“ als die richtige, „b“ als mangelhafte Auflage angedeutet. „c“ zeigt eine Auflagevergrößerung bei rundem Material.

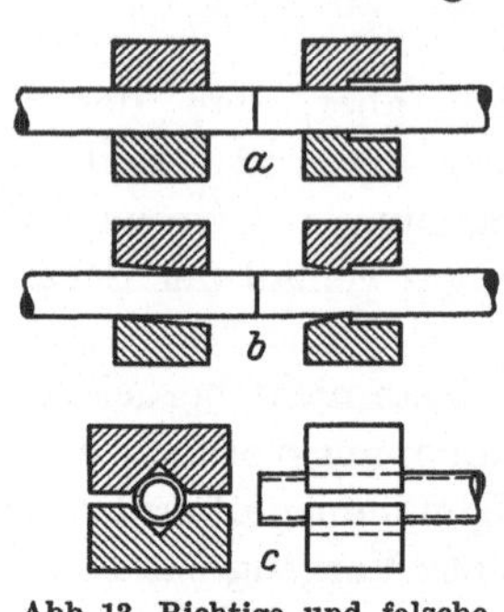

Abb. 13. Richtige und falsche Einspannauflage.

2. dem Leitungswiderstand R_l des Materials, welcher für das betreffende Schweißgut aus der Länge l, Querschnitt q und dem spezifischen Widerstand ϱ leicht zu ermitteln ist. Seine Größe ist

$$R_l = \frac{l}{q} \cdot \varrho \, .$$

Bei Erwärmung des Stückes ändert sich dieser Widerstand mit der Temperatur. Besonders bei Eisen wächst der Wert bis auf das Elffache, wobei sich die Zunahme nicht linear, sondern nach einem Umwandlungspunkt vollzieht. Der Widerstand beträgt bei jeder Temperatur

$$\varrho_{sp} = \varrho_0 \cdot (1 + \alpha t + \beta t^2) .$$

Hierin ist die aufgetretene Längs- und Querdehnung noch nicht berücksichtigt;

3. dem Übergangswiderstand zwischen den beiden zu verschweißenden Stücken. Dieser ist vom Querschnitt, seiner Beschaffenheit und vom Anpressungsdruck abhängig und bildet den ausschlaggebenden Faktor bei dem Vorgang, da er logischerweise nach beendigter Schweißung verschwinden muß. Der anfängliche Wert des Widerstandes hängt vom Druck ab, daher darf man, um eine gute Wärmewirkung, besonders bei Kupfer und Messing, hervorzurufen, die Flächen im Anfang nicht mit allzu großer Kraft zusammenpressen.

Der elektrische Vorgang stellt sich als Schaubild wie in Abb. 14 ersichtlich dar. Wie vorher erwähnt, ändert sich bei der Erwärmung der spezifische Widerstand und wächst noch kurz vor der Schweißung auf den elffachen Betrag an. Der Gesamtwiderstand ist also

$$R = 2 R_b + R_{sp} + R_{ü} \, .$$

Von diesen Werten spielt $R_{ü}$ die größte Rolle, wie der Versuch zeigt. In Abb. 15 ist die Widerstandszunahme bei steigender Temperatur auch bei einem Stabe ohne Trennfuge $R = 2R_b + R_u$ ersichtlich.

Man sieht, daß mit der Erwärmung des Materials der Wert „$R_{ü}$“ etwas abnimmt, was auf den von der Längendehnung verursachten Druck zurückzuführen ist, da die Backen in dieser Richtung nicht nachgegeben haben. Das vollständige Verschwinden des Übergangswiderstandes erfolgt erst im teigigen Zustande, also ungefähr bei „a“, wo der mechanische Stauchdruck einsetzt.

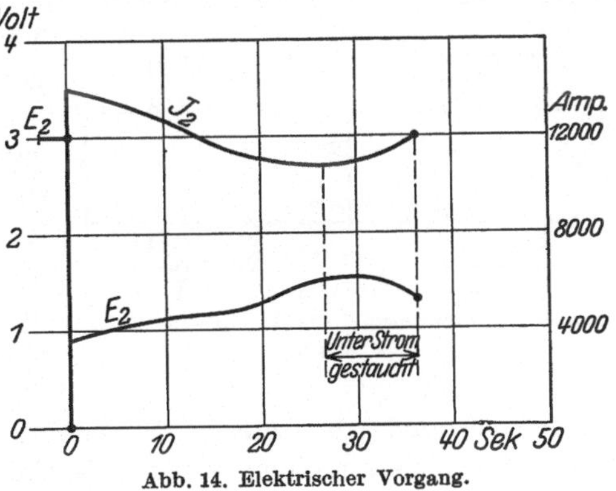

Abb. 14. Elektrischer Vorgang.

Betrachten wir den Stromvorgang in Abb. 15, der sich bei diesen Widerstandsvorgängen abspielt, und nehmen an, daß die Stücke wieder in gleicher Beschaffenheit wie vorher im Sekundärstromkreise liegen. Der Widerstand erhöht sich, also muß der Strom sinken, bis der Übergangswiderstand verschwindet und der Strom wieder anwachsen kann. Die niedrigste Stromstärke bestimmt sich aus dem gesamten Widerstand und bedingt eine Spannung, die den Strom durch die Widerstände hindurchtreibt.

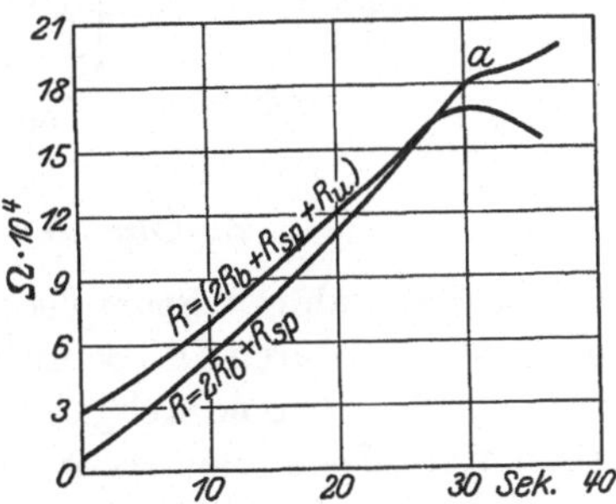

Abb. 15. Widerstandszunahme [1]).

e) Stromzuführung. Die Auflageflächen an den Backen versorgen das Schweißstück mit Strom; dieser sucht sich den kürzesten Weg zu den anderen Backen (Abb. 16), folglich wird der mittlere Stromweg bei einseitiger Einspannung etwa nach der Linie „a“ verlaufen. Der Vorgang hat aber Wärme hervorgerufen, infolgedessen ist der Widerstand größer geworden. So wandert die mittlere Stromlinie bis an das Ende des Schweißstückes herauf und ermöglicht ein Zusammenschweißen des ganzen Querschnitts. Diese Anordnung hat den einen Nachteil, daß die Stel-

---

[1]) Schmatz, Vergleich der Wirtschaftlichkeit elektrischer Widerstandschweißungen. Maschinenbau. 4. Jahrg. Heft 20, 1. Oktober 1925.

len unten — etwa in der Zone „a" — größere Hitze erfahren als oben, infolgedessen wird diese Stromzuführung bei Rohren nicht besonders günstig sein, da bei geringer Wandstärke und großem Durchmesser ein Verbrennen des Materials erfolgen kann. In solchen Fällen muß man die Einspannlänge vergrößern. Aus diesem Grunde führt man den Strom bei stärkeren Querschnitten auch den oberen Backen direkt oder indirekt zu und erzielt dadurch einen gleichmäßigeren Stromdurchgang (s. Abb. 17). Eine gute Lösung ist auch die schräge Stromzuführung (Abb. 18), bei der die Verbindungsleiter an den anderen Backenpaaren fortfallen.

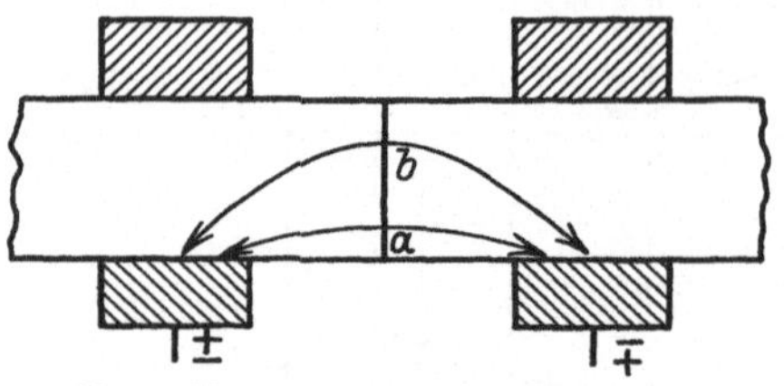

Abb. 16. Stromwegbild des Stumpfschweißvorganges.

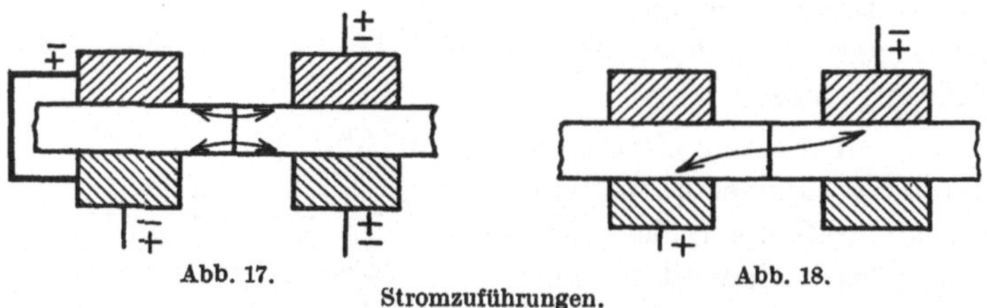

Abb. 17. Abb. 18.
Stromzuführungen.

2. Das Abschmelzverfahren.

Bei dem ruhigen Stumpfschweißverfahren werden die Stücke eingespannt und durch Druck in innige Berührung miteinander gebracht, wodurch der Stromdurchgang ermöglicht wird. Die so zusammengebrachten Teile bleiben in ständiger Berührung, und hier gelten die schon erwähnten Bedingungen gleicher Widerstände der einzelnen Stücke. Die Zeitdauer bringt es mit sich, daß das Material auch nahe der Umgebung bildsam wird, infolgedessen bildet sich durch den Druck die Stauchwulst. Bei dem Abschmelzverfahren werden die beiden Stoßflächen zunächst auch in innige Berührung miteinander gebracht, aber gleich darauf wieder entfernt. Dadurch bildet sich ein kräftiger Funkenregen, der in einen kleinen Lichtbogen zwischen den beiden Stoßenden übergeht. Dieser Lichtbogen schmilzt das Material an beiden Enden ab und verteilt sich nach und nach auf den ganzen Querschnitt. In diesem Augenblick ist das Material an den Stoßflächen in flüssigem Zustande und ermöglicht durch eine plötzliche Stauchbewegung ein vollkommenes Zusammenschweißen beider Teile. Der Schweißdruck, den das Material in diesem Zustande erfährt, quetscht es aus der Schweißstelle zu einem Grat zusammen (Abb. 19), so daß an der Verbindung selbst nur Material gesunden Kornes vorhanden ist. Der Stauchdruck bewirkt, wie noch später gezeigt werden wird, im Material keinerlei Gußstruktur, sondern die Schweißstelle besitzt fast die gleichen Eigenschaften wie das ursprüngliche Material. In der Praxis wärmt man die zu verschweißenden Stücke etwas vor, dadurch tritt der anfangs unruhig tanzende Wechselstromlichtbogen schneller auf und verteilt sich besser auf die ganze Fläche. Der Übergangswiderstand wird also bei diesem Vorgange durch den Lichtbogen vergrößert. Infolgedessen wird während dieses Zustandes dem Schweißstück ein etwas kleinerer Strom bei höherer Spannung zufließen, als bei dem ruhigen Stumpfschweißverfahren, woraus sich ergibt, daß der Energieverbrauch beim Abschmelzverfahren wesentlich geringer als bei dem gewöhnlichen Verfahren ist. Auch ist es infolge der örtlichen Hitzeentwicklung und der Eigenart des Lichtbogens nicht erforderlich, daß die Stücke ganz gleiche Widerstände besitzen. Man kann die Flächen, die bei der Stumpfschweißung vorher passend gemacht werden müssen, durch das Abbrennen in gewissen Grenzen zurechtpassen. Dies zeigt sich besonders bei Schweißungen komplizierter Querschnitte, wie Rohre, Normalprofile, sowie auch bei Gehrungs- und Winkelschweißungen. Aus Abb. 20 ist die Charakteristik des Schweißvorganges ersichtlich. Die Spannung, die hier einen höheren Wert als bei der ruhigen Schweißung hat, sinkt durch die Vorwärmung und erhöht sich allmählich entsprechend dem Widerstande des gezogenen Lichtbogens. Ist der Lichtbogen ruhig, was aus der Konstanthaltung der Spannung hervorgeht, so muß der Strom abgeschaltet und der Stauchdruck beigebracht werden. Das Abschmelzverfahren hat sich bei allen Stahl- und Eisensorten sehr gut bewährt, eignet sich jedoch nicht so sehr für Kupfer- und Messingschweißungen, da diese Materialien infolge der höheren Temperatur des Lichtbogens teilweise verbrennen, teilweise eine Molekularumlagerung erleiden, die die Güte der Schweißung herabsetzen würde.

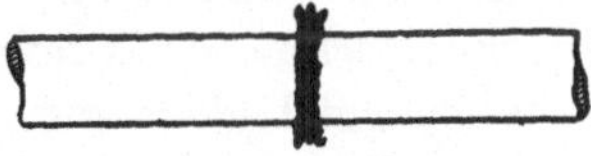

Abb. 19. Abschmelzverfahren.

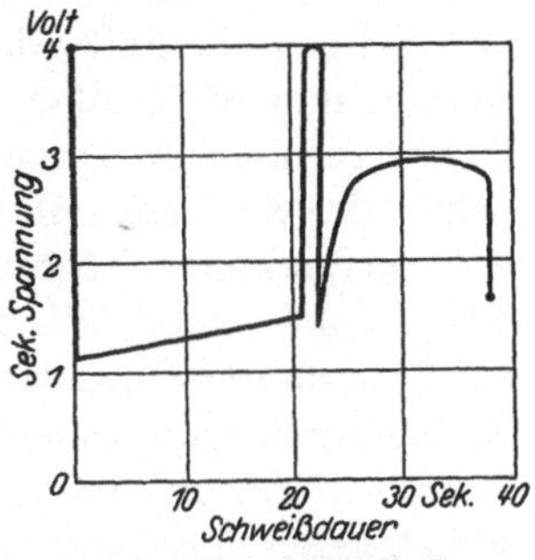

Abb. 20. Charakteristik des Abschmelzvorganges.

Beide Arten von Stumpfschweißung liefern Schweißstellen von größerer Starrheit als das eigentliche Metall, was von dem Druck, der auf die Moleküle der Schweißstelle ausgeübt wird, und von der Abkühlung herrührt. Daher brechen Achsen, Bohrer, Reibahlen, Wellenverlängerungen eher an einer anderen Stelle als an der geschweißten. Das Gefüge der Schweißstelle ergibt, daß das Material gewissermaßen verfeinert wurde.

Diese Erscheinung bei der Stumpfschweißung ist manchmal erwünscht, in den meisten Fällen kommt es jedoch nur auf die Verbindung an, und die Starrheit spielt beim Schweißen von Fahrradfelgen, Autokurbeln, Fahrradrahmen, Küchen- und landwirtschaftlichen Geräten, Lastwagenrädern usw. keine Rolle. In anderen Fällen, wie z. B. bei einer Schmirgelscheibenwelle, bei der die kritische Drehzahl von allergrößter Bedeutung ist, würde eine so behandelte Stelle den Knotenpunkt der Schwingungen bilden und könnte sogar eine Zerstörung der Welle zur Folge haben; man muß daher dem Stück nach der Schweißung die nötige Nachgiebigkeit verleihen. Das gleiche trifft für Schweißungen von Messergriffen, Bandsägen, Webstuhlflügeln und Flachfedern zu, weil sich diese Maschinenteile teilweise in ständig biegender Bewegung befinden. Die Nachgiebigkeit kann durch Ausglühen der Schweißstelle, am besten unmittelbar nach der Schweißung, erzielt werden. Bei den meisten Gegenständen erhitzt man die Stücke sofort nach der Schweißung auf dunkelrote Färbung, indem man die Spannbacken etwas voneinander entfernt, und bringt sie dann in warmem Sande oder Kohle langsam zur Abkühlung. Mitunter genügt diese einfache Erwärmung, zuweilen muß man die Stücke jedoch einigemal erwärmen, um die richtige Nachgiebigkeit und damit verbundene Körnungsstruktur zu erreichen.

Bei Bohrstangen, Reibahlen, Gesteinsbohrern empfiehlt sich diese Behandlung ebenfalls, da diese Gegenstände auf Drehung beansprucht werden und die feinkörnige Struktur der Schweißstelle eine geringere Kohäsion mit dem Ursprungsmaterial ergibt, wodurch leicht ein Bruch neben der Schweißstelle auftreten kann.

Das Schweißen hochwertiger Stähle erfordert naturgemäß noch mehr Überlegung, andernfalls bilden sich Risse und Spannungen, die auf fehlerhafte Verfahren zurückzuführen sind. Zunächst glüht man die beiden Enden durch Dazwischenlegen einer Kupferplatte aus, dann entfernt man diese, verschweißt die Stücke und kühlt sie in glühendem Sande ab. Die so behandelten Stücke werden nochmals langsam erwärmt und dann gehärtet. Kommen die beiden Enden beim Vorwärmen nicht auf gleiche Temperatur, so müssen sie einzeln erwärmt, oder das schwächere, bzw. kohlenstoffreichere Stück muß kürzer gespannt werden. Richtig behandelte Stahlschweißungen ergeben ein vollwertiges und billiges Werkzeug.

Offene und geschlossene Längen. Beide Verfahren ermöglichen das Zusammenschweißen von Schweißstücken sowohl in offenen, wie auch in geschlossenen Längen, wie Ringe, Schnallen, Reifen usw. Es ist naheliegend, daß der Strom nicht nur durch die Schweißfläche, sondern auch durch die geschlossene Länge fließt, wodurch eine Erwärmung des ganzen Schweißstückes erfolgen wird. Die hindurchfließenden Ströme verteilen sich nach dem Kirchhoffschen Gesetz, und es ist offensichtlich, daß die Maschine, um eine Schweißung zu erzielen, sowohl die Energie für die Schweißung als auch für die Erwärmung liefern muß. Diese Energievergrößerung hängt von dem Durchmesser bzw. der Länge des Nebenweges ab. Je länger der Nebenstromweg, desto kleiner die hindurchfließende Stromstärke. Eine Beeinflussung bzw. Verhinderung der Energieverteilung wäre dadurch zu erreichen, daß man dem Nebenweg einen größeren Widerstand verleiht, was entweder durch starke Erwärmung an einer Stelle oder durch ein Eisenpaket wie in Abb. 21 oder Eisenblechpakete erfolgen kann.

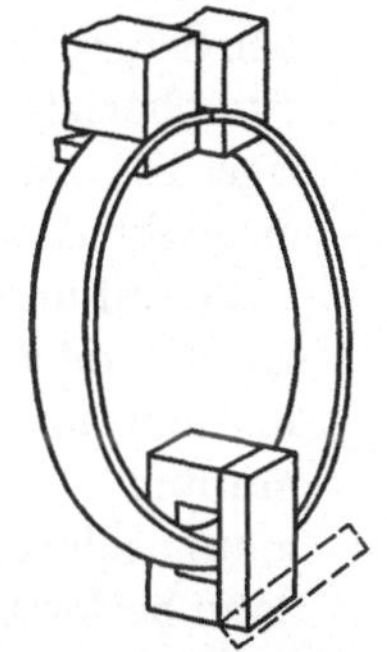

Abb. 21. Vergrößerung des Widerstandes in der geschlossenen Seite.

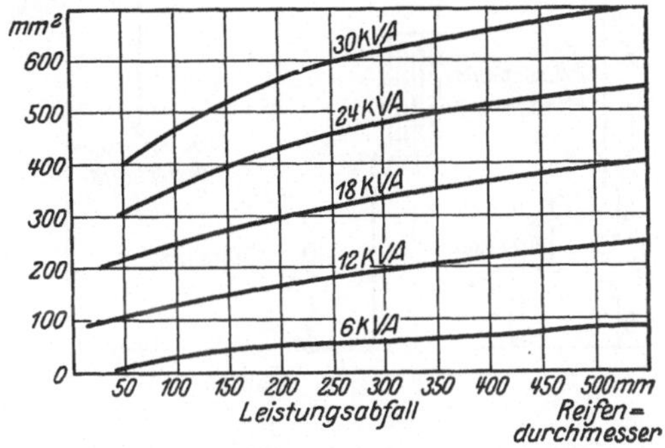

Abb. 22. Leistungsabfall bei geschlossenen Längen.

3. Elektrische Schlag- oder Stoßschweißung.

Bei Anwendung dieses Verfahrens verwendet man Gleichstrom. Mittels Schlagschweißung (englisch: percussion welding) kann man zwei Metalle, die einen verschieden hohen oder niedrigen Schweißpunkt oder verschiedene Leitfähigkeit besitzen, miteinander verschweißen. Man benutzt hierzu einen Kondensator von größerer Entladefähigkeit und wendet das Prinzip der gleichzeitigen Kondensatorentladung und Schlagwirkung an. Der Apparat besteht aus zwei in Scharnieren beweglichen Armen mit Backen für den Draht an den Enden. Die in die Backen gelegten Drähte werden mit den Klemmen eines geladenen Elektrolyt-Kondensators verbunden. Beim Loslösen ziehen sich die Arme zusammen und der Kondensator entlädt sich in dem Augenblicke, in dem sich die Drähte berühren. Durch die Stoßkraft werden dann die beiden Enden zusammengeschweißt.

In der schematischen Darstellung (Abb. 23) wird der Auslösemechanismus durch 2 Stangen betätigt. Die Einspannvorrichtung ist hierbei die gleiche wie bei Schraubenautomaten. Die zu schweißenden Drahtenden werden meißelartig angechärft und ihre Kanten stehen rechtwinklig zueinander, wodurch die erste Berührung nur in einem Punkt erfolgt. Im Augenblick der Berührung fällt die Spannung im Stromkreis, dagegen wächst die Stromstärke; die Stauchwirkung hält solange an, bis die Metalle zusammengeschweißt sind, obgleich sich der Schweißvorgang in $^{1}/_{1000}$ Sekunde abspielt und die obere Backe feststeht. Die gesamte zur Schweißung verwendete Stromstärke beträgt nur 0,00000125 KWh. Die Wärmeentwicklung ist eine so plötzliche und intensive, daß eine ungleiche Leitfähigkeit der Drahtenden gar keine Zeit hat, sich auszuwirken. Die Enden schmelzen zusammen, ja sie verdampfen sogar, gleichgültig ob der Schmelzpunkt ein hoher oder niedriger ist. Dadurch ermöglicht es sich, Aluminium mit Kupfer oder Aluminium mit Aluminium zusammenzuschweißen, denn bei letzterem Metall oxydieren bekanntlich die Oberflächen sehr schnell, wenn sie wie bei den gewöhnlichen Schweißverfahren der Luft ausgesetzt sind.

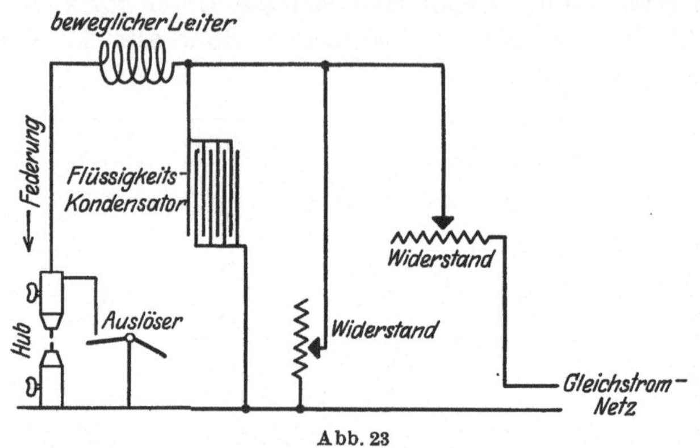

Abb. 23

4. Festigkeitsprüfungen von Widerstand-Schweißungen nach dem Abschmelzverfahren[1]).

Die Versuchsproben aus Flußeisen und Flußstahl von 25 mm Durchmesser wurden auf der Widerstandschweißmaschine der Maschinenbauanstalt Moll AG nach dem Abschmelzverfahren hergestellt und auf der 30 t-Zerreißmaschine der Materialprüfanstalt der Gewerbeakademie zu Chemnitz zerrissen. Die Versuchsergebnisse sind in den folgenden Zahlentafeln zusammengestellt.

Das blank gezogene Flußeisen war beim Ziehen stark kalt gereckt worden. Der von diesem abgesägte und nicht weiter bearbeitete Probestab Nr. 1 riß an der Einspannstelle. Um einwandfreie Versuchsergebnisse zu bekommen, wurde daher der zweite Probestab im mittleren Teil auf $d = 20$ mm abgedreht. Die zylindrische Meßlänge betrug $l = 100$ mm, entsprechend $l = 5d$. Probestab Nr. 3 wurde nach dem Abdrehen in der Schweißmaschine auf helle Rotglut erwärmt und dann in gleicher Weise wie Stab Nr. 2 zerrissen. Durch das Glühen ist der Einfluß der Kaltreckung beseitigt worden. Die Festigkeit des Werkstoffes, die im kaltgereckten Zustande 49 kg/mm² betrug, ist auf 36,6 kg/mm² gesunken,

[1]) Von Prof. Bock, Chemnitz, Aufsatz Maschinenbau 4. Jg. Heft 20, 1. Oktober 1925.

entspricht also nunmehr der eines weichen Flußeisens. Die Dehnung ist von 15,3 vH auf 21,7 vH, die Brucheinschnürung von 62,7 vH auf 73 vH gestiegen. Abb. 24 zeigt im oberen Teil den ungeglühten, abgedrehten und im unteren Teil den geglühten, abgedrehten Probestab nach dem Zerreißen (Probestäbe Nr. 2 und 3).

Abb. 25 gibt in der oberen Darstellung das typische Aussehen der roh gelassenen, im Abschmelzverfahren hergestellten Probestäbe Nr. 4—6 nach dem Zerreißen wieder. An der Schweißstelle ist der dem Abschmelz-

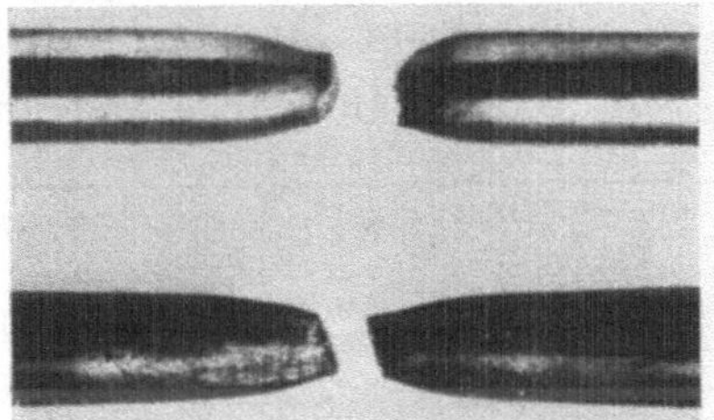

Abb. 24.

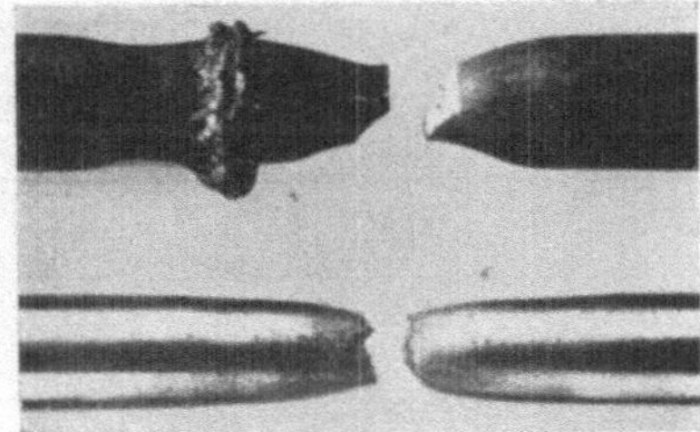

Abb. 25.

verfahren eigentümliche Grat deutlich zu erkennen. Sämtliche Probestäbe dieser Art rissen außerhalb der Schweißnaht und schnürten sich zu beiden Seiten derselben während des Zerreißversuches stark ein.

Die Proben 7—11 wurden nach dem Schweißen im mittleren Teil auf rund 20 mm abgedreht und dann zerrissen. Bis auf Probe Nr. 11 rissen alle Stäbe außerhalb der Schweißstelle. Im unteren Teil der Abb. 25 ist eine dieser Proben nach dem Zerreißen dargestellt.

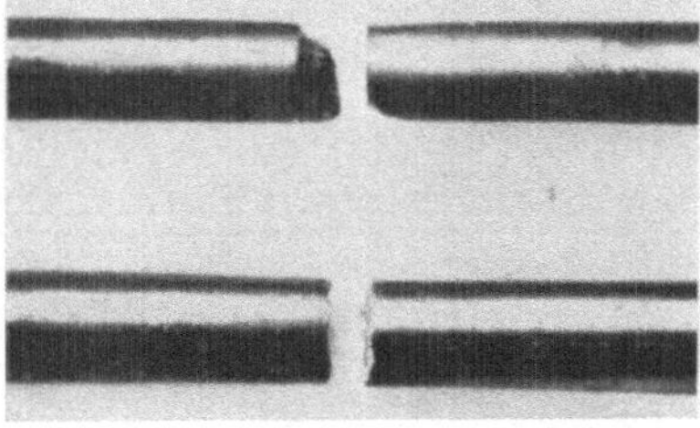

Abb. 26.

Da sämtliche Probestäbe beim Schweißen in dem zwischen den Elektroden der Schweißmaschine gelegenen Teil, das sind etwa 20 mm links und rechts der Schweißstelle, ausgeglüht werden, so muß man das Ergebnis der Festigkeitsprüfung der geschweißten Proben mit dem der ausgeglühten Probe Nr. 3 vergleichen. Zum leichteren Vergleich ist die Festigkeit dieser Probe in der letzten Spalte der ersten Zahlentafel gleich 100 gesetzt worden. Aus dieser Spalte erkennt man, daß alle geschweißten Proben mindestens die gleiche Festigkeit wie der geglühte Probestab Nr. 3 hatten. Die Dehnung der geschweißten Proben schwankt zwischen 16,3 und 24,0 vH. Sie ist größer als die des nicht geglühten und erreicht verschiedentlich die des geglühten Werkstoffes. Die Brucheinschnürung der geschweißten Proben ist durchweg recht hoch, was auf eine hohe Zähigkeit schließen läßt. Die Formänderung der geschweißten und nachträglich abgedrehten Proben erfolgte lediglich in dem Teil, der in der Schweißmaschine zwischen den Elektroden lag, also ausgeglüht worden ist.

Die zweite Zahlentafel enthält die Ergebnisse der Zerreißversuche mit den Schweißproben aus Stahl. Der Stahl hatte im Anlieferungszustande eine Festigkeit von 54,1 kg/mm² bei 25 vH Dehnung ($l = 5d$) (Zahlentafel 2, Stab Nr. 1). Die Festigkeit des auf rund 20 mm abgedrehten Stabes betrug 59,3 kg/mm² (Stab Nr. 2, Zahlentafel 2). Die Außenschicht des Stahles war etwas entkohlt, wie die mikroskopische Betrachtung des Querschnittes zeigt (vgl. Abb. 41 und 43). Nach Weg-

1. Ergebnis der Festigkeitsprüfung von Widerstandschweißungen mit Flußeisen nach dem Abschmelzverfahren.

Nr.	Material	Meß-länge mm	Durch-messer mm	Fließ-grenze kg/mm²	Zerreiß-festig-keit kg/mm²	Bruch-ein-schnü-rung vH	Bruch-deh-nung vH	Verhältnis der Festigkeit zu der des geglühten Materials
1	Anlieferungszustand, kalt gezogen, roh . .	125	25,0	—	45,9	—	—	125
2	Wie Nr. 1, aber abgedreht	100	19,97	44,7	49,0	62,7	15,3	134
3	Abgedreht und geglüht	100	20,03	28,2	36,6	73,0	21,7	100
4	Schweißstelle roh . . .	125	24,9	27,1	37,8	71,9	18,6	103
5	„ „ . . .	125	24,9	26,7	37,5	68,4	16,3	102
6	„ „ . . .	125	24,9	26,7	37,9	70,8	24,0	104
7	Schweißstelle abgedreht	100	20,0	25,5	36,9	72,3	20,5	101
8	„ „	100	19,9	25,8	36,7	69,5	21,3	100
9	„ „	100	19,9	26,9	37,0	72,1	20,2	101
10	„ „	100	20,0	26,1	37,0	71,4	18,7	101
11	„ „	100	20,0	27,1	38,2	59,7	18,0	104

Stab Nr. 1 riß an der Einspannstelle.

2. Ergebnis der Festigkeitsprüfung von Widerstandschweißungen mit Flußstahl (Abschmelzverfahren).

Nr.	Material	Meß-länge mm	Durch-messer mm	Fließ-grenze k g/mm²	Zerreiß-festig-keit kg/mm²	Bruch-ein-schnü-rung vH	Bruch-deh-nung vH	Verhältnis der Festigkeit zu der Probe 2
1	Anlieferungszustand. .	125	25	33,1	54,1	39,2	25,0	91,5
2	Außenhaut abgedreht .	100	19,9	35,2	59,3	38,1	25,9	100
3	Geschweißt und Außenhaut abgedreht . . .	100	20,2	41,0	58,7	11,5	7,8	99[1])
4	desgl.	100	20,2	41,6	60,6	19,8	14,2	102[2])
5	desgl.	100	20,2	41,9	59,6	17,1	10,1	99,5[3])
6	desgl.	100	20,3	39,3	59,1	8,7	9,7	98,7[1])
7	desgl.	100	20,3	39,7	58,4	15,1	9,2	98,6[1])

[1]) Bruch in der Schweißstelle. Bruchkorn grob.
[2]) „ „ „ „ „ feinkristallin.
[3]) „ „ „ „ „ fein, aber etwas gröber als bei Stab 4.

3. Härte des Ursprungsmaterials an verschiedenen Stellen des Querschnittes.

Nummer der Stelle im Querschliff der Abb. 53 und 55	Flußeisen (kalt gezogen) Härte kg/mm²	Abb. Nummer	Flußstahl Härte kg/mm²	Abb. Nummer
1	155,6		142,0	
2	165,2		148,8	
3	165,2	33	186,4[1])	41
4	154,8		147,6	
5	152,0		130,4	43

[1]) Kugeldruck liegt gerade auf einem Phosphorpunkt (Seigerung).

4. Härte der geschweißten Proben in und neben der Schweißstelle in kg/mm².

Nummer der Stelle in Abb. 53 und 55	Abschmelzschweißung				Stumpfschweißung			
	Flußeisen		Flußstahl		Flußeisen		Flußstahl	
	ungeglüht	geglüht	ungeglüht	geglüht	ungeglüht	geglüht	ungeglüht	geglüht
1	102,8	—	179,2	—	99,2	—	173,2	—
2	104,0	—	177,6	—	98,8	—	172,4	—
3	101,6	—	171,2	—	101,2	—	173,6	—
4	104,8	—	178,8	—	104,0	—	166,4	—
5	110,0	107,2	167,6	153,6	104,4	—	157,2	—
6	114,8	—	184,0	—	106,8	98,4	134,8	138,4
7	116,0	—	188,0	—	105,6	—	157,6	—
8	116,0	—	182,2	—	100,4	—	156,8	—
9	116,0	—	178,0	—	100,4	—	169,2	—
10	111,6	104,0	160,8	144,0	102,4	—	166,8	—
11	114,0	109,6	158,0	148,0	100,0	—	129,6	131,6
12	115,6	112,8	164,8	150,0	—	96,4	142,0	141,2
13	112,8	108,8	158,4	148,8	105,6	98,8	143,2	141,2
14	—	—	—	—	104,4	100,0	118,0	122,0
15	—	—	—	—	102,4	101,6	—	—
16	—	—	—	—	104,4	—	—	—

drehen des entkohlten Randes muß der kohlenstoffreichere Kern eine höhere Festigkeit als das Ursprungsmaterial haben, in dem die kohlenstoffärmere Außenschicht die Festigkeit herabdrückt.

Das Ergebnis der Festigkeitsprüfung der auf 20 mm abgedrehten geschweißten Proben Nr. 3—7 muß mit dem des abgedrehten Stabes Nr. 2 verglichen werden.

Setzt man die Festigkeit des abgedrehten ungeschweißten Stabes Nr. 2 gleich 100, so schwankt die Festigkeit der nach dem Abschmelzverfahren hergestellten Stahlproben zwischen 98,6 und 102. Die Bruchdehnung und Brucheinschnürung sind um die Hälfte und mehr gegenüber den entsprechenden Werten der ungeschweißten Proben verringert.

Abb. 26 zeigt die Stahlprobe Nr. 2 und eine der Proben 3—7 nach dem Bruch. Die geringe Brucheinschnürung gegenüber den in Abb. 24 gezeigten Flußeisenproben fällt sofort auf.

Vergleicht man das Ergebnis der Festigkeitsprüfung der nach dem Abschmelzverfahren hergestellten Schweißverbindungen aus Flußeisen mit dem der früher nach dem Stumpfschweißverfahren hergestellten, so erkennt man, daß die Festigkeitswerte der nach dem Stumpfschweißverfahren hergestellten Verbindungen sämtlich geringer sind als die der jetzt nach dem Abschmelzverfahren hergestellten (58,6—93,0 gegenüber 100—104).

Während die älteren Proben oft ohne nennenswerte Dehnung und Brucheinschnürung rissen, sind diese Werte bei allen jetzt geprüften Schweißungen mit Flußeisen recht erheblich. Leider fehlt zum Vergleich eine Versuchsreihe mit nach dem Stumpfschweißverfahren hergestellten Verbindungen aus Flußstahl.

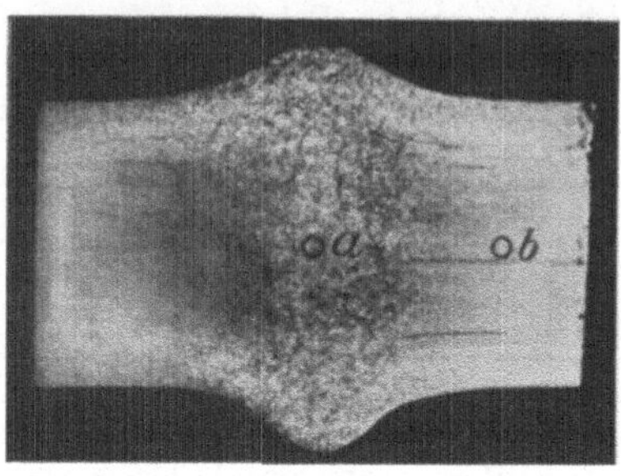

Abb. 27.

a) Metallographische Prüfung der Schweißverbindung. Abb. 27 stellt den Längsschnitt durch eine Stumpfschweißung von Flußeisen nach dem Ätzen mit Kupferammoniumchlorid 1:12 in etwa $^2/_3$ der natürlichen Größe dar. Die Stauchwulst ist deutlich zu erkennen. Zu beiden Seiten der durch die Mitte der Wulst verlaufenden Schweiße liegt eine in der Stabmitte etwa 15 mm breite, sich nach den Rändern erheblich verbreiternde Zone groben Kornes. Das Gefüge der in Abb. 27 durch kleine Kreise angedeuteten Stellen *a* und *b* wurde in 100facher Vergrößerung nach dem Ätzen mit alkoholischer Pikrinsäure 4:100 aufgenommen und ist in Abb. 28 und 29 auf etwa $^2/_3$ verkleinert dargestellt. Das Ferritkorn der Stelle *a* ist erheblich gröber als das der Stelle *b*.

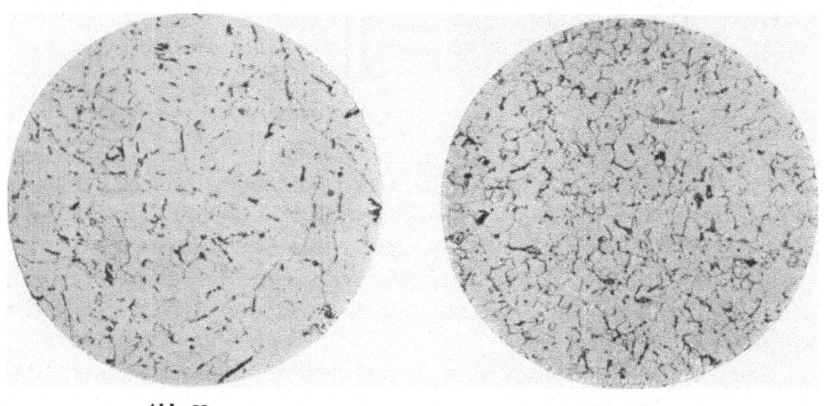

Abb. 28. Abb. 29.

Nach den früher gemachten Erfahrungen treten beim Verhämmern der Wulst an den Übergangsstellen vom feinen zum groben Korn beiderseits der Schweiße leicht Risse entsprechend Abb. 30 auf, namentlich bei stärkeren stumpf geschweißten Stäben, weshalb das Verhämmern der Stauchwulst für größere Querschnitte und Teile, die einigermaßen fest sein müssen, zu vermeiden ist.

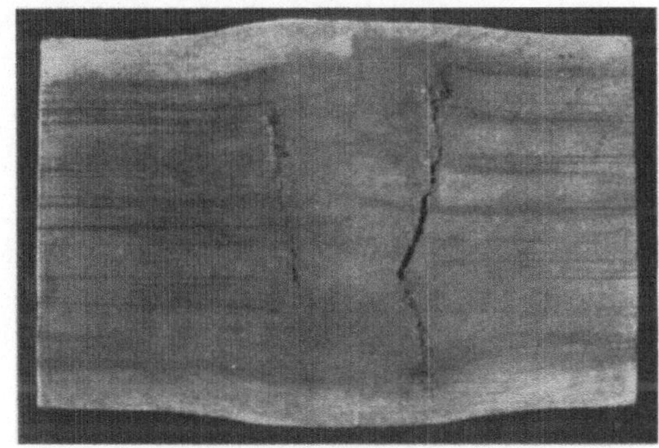

Abb. 30.

Abb. 31 zeigt den Längsschnitt einer aus dem gleichen Werkstoff nach dem Abschmelzverfahren ebenfalls nach dem Ätzen mit Kupferammoniumchlorid hergestellten Schweißverbindung. Man erkennt an den Rändern der Schweißnaht deutlich den Grat, der aus dem durch den zu Beginn der Schweiße gebildeten Lichtbogen zum Schmelzen gebrachten und teilweise verbrannten Werkstoff besteht und daher ebenfalls auf keinen Fall verhämmert werden darf (vgl. Abb. 52). Der Grat ist vielmehr durch Abschleifen zu entfernen. Die Schweißstelle selbst erkennt man in dem Lichtbild als hellen Streifen. Eine Kornvergrößerung ist nur an den Rändern in der Nähe des Grates eingetreten, aber nicht im gleichen Maße wie in der Nähe der Wulste der nach dem Stumpfschweißverfahren hergestellten Verbindung.

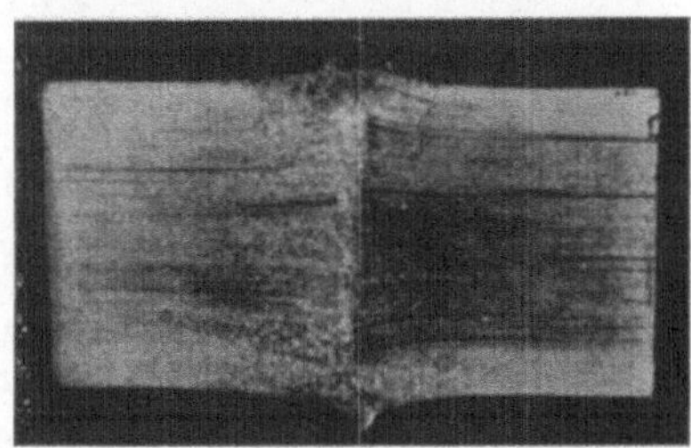

Abb. 31.

Die helle Farbe der Schweißstelle in Abb. 31 rührt daher, daß in der schmalen Zone, in der das Material infolge der hohen Temperatur geschmolzen war, Phosphor und Schwefel verbrannt sind. Die Ätzung auf Phosphor durch Kupferammoniumchlorid zeigt in der Schmelzzone keinen Phosphor mehr an. Auch der nach dem Baumannschen Verfahren hergestellte Schwefelabdruck zeigt deutlich, daß in dieser Zone kein Schwefel vorhanden ist, während dicht daneben die in dem Werkstoff eingelagerten Sulfide als dunkle Punkte zu erkennen waren (Abb. 32). In der Schmelzzone hat also eine Reinigung des Werkstoffes stattgefunden. Bei der nach dem Stumpfschweißverfahren hergestellten Verbindung ist eine derartige säubernde Wirkung nicht festzustellen, wie der entsprechende Schwefelabdruck in Abb. 32 zeigt.

Die folgenden Mikroaufnahmen, die ebenfalls in 100facher Vergrößerung nach dem Ätzen mit alkoholischer Pikrinsäure hergestellt wurden, (im Druck auf etwa $^2/_3$ verkleinert) zeigen, welche Veränderung das Kleingefüge in und neben der Schweißnaht erfährt. Abb. 33 stellt das Feingefüge in der Mitte des Querschnittes des ungeschweißten Werkstoffes dar. Man erkennt die Korngrenzen des hellen Ferrits und den dunklen Perlit, der knapp 0,1 der ganzen Schlifffläche einnimmt, so daß der Kohlenstoffgehalt des Werkstoffes auf weniger als 0,09 vH geschätzt werden muß. Am Rande des Querschnittes der ungeschweißten Rundstangen war das körnige Ferritgefüge viel ausgeprägter, wie Abb. 34 zeigt. Der Perlitanteil am Gesamtgefüge ist noch geringer als in Abb. 33, entsprechend einem noch geringeren Kohlenstoffgehalt als dort angegeben. Im Längsschnitt ist das Ferrit-Perlitgefüge teilweise in Zeilen angeordnet, wie in Abb. 35 zu sehen ist. In 10 mm Entfernung von der Schweißstelle sieht das Feingefüge genau so aus wie in Abb. 35. In 5 mm Abstand von

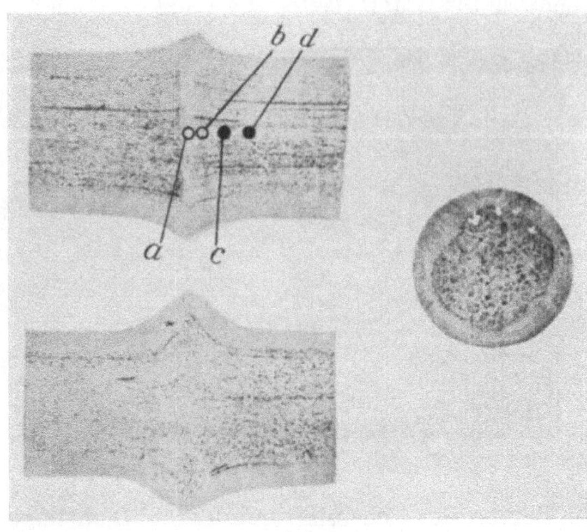

Abb. 32.

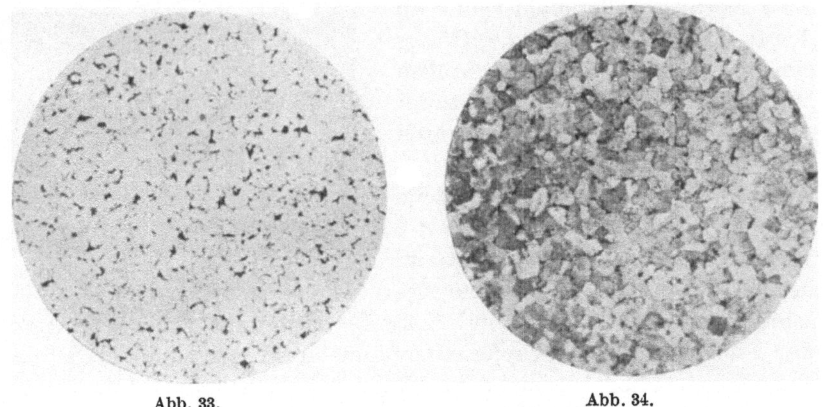

Abb. 33. Abb. 34.

der Schweißnaht ist aber schon eine Veränderung eingetreten (Abb. 36). Die Ferritzeilen sind noch erhalten, der Perlit ist aber schon strahlig und nadlig. In 2 mm Entfernung von der Schweißstelle ist diese Veränderung noch weit ausgeprägter, wie Abb. 37 zeigt. Die Ferritzeilen sind völlig

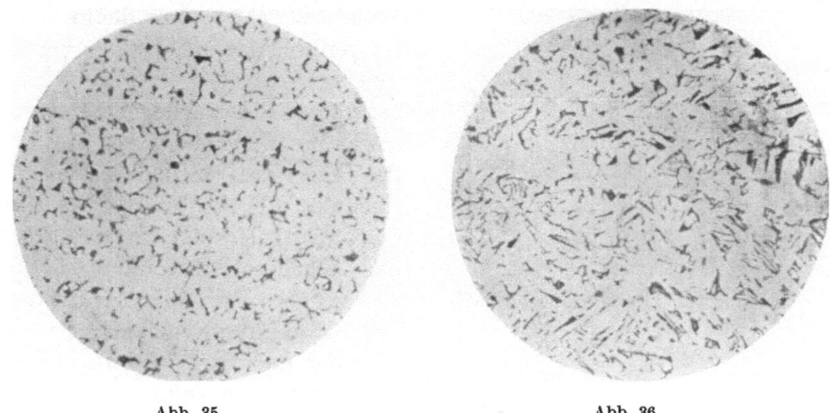

Abb. 35. Abb. 36.

zerstört. Das Gefüge der Schweißnaht selbst ist in Abb. 38 zu sehen. Der Perlit ist ganz feinnadlig und sein Anteil am Gesamtgefüge ist geringer als in Abb. 37, ein Zeichen, daß hier in der Schweißnaht infolge der hohen Temperatur eine Entkohlung stattgefunden hat. Irgendwelche Schlackeneinschlüsse waren an keiner Stelle der Schweißnaht zu entdecken. Eine eigentliche Schweißnaht ist nicht vorhanden. An der

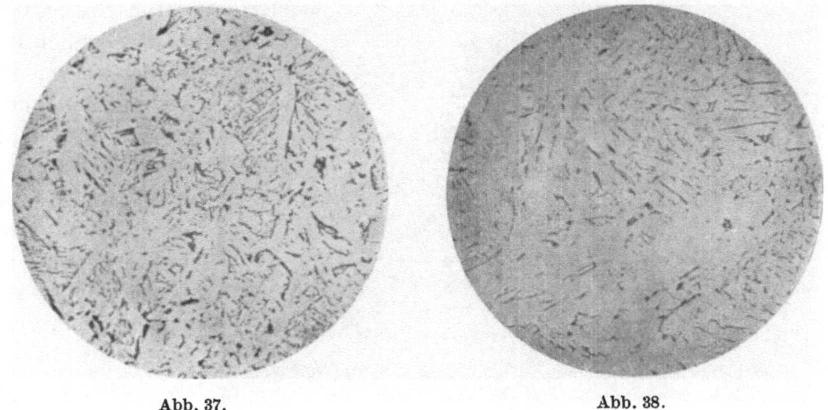

Abb. 37. Abb. 38.

Berührungsstelle ist das Material der einen Werkstoffprobe in das der anderen übergeflossen.

Die nadlige Anordnung des Perlits in der Schweißstelle läßt sich durch $^1/_2$stündiges Glühen der Proben bei 900° beseitigen, wie Abb. 39 beweist, die dieselbe Stelle der nach dem Abschmelzverfahren hergestellten Verbindung wie Abb. 38 nach $^1/_2$stündigem Glühen bei 900° zeigt. Da man die Schweißstelle infolge des homogenen Gefüges im Mikroskop nicht erkennen konnte, wurde zur Kenntlichmachung derselben von Mitte zu Mitte Grat ein Bleistiftstrich gezogen, der in Abb. 39 in senkrechter Richtung verläuft und die Schweißstelle anzeigt. Der rechts des Risses gelegene Teil weist etwas mehr Perlit als der Teil links des Risses auf. Infolgedessen ergibt sich für die in Abb. 53 rechts der Schweiße gelegenen Kugeleindrücke der Abschmelzschweißung eine etwas größere Härte als für die links der Schweiße gelegenen. Das Gefüge der nach dem Stumpfschweißverfahren hergestellten Verbindung war nach dem Glühen dem in Abb. 39 gezeigten ähnlich.

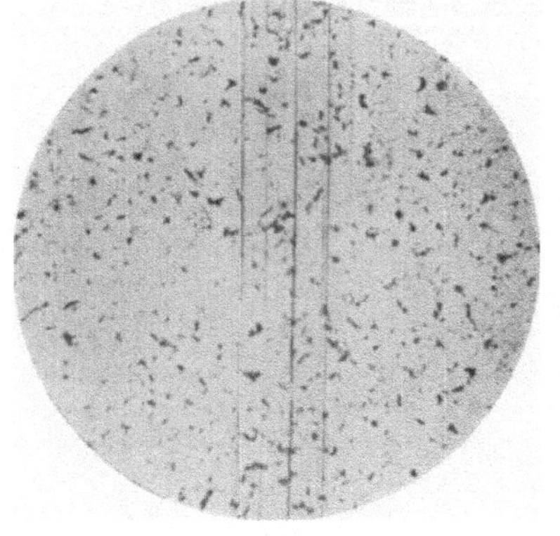

Abb. 39.

Die Ergebnisse der Festigkeitsprüfung der geschweißten Stahlproben sind nicht so günstig ausgefallen wie bei den soeben besprochenen Flußeisenverbindungen, wie aus Zahlentafel 2 hervorgeht, wenn auch die erzielten Festigkeitswerte erheblich über denen liegen, die man mit den anderen Schweißverfahren, z. B. dem autogenen, erzielt. Das liegt daran, daß Stahl gegen die hohen Schweißtemperaturen empfindlicher als Flußeisen ist. Ein weiterer Umstand, der wahrscheinlich die Güte der Schweißung beeinträchtigt hat, ist der hohe Phosphorgehalt des verwendeten Werkstoffes.

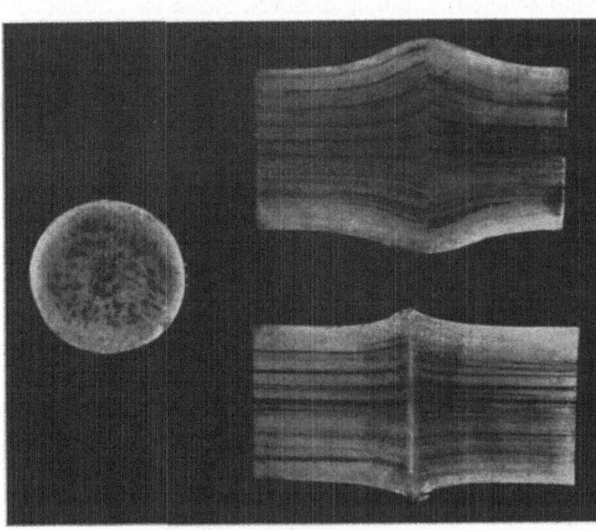

Abb. 40.

Abb. 40 zeigt Schweißproben nach dem Ätzen mit Kupferammoniumchlorid. Die dunklen bandartigen Einlagerungen sind Phosphorseigerungen. Auch in die Kernzone des Querschnittes sind solche Phosphorseigerungen als punktförmige Einlagerungen eingebettet.

Die geringe Einschnürung des Werkstoffes im Anlieferungszustande ist wahrscheinlich eine Folge der Phosphorseigerungen.

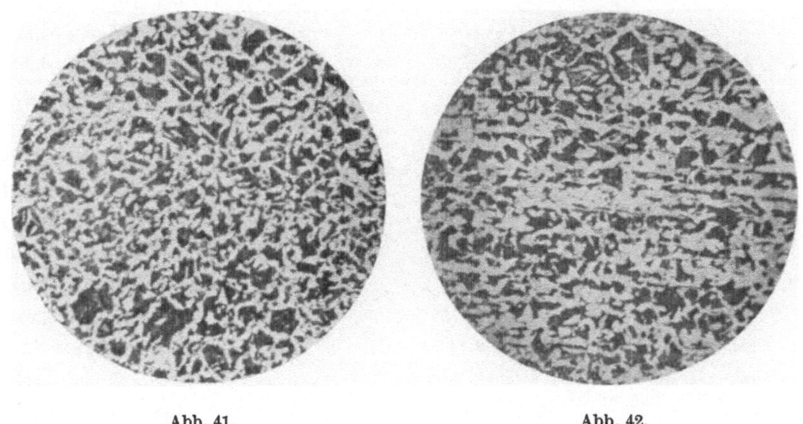

Abb. 41. Abb. 42.

Abb. 41 stellt das Gefüge des verwendeten Werkstoffes in der Mitte des Querschnittes eines ungeschweißten Probestabes dar. Der dunkle Perlit nimmt etwa ein Drittel des Gesamtgefüges ein, entsprechend einem Kohlenstoffgehalt von rund 0,3 vH. Das Gefüge des Längsschnittes der gleichen Stelle zeigt Abb. 42. Ferrit und Perlit sind in Zeilen angeordnet. Die hellen Ferritzeilen enthalten zahlreiche sulfidische Einlagerungen, die in dem als Abb. 44 beigefügten Baumannschen Schwefelabdruck als dunkle Bänder und Streifen erscheinen.

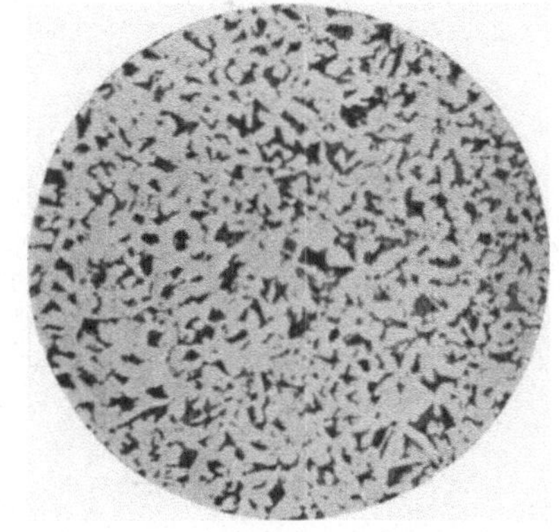

Abb. 43.

Der Rand des Querschnittes war entkohlt. Das Gefüge des Werkstoffes enthält in der Randzone viel weniger Perlit als im Kern, was man deutlich erkennt, wenn man Abb. 43, die eine Stelle des Randes darstellt, mit Abb. 41 vergleicht.

Die Schweißnaht der nach dem Abschmelzverfahren hergestellten Verbindung erscheint nach der Phosphorätzung und in dem Baumannschen Schwefelabdruck als heller schmaler Streifen (Abb. 40 und 44 links oben), eine Folge der schon oben besprochenen reinigenden Wirkung der bei diesem Verfahren auftretenden hohen Temperatur der Schweißstelle.

Eine weitere Folge dieser hohen Temperatur ist aber eine Vergröberung des Gefüges. In Abb. 40 kann man die Zone der Kornvergröberung als hyperbelartige dunkle Fläche rechts und links der Schweißstelle deutlich erkennen. Sie erstreckt sich in der Mitte bis zu etwa 6 mm, an den Rändern bis zu etwa 8 mm Breite auf beiden Seiten der Schweißstelle. An diese Zone groben Kornes schließt sich eine solche feinen Gefüges an, die dann allmählich in das Gefüge des Ursprungsmaterials übergeht. In 25 mm Abstand von der Schweißstelle sieht das Gefüge der Kernzone genau so aus, wie in Abb. 42 dargestellt ist (Stelle *a* in Abb. 44).

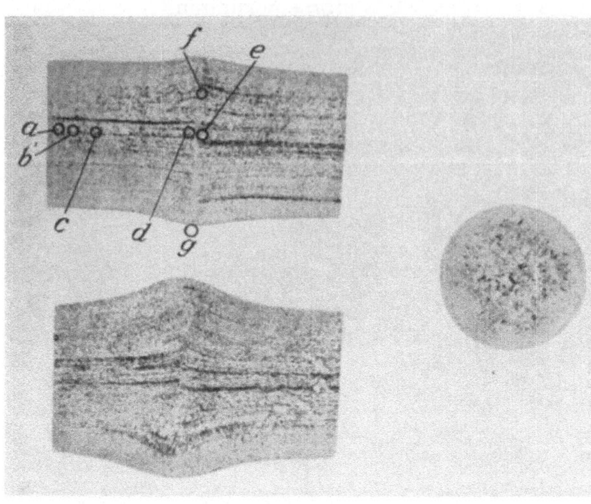

Abb. 44.

In 23 mm Entfernung (Stelle *b* in Abb. 44) macht sich der verfeinernde Einfluß der Erwärmung mit nachfolgendem ziemlich schnellen Abkühlen infolge des guten Wärmeabflusses schon bemerkbar, wie man erkennt, wenn man Abb. 45 mit Abb. 42 vergleicht.

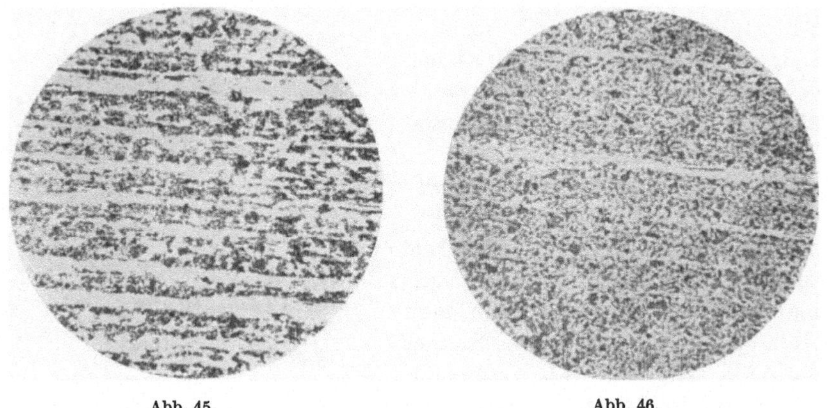
Abb. 45. Abb. 46.

Der Deutlichkeit halber sind in dem Schwefelabdruck der Abb. 44

die Stellen genau bezeichnet, an denen die die Gefügeveränderung veranschaulichenden Lichtbilder entnommen sind. Abb. 42 zeigt die Stelle *a* in 25 mm, Abb. 45 die Stelle *b* in 23 mm Entfernung von der Schweißstelle.

Die Stelle *c* in 18,7 mm Abstand von der Schweißstelle, die in Abb. 46 dargestellt ist, weist eine weitere Verfeinerung des Gefüges auf.

Die Abb. 47 der Stelle *d* in 2 mm Abstand von der Schweißstelle zeigt dagegen ganz grobes Korn. Der Ferrit hüllt als grobmaschiges helles Netz mit vielen Fransen die dunklen Perlitkörner ein, ist aber teilweise auch in den Perlitkörnern abgeschieden. Ein derartiges Gefüge tritt immer auf, wenn Stahl von hoher Temperatur ziemlich schnell abgekühlt wird. Der Ferrit, der sich bei langsamer Abkühlung ganz an den Korngrenzen abscheidet, hat bei der schnellen Abkühlung keine Zeit gefunden,

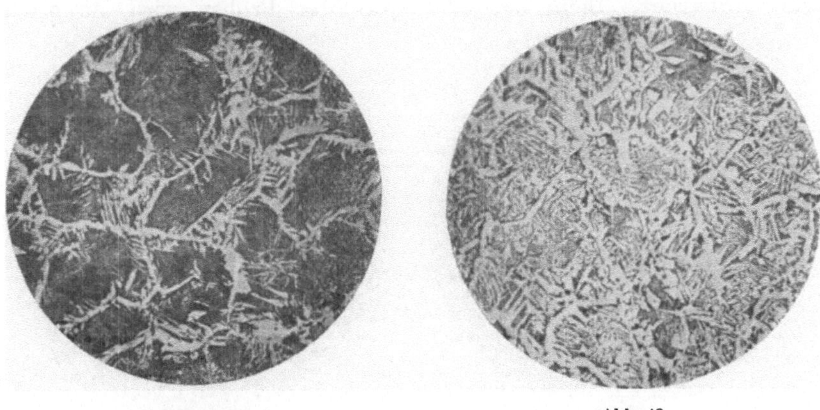

Abb 47. Abb. 48.

sich bis zu den Korngrenzen zusammenzuziehen und ist daher noch teilweise in den Perlitkörnern in strahliger Form zur Abscheidung gelangt.

Unmittelbar in der Schweißnaht ist die Temperatur noch höher und der Wärmeabfluß noch rascher gewesen. Die Ferritmaschen der Abb. 48, die die Stelle *e* mitten in der Schweißstelle darstellt, sind daher noch gröber und zerfranster als die der vorigen Abbildung. Die Perlitkörner sind ganz mit Ferrit durchsetzt. Der Ferritgehalt ist an dieser Stelle erheblich höher als in *d*, weil eine Entkohlung stattgefunden hat. Ein Teil des Kohlenstoffes ist aus dem Stahl, der an dieser Stelle bis zum Schmelzpunkt erhitzt worden ist, herausdiffundiert und verbrannt.

Abb. 49 ist der Stelle *f* in der Schweiße entnommen. Die Abbildung ähnelt im mittleren Teil der vorigen; zu beiden Seiten der entkohlten Zone schließt sich das Gefüge mit grobem Korn, ähnlich dem in Abb. 47 dargestellten, an.

Die beiden letzten Lichtbilder zeigen, daß auch bei den Stahlproben an der Schweißstelle keine Schweißnaht vorhanden ist. Die Kristalle der einen Hälfte gehen lückenlos in die der anderen über, ohne daß man erkennen kann, wo die eine aufhört und die andere anfängt.

Das zeigt sich vor allem bei den geglühten Proben. Stelle *e* der Abb. 44 mitten in der Schweiße ist in Abb. 50 nach $^1/_2$stündigem Glühen bei 850° dargestellt. Das grob zerfranste Ferritnetz, das die ungeglühte Probe an dieser Stelle aufwies, ist verschwunden und hat einem feinkörnigen, ganz gleichmäßigen Ferrit-Perlitgefüge Platz gemacht. Das Gefüge war so homogen, daß man die Schweißstelle im Mikroskop nicht erkennen konnte. Deshalb wurde auf der Probe genau an der Schweißstelle von Mitte zu Mitte Grat ein Bleistiftriß gezogen, den man in der Mitte der Abb. 50 erkennt.

Durch das Glühen ist demnach das Gefüge der Schweißstelle bedeutend verbessert. Beim Zerreißen geglühter Proben wird ein grobes

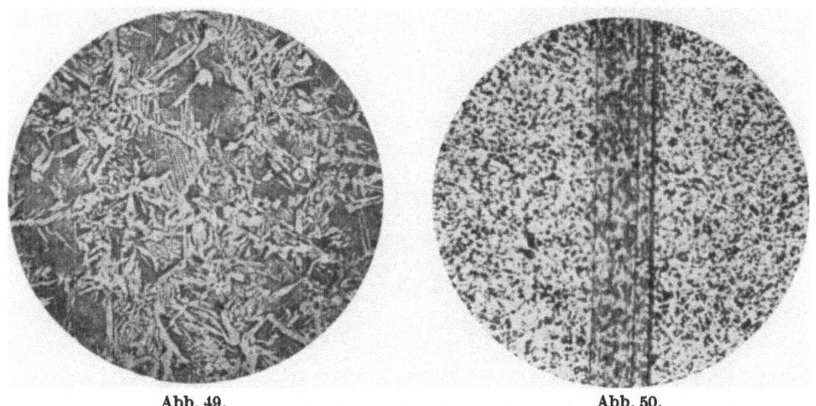

Abb. 49. Abb. 50.

Bruchkorn und im Zusammenhang damit eine geringe Dehnung, wie sie sich bei den in Zahlentafel 2 angeführten Versuchen teilweise ergeben hat, nicht mehr vorkommen.

Beim Stumpfschweißen ist die Temperatur niedriger als beim Schweißen nach dem Abschmelzverfahren. Infolgedessen wird das Gefüge der Stumpfschweißung in der Schweißstelle von vornherein längst nicht so grob wie das der nach dem Abschmelzverfahren hergestellten Verbindung sein. Den Beweis hierfür liefert Abb. 51, die eine Stelle mitten in der Schweiße der Stumpfschweißung zeigt. Das Gefüge dieser Stelle entspricht schon von vornherein dem, das man bei dem Abschmelzverfahren erst durch nachträgliches Glühen der Schweißproben erhält (vergl. Abb. 50 und 51).

Durch die hohe Schweißtemperatur ist die im Ursprungsmaterial vorhandene Zeilenstruktur in und dicht neben der Schweißstelle, sowohl bei der Abschmelzschweißung als auch bei der Stumpfschweissung, zerstört. Aber beim Absuchen der nach dem Abschmelzverfahren hergestellten Verbindung im Mikroskop findet man in der

Schweißstelle kaum eine Spur der ursprünglich in den Ferritzeilen sehr zahlreich vorhandenen Sulfide. Sie sind in dem flüssigen Stahl der Schweißstelle und bei dem Zusammenpressen der beiden Hälften des

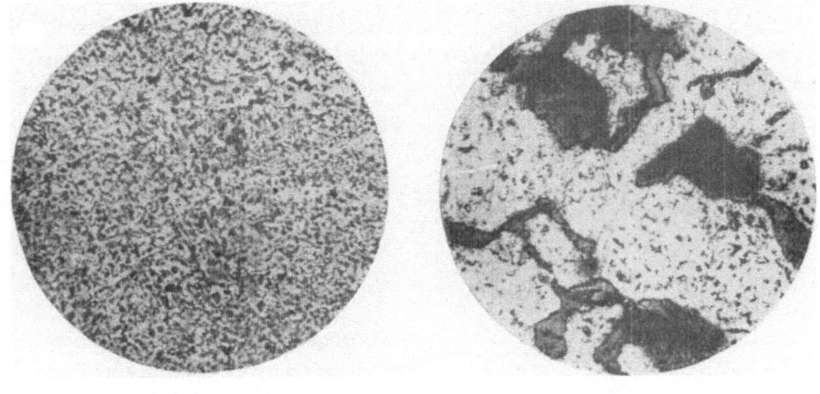

Abb. 51. Abb. 52.

Probestückes in den Grat herausgepreßt, wie Abb. 52 beweist. Sie zeigt die Stelle *g* des Grates in Abb. 44 mit zahlreichen grau aussehenden

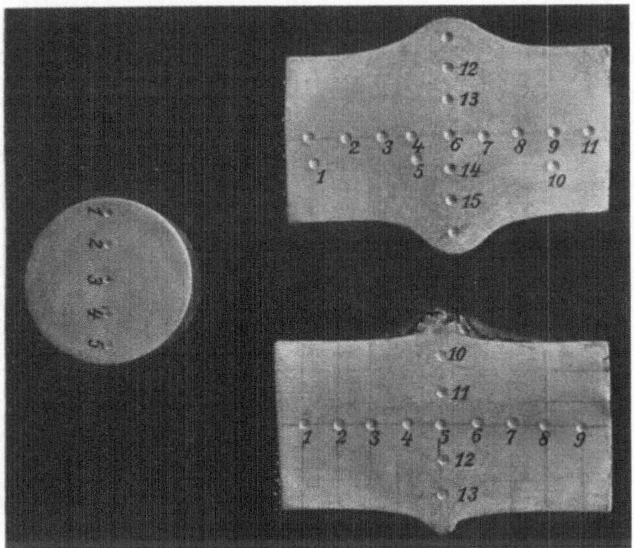

Abb. 53.

Schlacken, die beim Polieren des Schliffes teilweise ausgebrochen sind, wodurch sich die in der Abbildung schwarz erscheinenden Stellen erklären.

Bei der gewöhnlichen Stumpfschweißung wird der Werkstoff nicht so weit erhitzt, daß die sulfidischen Einschlüsse verbrennen. Den Beweis erbringt Abb. 54, die die in Abb. 51 gezeigte Stelle nach $^1/_2$ stündigem Glühen bei 850° darstellt. Die Schweißstelle ist wiederum durch einen Bleistiftstrich kenntlich gemacht. Zu beiden Seiten des Striches liegen zahlreiche beim Stauchen verkrümmte, in der Abbildung dunkelgrau erscheinende Schlackeneinschlüsse. Das Ferrit-Perlitgefüge ist durch das Glühen gegenüber dem in Abb. 51 dargestellten kaum verändert worden.

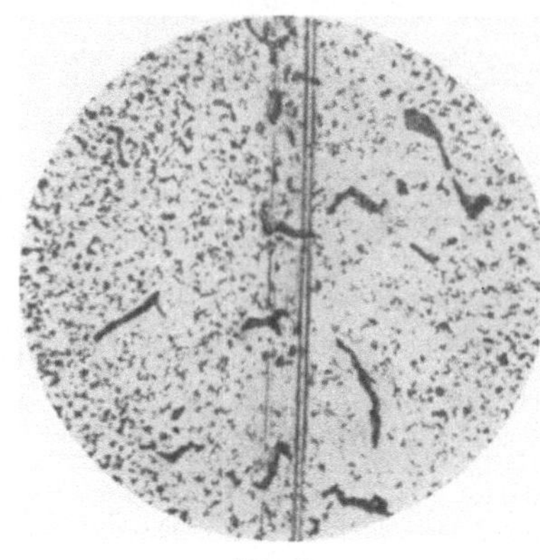

Abb. 54.

Die Schliffflächen der mikroskopisch untersuchten Schweißproben wurden einer Härteprüfung nach dem Kugeldruckverfahren von Brinell unterzogen. Die Drucklast betrug 200 kg, der Kugeldurchmesser 5 mm, die Dauer des Druckes 20 sek. Der Durchmesser der Kugeleindrücke wurde mit dem Mikroskop

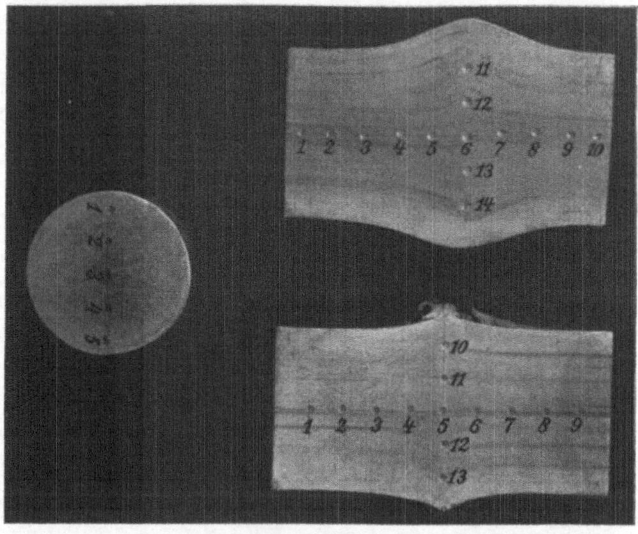

Abb. 55.

von Zeiß in zwei zueinander senkrechten Richtungen gemessen und aus dem sich ergebenden Mittelwert die Härte bestimmt. In den Abb. 53 und 55 sind die Proben in fast natürlicher Größe mit den Kugeleindrücken, die in Abständen von 5 zu 5 mm hergestellt wurden, dargestellt. Die an den mit Nummern bezeichneten Stellen gefundenen Härtezahlen sind in den Zahlentafeln 3 und 4 (Seite 35) zusammengestellt.

Ein Vergleich der Schweißstellen vor und nach dem Glühen ergibt, daß sie durch das Glühen weicher geworden sind, ausgenommen die Stumpfschweißung von Flußstahl.

Das in den Abb. 38 und 48 gezeigte Gefüge befindet sich infolge des schnellen Wärmeabflusses von der Schweißstelle in einem gewissen Spannungszustande und hat daher eine größere Härte als das in den Abb. 39 und 49 dargestellte, in dem die Spannungen durch das Ausglühen ausgelöst worden sind.

Ähnliches gilt von dem in Abb. 28 gezeigten Gefüge der Stumpfschweißung des Flußeisens, dessen Härte 106,8 kg/mm², nach dem Glühen nur noch 98,4 kg/mm² aufwies, also durch das Glühen scheinbar geringer geworden ist. Das hat seinen Grund darin, daß an der Stelle des Kugeleindrucks 6 der geglühten Probe nach dem Entfernen des durch das Glühen entstandenen Zunders und Neuschleifen einige Sulfide lagen, ähnlich wie es Abb. 54 zeigt. Die Härte der übrigen Stellen hat sich durch das Glühen nicht nennenswert geändert.

Bei einem Vergleich der Härte der Schweißstelle mit der des Werkstoffes in 10—15 mm Entfernung von der Schweiße erkennt man, daß für das Flußeisen beide Schweißverfahren in der Schweiße eine Härtesteigerung ergeben. Beim Abschmelzverfahren zeigt der Kugeleindruck 3 in 10 mm Entfernung von der Schweißstelle, deren Gefüge in Abb. 35 dargestellt ist, eine Härte von 101,6, die in der Schweiße (Kugeleindruck 5, Gefüge in Abb. 38) auf 110 kg/mm² gestiegen ist, was einer Zunahme der Härte von rund 8,3 vH entspricht. Beim Stumpfschweißverfahren ist die entsprechende Steigerung von 101,2 (Kugeleindruck 3) auf 106,8 kg/mm² erfolgt, was eine Zunahme von rund 5,2 vH bedeutet.

Beim Flußstahl führt die an der Schweißstelle auftretende Entkohlung zu einer Verminderung der Härte. 15 mm von der Schweißstelle beträgt die Härte der nach dem Abschmelzverfahren hergestellten Verbindung 177,6 (Kugeleindruck 2, Gefüge ähnlich wie in Abb. 46), in der Schweiße nur 167,6 (Kugeleindruck 5, Abb. 48), entsprechend einer Verminderung von rund 5,6 vH.

Bei der Stumpfschweißung ergibt sich die entsprechende Verminderung von 172,4 (Kugeleindruck 2) auf 134,8 kg/mm² (Kugeleindruck 6) zu 21,8 vH. Die Abschmelzschweißung hat trotz der starken Entkohlung eine größere Härte als die Stumpfschweißung, weil das Gefüge infolge des starken Wärmeabflusses in einen gewissen Spannungszustand versetzt wird, wie Abb. 48 auch deutlich erkennen läßt.

Zusammenfassung. Die Zerreißfestigkeit der untersuchten, nach dem Abschmelzverfahren hergestellten elektrischen Widerstandschweißungen ist größer als die früher veröffentlichter Stumpfschweißungen und übertrifft bei Flußeisenschweißungen fast stets die Festigkeit des geglühten ungeschweißten Werkstoffes, während sie für die Abschmelz-

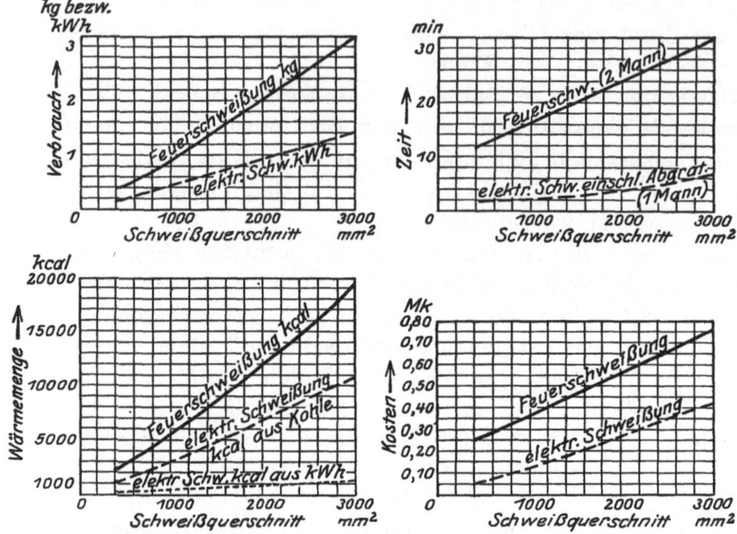

Abb. 56. Vergleichskurven für Feuer und elektrische Schweißung.

schweißungen von Stahl mindestens 98 vH der Festigkeit des Werkstoffes im Anlieferungszustande erreicht.

b) Wirtschaftlichkeit. Die Wirtschaftlichkeit elektrischer Stumpfschweißmaschinen ist hervorragend, wie aus den früher geschilderten

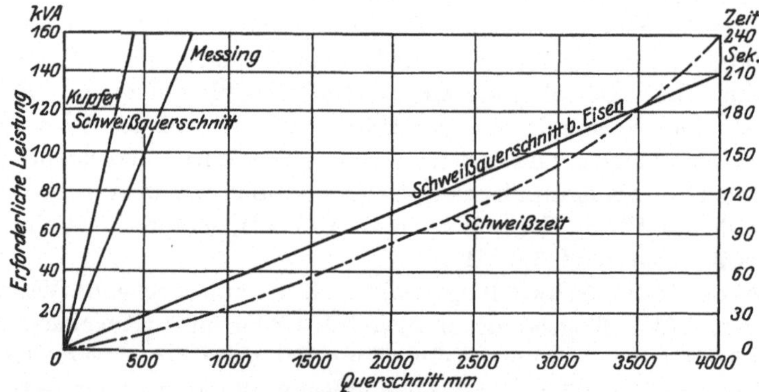

Abb. 57. Energie und Zeitverbrauch beim Stumpfschweißen von Eisen- und Kupferquerschnitten.

Vorgängen ersichtlich ist. Im Vergleich zu der Feuerschweißung ergeben sich wirtschaftliche Zahlenwerte (nach AEG von mehreren Quellen bestätigt), die Abb. 56 erkennen läßt. Wir sehen, daß die Wirtschaftlichkeit mit wachsenden Querschnitten bei der elektrischen Schweißung zunimmt. Außerdem ersehen wir, daß die Leistungsfähigkeit in derselben Zeit bei der elektrischen Schweißung das Vielfache beträgt. Außer diesem Vorteil ist der Betrieb äußerst sauber. Rauch- und Rußbildungen fallen weg, so daß die Unterhaltungskosten der Schweißräume auf ein geringes Maß herabgedrückt werden. Ferner fallen sämtliche Transportgeräte, welche den nötigen Brennstoff zum Kohlenfeuer schaffen müssen, fort und außerdem werden ganz gewaltige Ersparnisse dadurch erzielt, daß die Arbeitskolonnen keine unproduktiven Wartezeiten durch das Anheizen zu verbringen brauchen, da die Hitzeentwicklung sofort da ist.

Abgesehen von diesen wirtschaftlichen Vorteilen werden noch die Schäden vermieden, die durch Überhitzung und Verbrennen der beiden Schweißstücke entstehen. So kann man ungefähr noch mit 5—10 vH Eisenersparnis rechnen, welche die Wirtschaftlichkeit weiter erhöht.

5. Charakteristik der Punktschweißung.

a) Vorgang. Die elektrische Punktschweißung ist ein Erwärmungsvorgang, der in der ganzen Wärmetechnik einzig dasteht. Das Produkt dieser Erwärmung, der Schweißpunkt, bildet ein neuartiges Maschinenelement, das durch seine wirtschaftlichen Vorteile andere Verbindungen, wie Lötung, Nietung, in vielen Fällen verdrängt hat. Die Anwendung dieses Verbindungselementes ist fast bei allen Metallen erfolgreich durchgeführt, und namentlich in der Eisenwarenindustrie wurde sie ein unentbehrlicher Faktor. In Sekunden oder Bruchteilen hiervon können zwei oder mehrere Bleche, Drähte ohne irgendwelche Vorarbeit zusammengeschweißt werden. Die zu schweißenden Stücke werden an der gewünschten Stelle zwischen die Elektroden unter mäßigem Druck in einen Stromkreis gebracht, wobei ein niedrig gespannter Wechselstrom von hoher Intensität die Teile erhitzt und der Druck die teigig gewordenen Metallflächen in inniges Ineinanderfließen bringt, so daß sich eine homogene Vereinigung bildet. Ein charakteristisches Merkmal dieser Schweißart besteht darin, daß der größte Widerstand an der Stelle auftritt, an der die beiden Metalle miteinander in Berührung kommen. Infolgedessen werden die inneren Flächen auf Schweißhitze kommen, bevor die äußeren diese erreichen. Der Widerstand spielt also hier auch die ausschlaggebende Rolle und steht in Zusammenhang mit einigen anderen Größen, wie Blechqualität, Kohlenstoffgehalt oder anderen Beimengungen, Oberflächenzustand, ob glatt, rauh, blank, oxydiert, ferner Stromzeit, Punktdurchmesser, Elektrodendruck, Elektrodentemperatur, Wärmeleitung, Wärmefluß usw. Diese Faktoren

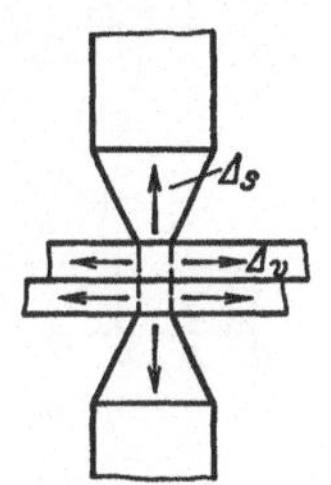

Abb. 58. Wärmeschaubild der Punktschweißung.

beeinflussen das Schweißergebnis und müssen in Abhängigkeit voneinander gebracht werden. Wärmetechnisch spielt sich der Vorgang wie folgt ab:

Der zwischen den Elektroden eingeschlossene Zylinder, welcher aus den beiden Blechen besteht, wird erwärmt. Stellen wir uns den Vorgang so vor, daß zwischen den beiden Blechen, d. h. an der Schweißfläche, die Schweißtemperatur herrscht; ist die Wärme nach der Umgebung zu auch schon etwas abgeleitet, so herrscht an der Schweißstelle die Temperatur T, und der Wärmevorgang wird in der Richtung der Elketroden durch den Abfall Δs, in der Richtung der Bleche durch den Abfall Δv gekennzeichnet. Dem Wärmefluß Δs wirkt der Stromfluß entgegen, so daß der ganze Zylinder erwärmt wird. In der Richtung Δv fließt aber kein Strom, und diese Wärmeverschleppung ist lediglich von der Zeit und vom Material abhängig. Da durch den durchgegangenen Strom in der Richtung Δs nach den Elektroden größere Wärme abgeleitet wird, so müssen diese gekühlt werden. Die Verluste, die hier vom wärmetechnischen Standpunkt betrachtet werden können, addieren sich wie folgt:

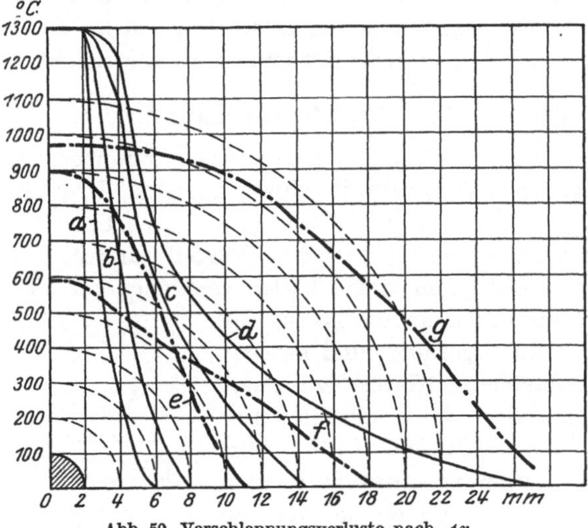

Abb. 59. Verschleppungsverluste nach Δv.

1. Abführungsverluste durch Ableitung zwischen den Elektroden, 2. Ableitungsverluste im Blech und 3. Verluste durch die umgebenden Luftschichten. Mithin muß ein Wärmestrom geliefert werden, welcher außer der Fähigkeit, die Wärme zur Verschweißung herzugeben, auch noch diejenige besitzt, diese Verluste aufzuheben. Der Wärmeverlust an den Kupferelektroden läßt sich durch einen einfachen Versuch messen, indem man von mehreren Punktschweißungen die durchfließende Wassermenge, sowie die Temperaturerhöhung des Wassers mißt. Über die Verschleppungsverhältnisse gibt das obenstehende Diagramm (Abb. 59) eine Übersicht, wobei von einer genaueren Messung allerdings kaum die Rede sein kann. Die Abschätzung der Temperatur erfolgte nach den Anlauffarben. Um dies zu ermöglichen, wurden konzentrische Ringe auf ein

blankes Stahlblech in 1 mm Abstand eingeritzt, und dann einige Punkte erwärmt. Dieselben Versuche wurden dann nochmals mit Blechen, die mit Wasser oder Lack benetzt waren, vorgenommen. Die Versuche sind in einfacher (*a*) und doppelter (*b*), drei- (*c*) und vierfacher (*d*) Zeit an Eisenblechen ausgeführt worden. Die Kurven *e*, *f*, *g* veranschaulichen den Vorgang bei Messing, Aluminium und Silber. Es ist ersichtlich, daß die Wärmeverschleppung um so größer wurde, je länger die Schweißung dauerte, und außerdem zeigte sie eine starke Abhängigkeit von der Wärmeleitfähigkeit. Diese Wärmeverschleppung erfordert auch größere Leistungen und kann annähernd im Verhältnis der Wärmeleitfähigkeit des Eisens formuliert werden, bei Aluminium etwa 3,5fach, Silber 7fach, Kupfer 6,4fach, Messing 2fach. Der zwischen den beiden Elektroden eingefaßte Zylinder wird ganz auf Schweißhitze erwärmt. Wenn auch die Verhältnisse theoretisch etwas anders liegen, können wir trotzdem gleichmäßige Erwärmung zwecks einfacherer Berechnung annehmen. Die Wärmemenge ergibt sich bei einem Elektrodendurchmesser d und einer Materialstärke s wie folgt:

$$Q = \underbrace{\frac{d^2\pi}{4} 2s \cdot \gamma \cdot c_m \cdot T_s}_{Q_1} + \underbrace{\frac{d^2\pi}{4} k(T_s - T_0) \cdot t}_{Q_2} + \underbrace{d\pi\, 2s \cdot k_1 (T_k - T_0)}_{Q_3}.$$

$\frac{d^2\pi}{4}$ sind die Abkühlungsflächen, durch welche die Wärme nach den Elektroden fließt. $d\pi \cdot 2s$ ist die Abkühlungsfläche nach dem Material. k und k_1 = Wärmeübergangszahlen, T_s = Schweißtemperatur, T_0 = Außentemperatur, T_k = Temperatur des Materials, somit beträgt die für den Vorgang erforderliche Wärmemenge

$$Q = Q_1 + Q_2 + Q_3.$$

Soll diese Wärmemenge in der Zeiteinheit geleistet werden, so ist der Ausdruck mit der Leistung identisch. Soll die erforderliche Energie erst in einer Zeit t zur Verfügung stehen, so ist die Leistung

$$L = \frac{Q}{t} = \frac{Q_1 + Q_2 + Q_3}{t}.$$

b) Der elektrische Vorgang. Der elektrische Widerstand des Schweißgutes ist die Ursache für die Umwandlung der elektrischen Arbeit in Wärme. Dieser Widerstand setzt sich wie folgt zusammen: aus dem Überlagerungswiderstand zwischen den Elektroden und den ihnen benachbarten Blechflächen und dem Übergangswiderstand zwischen beiden Blechen, sowie aus dem spezifischen Widerstand des Materials. Die Übergangswiderstände sind dem Anpressungsdruck der Elektroden umgekehrt proportional (gleiches Material vorausgesetzt).

Die Erwärmung eines Zylinders. — Während der Erwärmung ändern sich die Widerstandsverhältnisse, so daß Spannungs- und Stromschwankungen auftreten. Die in Abb. 60 ersichtliche oszillographische

Aufnahme zeigt dies bei einem Elektrodendurchmesser von 8 mm, Materialstärke 4 mm, insgesamt 12 mm, und einer Leistungsaufnahme von 12 kVA. Wir sehen, daß die Sekundärleerlaufspannung von 2,7 Volt bis auf 1,1 Volt fällt, welcher Wert allerdings vom Oberflächenzustand und dem Druck abhängt, und sodann dem erhöhten spezifischen Widerstand folgt bis zu dem Punkt, an welchem die Übergangsfläche durch das teigig werdende Material verschwunden ist und ein weiterer Abfall der Sekundärspannung auf 0,8 Volt eintritt. Die Stromstärke verhält sich in ähnlicher Weise. Sie nimmt zu Anfang der Belastung den höchsten Wert an, verringert sich bis zum Verschmelzen allmählich und wächst beim Verschwinden des Übergangswiderstandes fast wieder auf die anfängliche Höhe. Dieses Anwachsen des Stromes beim Ineinanderfließen der Schweißflächen benutzen die meisten automatischen Schaltapparate zur Stromausschaltung, wobei das Zeitmoment etwas verzögert wird.

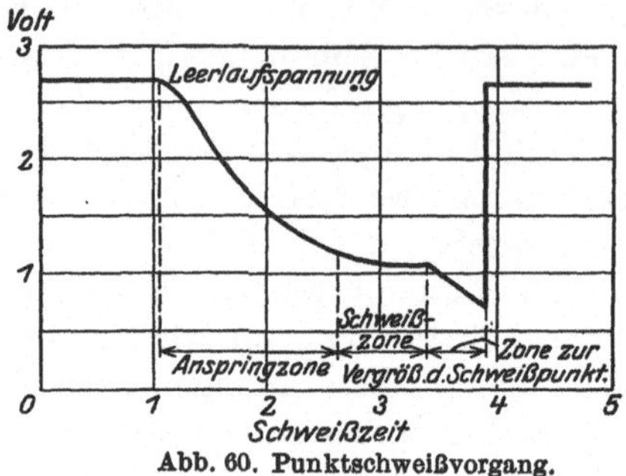

Abb. 60. Punktschweißvorgang.

Die Kurve wurde an Hand von handelsüblichem, geglühtem Material aufgenommen. Abgesehen vom Oberflächenzustand ist der Vorgang eine Funktion des Elektrodruckes, weil dieser den Widerstand und dadurch die Spannung und Stromstärke beeinflußt. Könnte man z. B. den Elektrodendruck soweit steigern, daß der Übergangswiderstand an der Kontaktfläche gleich dem Widerstand irgendeines Querschnittes der Sekundären wäre, so entstände nur eine gleichförmige Erwärmung des ganzen Sekundärweges, und eine Schweißung wäre unmöglich. Daraus ergibt sich ohne weiteres, daß ein unnötig hoher Druck die Wirtschaftlichkeit der Punktschweißung vermindert, da ein unnötig hoher Strom in der Schweißmaschine selbst bzw. in den Elektroden in Wärme umgesetzt wird. In Abb. 61 ist der Elektrodendruck, welcher die besten Schweißergebnisse liefert, angegeben. Wir sehen, daß der Elektrodendruck bei stark zundrigem Material erhöht werden muß; diese Erhöhung steigt mit der Materialstärke in höherem Maße

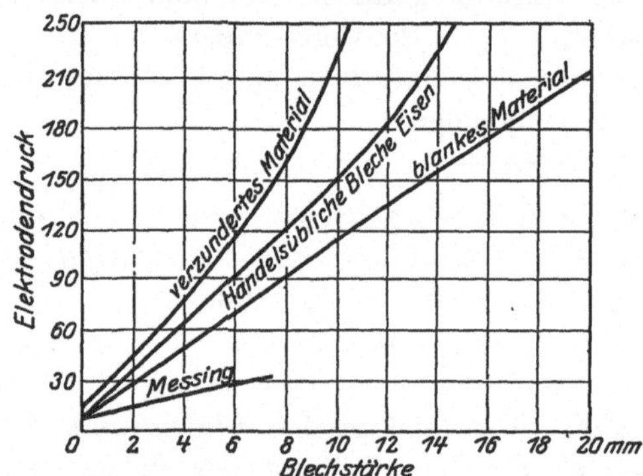

Abb. 61. Zweckmäßiger Druck bei der Punktschweißung.

als bei blanken Blechen, bei denen der Druck von vorneherein vermindert werden muß. Man kann den aus dem Schaubild ersichtlichen Elektrodendruck so ermitteln, daß man bei festliegendem Druck entweder den Stromfluß oder bei feststehendem Strom den Druck anpaßt. Bei einem Eisenblech von normaler Beschaffenheit ergibt sich folgende Stromaufnahme unter Beibehaltung gleicher Zeit und gleicher Elektrodendurchmesser:

Bei 5 kg Druck	1600 Amp.	Bei 20 kg Druck	2600 Amp.
„ 10 „ „	2000 „	„ 30 „ „	2800 „
„ 15 „ „	2400 „	„ 50 „ „	5000 „

Bei noch größerer Drucksteigerung ergab sich, wie auch bei 50 kg Druck schon zu bemerken war, daß das Schweißergebnis nicht befriedigte, weil die Oberflächen nur zusammenklebten. Die ganz niedrigen Drücke, also unter 10 kg, ergaben auch keine guten Schweißergebnisse. Die Stellen wurden unsauber; das Material spritzte heraus, weil der mangelhafte Kontakt an den Übergangsflächen die Flächenstromlast auf das Vielfache gesteigert hatte und der Druck zu klein war, um die so erhitzten Punkte zusammenzupressen und damit die Berührungsflächen zu vergrößern. Damit wird die Stelle in teigigem Zustand durch Lichtbogenwirkung verflüssigt und das Material herausgeschleudert. Ein Zeichen zu schwachen Druckes ist auch das starke Funkensprühen. Bei hohem Druck wird infolge des zu kleinen Kontaktwiderstandes die Schweißhitze bei einer gegebenen Stromaufnahme nicht erreicht. Verlängert man die Stromschlußdauer, so wächst wohl die Stromaufnahme, der Strom bringt aber nicht die Übergangsflächen, sondern die übrigen Leiterteile, wie Elektrodenarme und Elektroden, in Erwärmung, wodurch die letzteren größerer Abnutzung unterworfen werden.

c) **Wirtschaftlichkeit.** Mit den rechnungsgemäß ermittelten Werten für die erforderliche Energie bei der Punktschweißung stimmen in der Praxis erprobte Verbrauchsziffern überein. Aus der Abb. 62 ist die zweckmäßige Energieaufnahme in kVA ersichtlich, wobei die Maschine mit einem Leistungsfaktor von 0,8 im Mittel arbeitet. Wir sehen, daß die Energie mit zunehmender Blechstärke wächst. Die weiter aus dem Diagramm hervorgehende Zeitdauer entspricht einer guten Schweißung bei der zugehörigen Energieaufnahme, wobei diese im Verhältnis zu der erforderlichen Schweißpunktgröße dem zweckmäßigen Elektrodendurchmesser angepaßt ist. Die Größe eines Schweißpunktes kann durch die Zeit beeinflußt werden, und zwar ergeben proportional verlängerte Zeiten fast proportional vergrößerte Durchmesser, wobei der Elektrodendurchmesser das Maximum der erreichbaren Größe bedeutet. Der Energieverbrauch auf der Sekundärseite ergibt sich durch das Produkt „Stromstärke × Spannung“, ist aber in der Praxis, da die Ströme nur primärseitig leicht zu messen sind, sehr schwer zu ermitteln. Die verbrauchte Energie für Schweißpunkte an verschieden starken Eisenblechen veranschaulicht die Abb. 63, wobei die Aufnahme primärseitig erfolgt. Man kann sich von der sehr großen Wirtschaftlich-

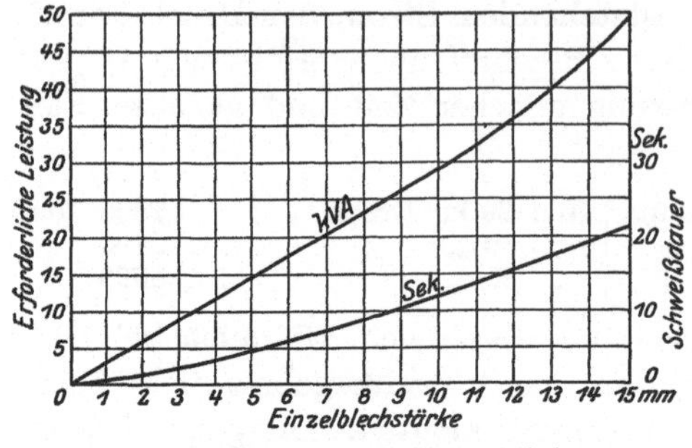

Abb. 62. Erforderliche Leistung bei der Punktschweißung.

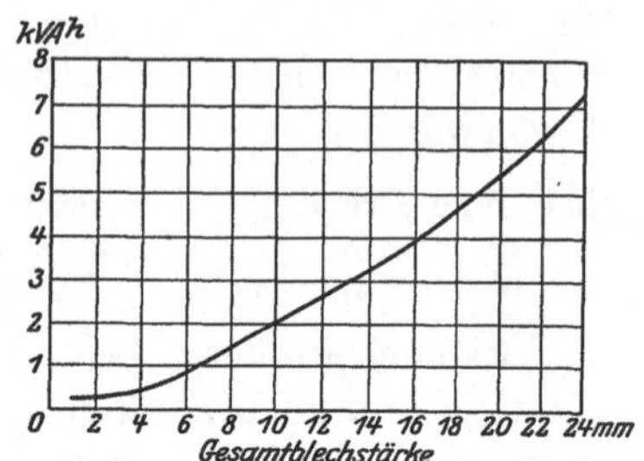

Abb. 63. Energieverbrauch bei 100 Punktschweißungen von Eisenblechen.

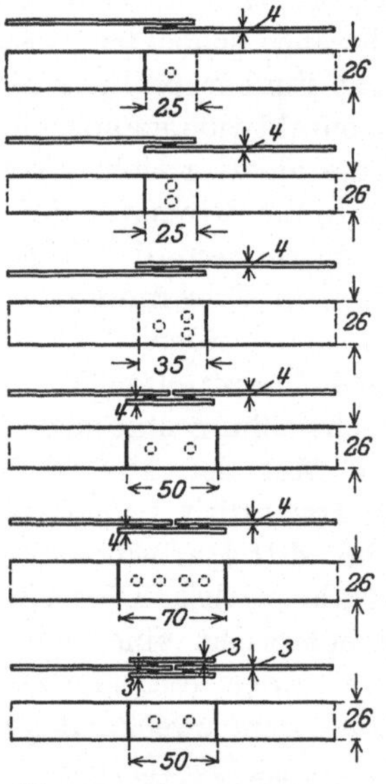

keit ein Bild machen, wenn man beachtet, daß bei ungefähr 3,5 mm Einzelstärke 100 Schweißungen mit 1 KWh erzielt werden können. Wenn wir hierzu noch die Kürze der Zeit, in welcher 100 Schweißpunkte erzielt werden, mit 650 Sekunden in Rechnung ziehen, so ergibt sich die gewaltige Überlegenheit des Verfahrens gegenüber der Nietung und den sonstigen Verbindungen.

Da die Erwärmung, wie schon erwähnt, durch Berührung und durch Stromwärme die Elektroden zu sehr verbreitern würde, so ist dafür Sorge zu tragen, daß die schädliche Wärme in den Elektroden durch Kühlwasser abgeleitet wird. Einen Durchschnittswert für den Kühlwasserverbrauch bei 100 Schweißpunkten gibt die Schaulinie; diese kann als Durchschnittswert in den Sommer- und Wintermonaten angesehen werden.

Abb. 64. Art der geschweißten Flachstäbe.

d) Die Festigkeit elektrischer Punktschweißungen. Die Festigkeit eines Schweißpunktes hängt in erster Linie von den schon besprochenen Strom-, Zeit- und Druckverhältnissen ab, wie auch vom Material. Die weicheren Eisensorten ergeben hierbei stets eine größere Festigkeit als die entsprechende Nietverbindung, weil die Teile nicht durch die Löcher geschwächt werden. Bei diesem Material kommt es regelmäßig vor, daß die ausgeführte Punktschweißung bei sehr starker Beanspruchung ein Anreißen oder Ausreißen im vollen gesunden Material verursacht. Die härteren Sorten

Ergebnisse der Prüfung von elektrisch geschweißten Flachstäben auf Zugfestigkeit.

Probe Nr.	Art der Herstellung	Abmessungen der Flacheisen				Streckgrenze		Bruchgrenze		$\frac{\delta S}{\delta B} \cdot 100$ [1]	Bruchverlauf
		Länge cm	Breite cm	Dicke cm	Querschnitt [3] qcm	Gesamt kg	Spannung [4] kg/qcm	Gesamt kg	Spannung [4] kg/qcm		
1	1 Schweißpunkt überlappt	50,0	2,67	0,40	1,07	[2]—	—	1950	1820	—	In den Schweißpunkten abgeschert.
2		50,0	2,67	0,40	1,07	[2]—	—	1620	1510	—	
Mittel		—	—	—	—	—	—	1790	1670	—	
3	2 Schweißpunkte nebeneinander überlappt	50,0	2,70	0,40	1,08	2700	2500	2850	2640	95	
4		50,0	2,68	0,40	1,07	[2]—	—	1640	1530	—	
Mittel		—	—	—	—	[2700]	[2500]	2250	2090	[95]	
5	3 Schweißpunkte überlappt	50,0	2,71	0,40	1,08	2780	2570	2880	2670	96	
6		50,0	2,70	0,40	1,08	2700	2500	3720	3440	73	
Mittel		—	—	—	—	2740	2540	3300	3060	85	
7	1 Lasche 4 mm stark je 1 Schweißpunkt	50,0	2,68	0,40	1,07	[2]—	—	2240	2090	—	
8		50,0	2,67	0,40	1,07	[2]—	—	2140	2000	—	
Mittel		—	—	—	—	—	—	2190	2050	—	
9	1 Lasche 4 mm stark je 2 Schweißpunkte	50,0	2,71	0,40	1,08	2700	2500	2800	2590	97	
10		50,0	2,69	0,40	1,08	2700	2500	3900	3610	69	
Mittel		—	—	—	—	2700	2500	3350	3100	83	
11	2 Laschen je 2 mm stark je 1 Schweißpunkt	50,0	2,64	0,40	1,06	[2]—	—	2200	2080	—	1 Schweißpunkt abgeschert, zweiter aus Lasche herausgezogen.
12		50,0	2,65	0,40	1,06	2600	2450	2700	2550	96	Bei einem Flacheisen Schweißpunkt auf einer Seite abgeschert, auf anderer Seite aus Lasche herausgezogen.
Mittel		—	—	—	—	[2600]	[2450]	2450	2320	[96]	

[1]) **Martens**: Materialienkunde Abs. 365. — [2]) Streckgrenze nicht erreicht. — [3]) Querschnitt des Flacheisens im nicht geschweißten Teil. — [4]) Spannung bezogen auf den Querschnitt des Flacheisens.

ergeben ebenfalls sehr gute Resultate, und zwar hängt hier die Schweißverbindung noch mehr von der Einstellung der Maschine ab. Eine Sicherheit für gleichbleibende Festigkeiten sollen die automatischen Schalter gewährleisten. Den angestrebten Zweck erfüllen am besten die Zeitstromschalter und Differentialschalter. Um zahlenmäßig einige Werte der elektrischen Punktschweißungen zu geben, sei hier eine Tabelle sowie die Art der vollzogenen Schweißung in der Abbildung angeführt. Als Material wurde handelsübliches Flacheisen von guter Qualität benutzt. Die Punktschweißungen wurden auf einer normalen Schweißmaschine von 15 kVA Leistung ausgeführt. Hierbei ergaben sich die schon vorher in den Kurven festgestellten Energieaufnahmen und Schweißzeiten.

6. Charakteristik der Nahtschweißung.

Durch dichte Aneinanderreihung von Punktschweißungen lassen sich Nähte erzielen, die zur Verbindung von Stücken geringerer Länge dienen. Es war nun naheliegend, für diesen Zweck Rollen in Scheibenform aus-

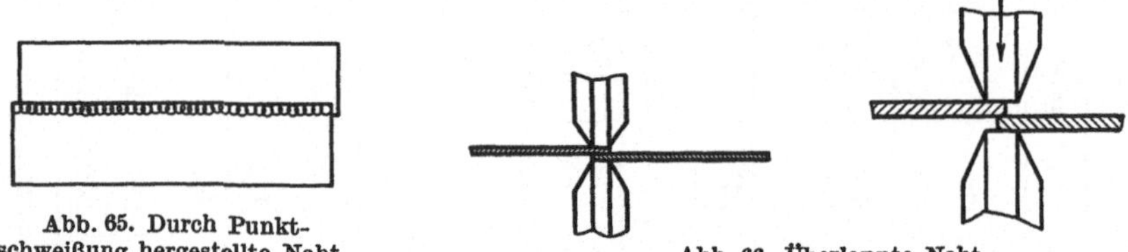

Abb. 65. Durch Punktschweißung hergestellte Naht.

Abb. 66. Überlappte Naht.

zubilden, die unter Strom auf der Naht entlang rollten. Die so entstandene Naht war überlappt, und erst späterhin gelang es, Kanten und Stumpfnähte zu erzielen, womit das Verfahren seine heutige Bedeutung für die Blechwarenindustrie erlangte. Die überlappte Naht stellte die einfachste Ausführung dar, die Breite der Überlappung (Abb. 65) war durch die Rollen gegeben. An geschweißte Gefäße wird aber häufig die Anforderung gestellt, daß die Naht nach der Schweißung unsichtbar bleibt, da sich bei einer Überlappung meistens Stoffreste in die Kanten setzen, die für den jeweiligen Verwendungszweck nicht erwünscht sind. Man versucht daher, stumpfe Nähte durch Abschrägen (Abb. 67) oder durch ganz geringe Überlappung (Abb. 66) glatt zu machen. Dies gelingt auch bei einem Elektrodendruck, der dazu ausreicht, um die beiden sich überdeckenden Teile des Materials in der Schweißhitze so aneinander zu pressen, daß nach der Schweißung die Dicke der Nahtzone gleich der übrigen Materialstärke ist. Diese Methode bietet eine gewisse Sicherheit, da es sich nach dem Schweißen zeigt, daß man auf der ganzen Nahtzone mit der richtigen Schweißgeschwindigkeit gearbeitet hat; das Material hat also Zeit, in der Schweißhitze so bildsam zu werden, daß eine vollkommene Verschmiedung der Überlappung ermöglicht wird. Beim ständigen Arbeiten mit Blechen von über 1 mm Stärke hat es sich jedoch gezeigt, daß zum vollkommenen Verschweißen der Überlappungen ein hoher Druck notwendig ist, dem Rollenelektroden, da sie sich sehr bald deformieren, nicht ohne starke Abnutzung gewachsen sind. Man schrägte daher die Kanten ab und führte die Schweißung bei normalem Druck und normaler Energieaufnahme aus. Eine andere Lösung zeigt Abb. 68. Hier werden die Kanten nach außen aufgebogen, was sich

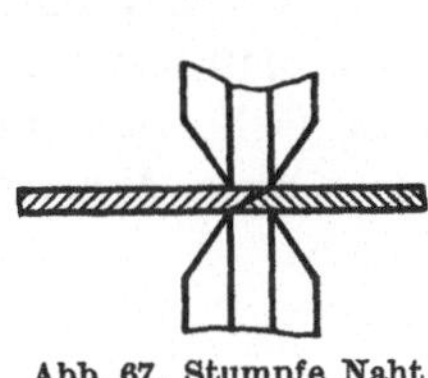
Abb. 67. Stumpfe Naht durch Abschrägung.

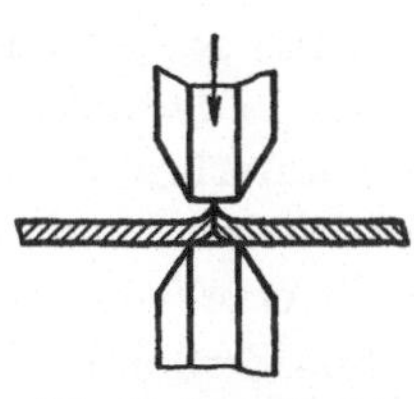
Abb. 68. Stumpfnaht durch stehende Kanten.

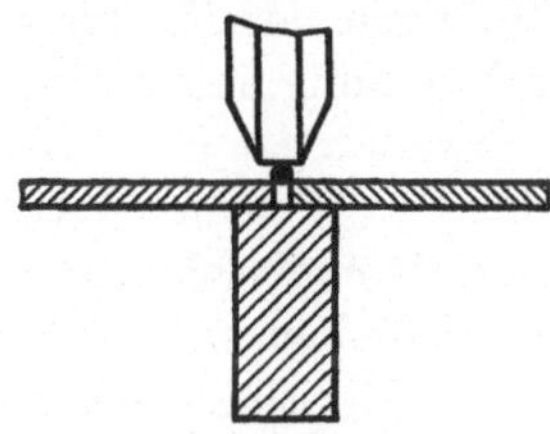
Abb. 69. Stumpfnaht durch Zwischenlegen von Draht.

mittels einer nicht scharfen Blechschere ermöglichen läßt, und die Schweißung erfolgt durch Anpressen an einen Dorn mit wandernder Rolle. Ebenso ist es bei Blechen von über 1 mm Stärke gelungen, durch Zwischenlegen eines Drahtes eine brauchbare Verschweißung zu erzielen (Abb. 69).

Hohlkörpernaht. Abb. 70 zeigt das Schema einer Nahtschweißung an Hohlkörpern, wobei die zweite Zuleitung durch das Schweißgut selbst geht. Man verwendet dieses Verfahren zum Schweißen von Rohrlängsnähten. Aus dem erwähnten Schema ist auch ersichtlich, daß man das Blech einmal zwischen Rollen, das andere Mal zwischen Rolle und Dorn, von denen eine beweglich sein muß, schweißen kann. Je nach Verlauf der Naht unterscheidet man Längs- und Rundnähte.

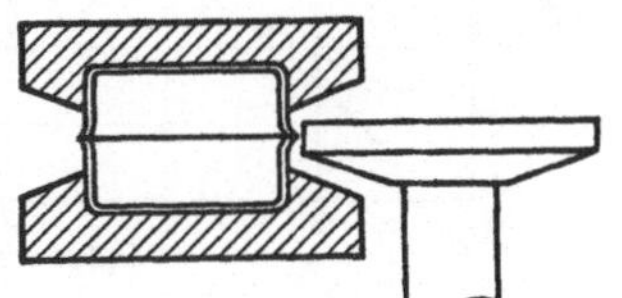
Abb. 70. Hohlkörpernaht.

Nahtschweißverfahren. Die vorher besprochenen physikalischen Vorgänge treten auch beim Nahtschweißverfahren auf, jedoch ist hier noch die Schweißgeschwindigkeit, die in der Zeiteinheit geschweißte Nahtlänge, von Bedeutung. Man kann die Schweißgeschwindigkeit konstant durch mechanischen Antrieb oder veränderlich durch Hand oder mechanischen Antrieb wählen. Die Leistung der Maschine steht mit dieser Geschwindigkeit im Zusammenhang, denn eine größere Schweißgeschwindigkeit erfordert ebenso wie eine größere Materialstärke eine größere Leistung. Hierbei ist jedoch zu erwähnen, daß die Nahtschweißung bezüglich der Materialdicken nach oben hin begrenzt ist. Die obere Grenze der Materialstärke ist etwa 2×3 mm und erfordert genau angepaßte Strom-, Druck- und Geschwindigkeitsverhältnisse, andernfalls muß die Naht durch Aneinanderreihung von Punktschweißungen hergestellt werden. Der Strom wählt immer den Weg des kleinsten Widerstandes, wenn also der Widerstand zwischen den Elektroden größer wird als in der schon geschweißten Stelle, so fließt der Strom durch diese und verursacht meist Brandlöcher. Diese Übelstände treten auch bei stark zundrigem Material auf, und man erhält statt einer Naht eine Reihe Brandlöcher. Diesem Übel versuchte man durch Reinigen der Nahtzone oder dadurch abzuhelfen, daß man der Nahtschweißung eine ähnliche Form wie der Aneinanderreihung von Punktschweißungen gab. Letzteres wurde dadurch erzielt, daß man entweder den Strom primärseitig oftmals unterbrach oder daß die Rolle während der Stromeinschaltung im Ruhezustand verblieb. Durch diese Arbeitsweise haben sich drei Verfahren ergeben:

1. Kontinuierliche Rolle ohne Stromunterbrechung,
2. ,, ,, mit ,,
3. Rollenschritt-, Pilgerschritt-, Gegenschrittverfahren.

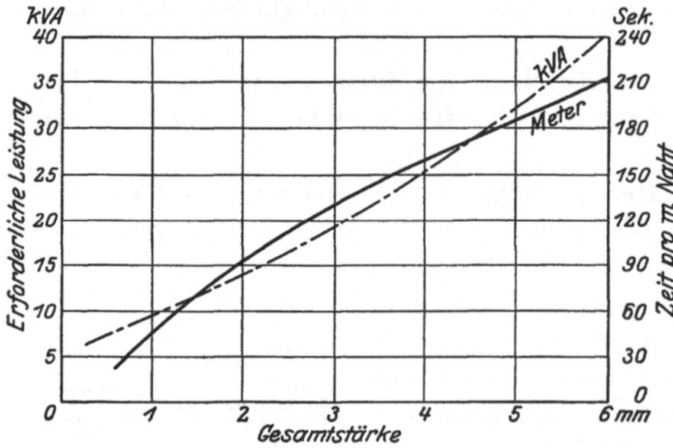

Abb. 71. Schweißgeschwindigkeit und Leistungsdiagramm.

Das erste Verfahren ist das einfachste und hat sich bei Blechen bis zu 0,75 mm mit gutem Erfolg eingebürgert. Es erfordert bei zundrigen Blechen eine Reinigung der Nahtkanten, dem steht jedoch der Vorteil einer höheren Schweißgeschwindigkeit gegenüber. Die Nahtgeschwindigkeiten ändern sich naturgemäß ebenfalls mit dem Material. Abb. 71 gibt die Durchschnittsgeschwindigkeit sowie die erforderliche Leistung in kVA für handelsübliches Eisenblech an.

Das zweite Verfahren hat sich aus folgenden Gründen als brauchbar erwiesen. Der belastete Transformator kann seine Leerlaufspannung nicht beibehalten, diese wird dem Widerstande proportional sinken. Wenn die Rolle ständig auf dem Material rollt, so wird sich folgendes ergeben: In Wirklichkeit ruht die Rolle nicht über einer Bildenden des Zylinders, sondern einer Fläche, die mit zunehmendem Durchmesser größer wird (Abb. 72). Das Material wird also beim Vorwärtsschreiten der Rolle in der Vor-, Schweiß- und Nachzone mit Strom gespeist, was bei den üblichen Geschwindigkeiten nicht erforderlich ist, da es nur in der Schweißzone bildsam sein soll. Dadurch ergibt sich die Möglichkeit, Strom zu sparen. Die Stromunterbrechung bewirkt aber auch, daß der Transformator seine Leerlaufspannung erhält, infolge dessen kann der Strom etwas größere Widerstände passieren. Die Unterbrechungs- und die Einschaltezeit müssen bei dichten Nähten in einem ganz bestimmten Verhältnis zu der Schweißgeschwindigkeit und dem Rollendurchmesser stehen, damit ein Aneinanderreihen der Schweißpunkte erzielt wird. Wenn also die Rolle auf dem Bogen s aufliegt, muß die Einschaltezeit $t = s/v$ sein.

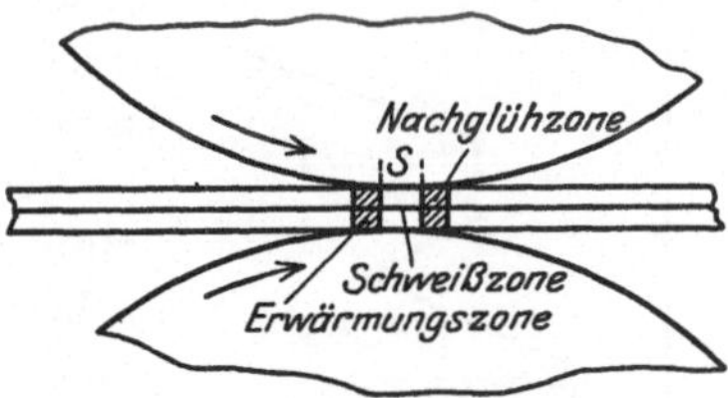

Abb 72. Vorgang der Nahtschweißung.

Das dritte Verfahren, das Schrittverfahren, besteht darin, daß die Rollenelektrode schrittweise bewegt wird, wobei sie während ihrer Bewegung stromlos ist und nur im Ruhezustand unter Strom steht. Es ist also die Schweißung scharf getrennt von der Bewegung. Abb. 73 zeigt den bildlichen Vorgang. Es ist ersichtlich, daß die Rolle nicht sofort einen neuen Schritt beginnt, sondern noch kurze Zeit auf der eben geschweißten Stelle stehen bleibt, so daß diese unter Druck erkaltet. Darauf folgt der nächste Schritt, der

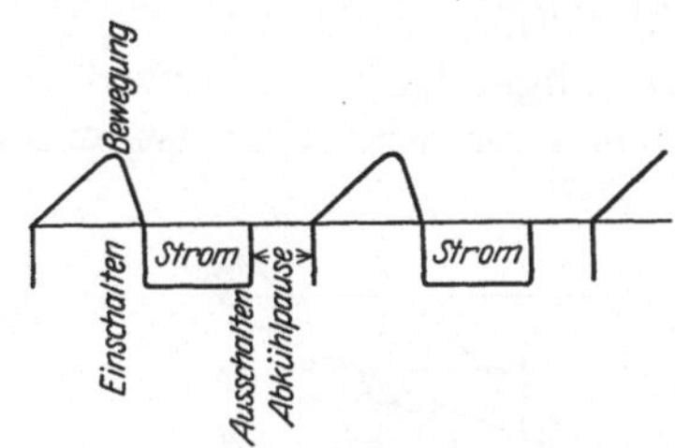

Abb. 73. Vorgang des Rollenschrittverfahrens.

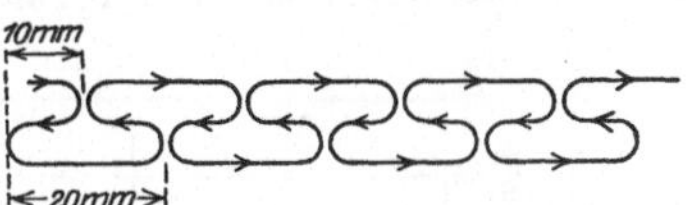

Abb. 74. Pilgerschrittverfahren.

den Transport zur nächsten Stelle bewirkt. So reiht sich Schweißstelle an Schweißstelle und bildet eine Naht.

Das Rollenschrittverfahren arbeitet also ebenso wirtschaftlich wie das zweite Verfahren, bietet aber außerdem gewisse Vorteile, da die geschweißte Zone noch nach der Schweißung von der Luft fast abgeschlossen ist und die Oberfläche somit nicht in dem gleichen Maße oxydiert wie bei dem anderen Verfahren. Man kann also Weißbleche nach diesem Verfahren schweißen, ohne daß die Zinnschicht ganz verbrennt. Bei der Punktschweißung darf das Abheben der Elektrode von der Schweißstelle nicht unter Strom geschehen, sondern der Schweißstrom muß ausgeschaltet werden, bevor sich die Elektroden vom Material abheben, weil sonst infolge der Lichtbogenbildung Brandlöcher entstehen würden. Bei dem ersten Verfahren hebt sich die jeweils rückwärtsschreitende Rolle dauernd unter Strom vom Material ab und begünstigt dadurch die

Gelegenheit zur Lichtbogenbildung, besonders bei stärkeren Blechen. Beim Rollenschrittverfahren kann der Druck an der Schweißstelle als konstant angesehen werden, und dieser Vorteil gewährt die Möglichkeit, stärkere Bleche bis zu 10 mm Gesamtstärke zu schweißen. Auch kann man nach diesem Verfahren minderwertigere Bleche und gewöhnliches Schwarzblech verarbeiten.

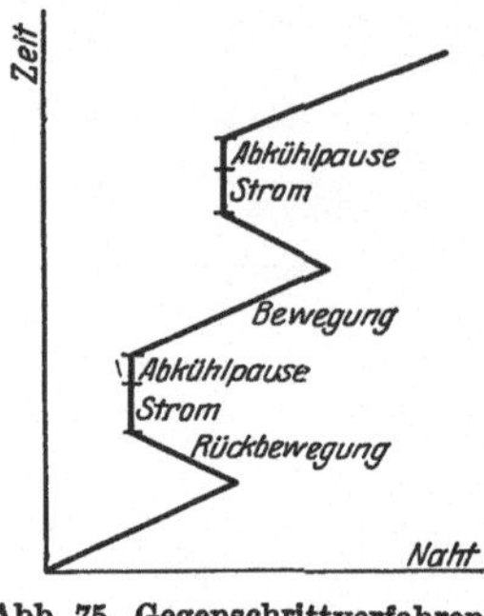

Abb. 75. Gegenschrittverfahren.

Auf ähnliche Weise, also mit nicht kontinuierlich laufender Rolle, arbeitet das Pilgerschrittverfahren. Die Bewegung der Rolle ist aus dem Schema (Abb. 74) ersichtlich. Hierbei sind die kurzen rückwärts laufenden Schritte die Schweißschritte. Die Schweißung geht also während des kurzen Schweißschrittes unter gleichmäßiger Walzbewegung der Rollen vor sich.

Das Gegenschrittverfahren ist eine Kombination des Schritt- und Pilgerschrittverfahrens. Der lange Schritt letztgenannten Verfahrens wird ohne Strom zurückgelegt, der kürzere, rückwärts arbeitende Schritt bei ruhender Rolle jedoch unter Strom (Abb. 75).

Die Leistungsaufnahme und Geschwindigkeiten beim Schrittverfahren sind aus der Abb. 76 ersichtlich. Die Geschwindigkeit ist im allgemeinen geringer als bei fortlaufender Rolle.

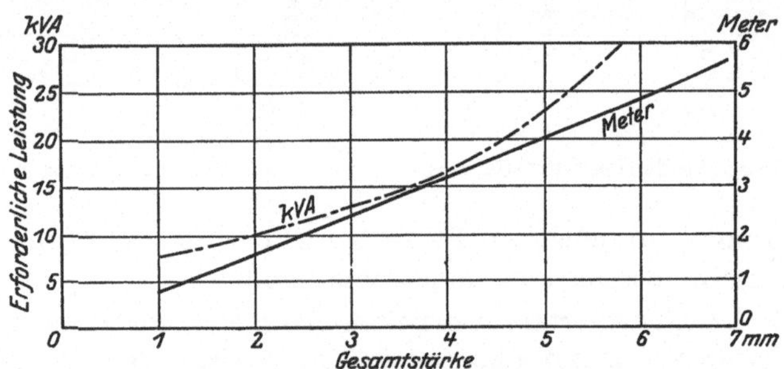

Abb. 76. Leistung und Geschwindigkeit beim Schrittverfahren.

Festigkeit elektrischer Nahtschweißungen. Infolge der Festigkeit der elektrischen Nahtschweißung eignet sich dieses Verfahren zur Herstellung sämtlicher, selbst hochbeanspruchter Gefäße. Die verschiedenen Verfahren ergeben fast die gleichen Werte, die sich hauptsächlich mit der Überlappung ändern. Bei Stumpfschweißungen ohne Abschrägung sind die mittleren Festigkeitswerte etwas niedriger. Die folgende Tabelle gibt eine Anzahl von Festigkeitswerten überlappter Nahtschweißungen, die sich auf handelsübliche Bleche guter Qualität beziehen. Aus diesen Zahlen ist ersichtlich, daß die Festigkeit der Schweißungen mit

Art der Probe	Einfache Blechdicke mm	Breite mm	Zerreißquerschnitt mm²	Zerreißlast kg	Zerreißfestigkeit kg/cm	Zerreißfestigkeit vH	Art des Bruches
Materialprobe	0,8	19	15,2	480	3160	100	
Schweißprobe	0,8	20,9	16,67	485	2910	92	Neben der Schweißstelle gerissen
„	0,8	20,1	16,08	455	2840	90	
„	0,8	21	17,45	475	2720	85,6	
Materialprobe	1,38	20,9	28,9	1040	3600	100	
Schweißprobe	1,35	21,7	29,3	840	2870	79,8	Neben der Naht gerissen
„	1,40	21	29,4	870	2960	82,2	
„	1,40	20,2	28,3	940	3320	93,2	Abgeschert
Materialprobe	3,05	22,4	68,3	2780	4070	100	
Schweißprobe	3	21,8	65,4	1780	2720	66,8	Abgeschert
„	3	20,8	62,4	1790	2850	70	
„	2,95	22,2	65,5	1950	2980	73,3	
Materialprobe	5,05	19,7	99,5	3300	3320	100	
Schweißprobe	5,13	20,4	104,6	1980	1897	57	Abgeschert
„	5,12	19,8	101,4	2960	2952	79,8	

zunehmender Materialstärke etwas abnimmt. Abb. 77 zeigt die Durch, schnittswerte der Materialfestigkeit in Prozenten.

Wirtschaftlichkeit. Die elektrische Nahtschweißung ersetzt Ziehen-Löten und Falzen. Die Anforderung an dichte und unsichtbare Nähte bei Gefäßen wird nur dann einwandfrei erfüllt werden, wenn das Arbeitspersonal mit der Art der Bearbeitung vertraut ist und die Vorarbeiten

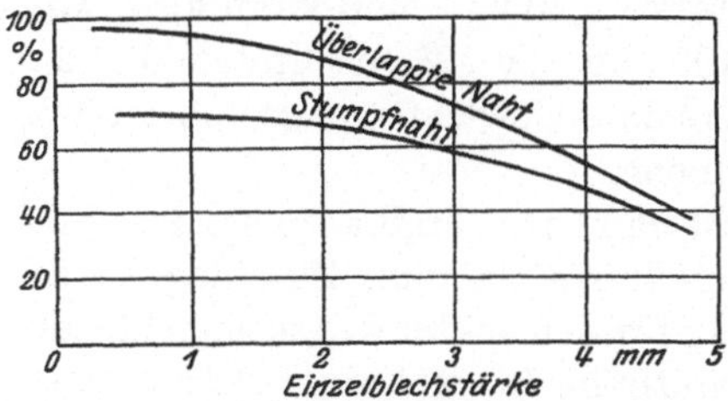

Abb. 77. Durchschnittswerte der Festigkeiten der Nahtschweißung in vH.

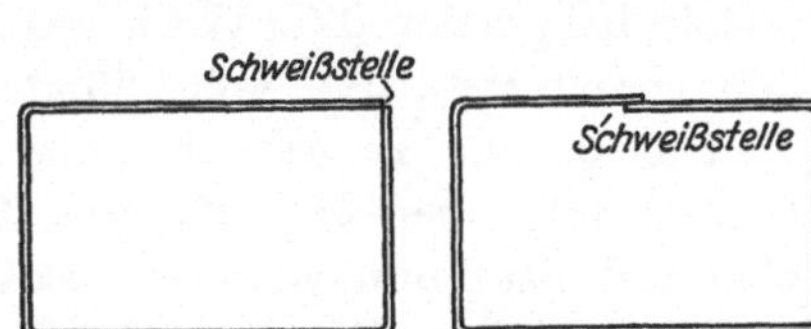

Abb. 78. Für Autogen- und elektrische Verfahren vorbereitete Zargen.

richtig ausgeführt worden sind. Gerade diese Vorarbeiten, insbesondere das Zuschneiden, bilden häufig den Anlaß zu Klagen über das Verfahren. Ist eine Blechtafel verbeult, so werden die Kanten trotz sorgfältigen Zuschnitts bei vollkommener Rundung nicht mehr geradlinig sein und es entsteht eine wellenförmige Naht. Die Schuld hierfür schiebt man häufig der Maschine zu, anstatt der wahren Ursache auf den Grund zu gehen. Ähnlich verhält es sich bei sperrigen Stücken, bei denen man die Naht in den meisten Fällen an die am besten zugängliche Stelle verlegen und mit einer normalen Nahtschweißmaschine gut schweißen kann. Abb. 78 zeigt zwei Eiszellenzargen, die für autogene und elektrische Schweißung vorbereitet sind.

Von großer Wichtigkeit beim Schweißen von Gegenständen ist auch die richtige Aufeinanderfolge der Arbeitsvorgänge, durch die man beträchtliche Werkzeugkosten ersparen kann. Dies kommt häufig in Betracht bei Gefäßen komplizierterer Form, wie Teekesseln, Vasen, Krügen usw. Man zerlegt sich die ganze Form in zylindrische oder konische Formen, schweißt zuerst die Längsnähte mit stumpfer Naht und drückt die Teile nach der Schweißung auf der Planierbank in die entsprechenden Kurvenformen, worauf man die einzelnen Stücke mittels Rundnaht zusammenschweißt. Es ist ohne weiteres klar, daß durch eine solche Arbeitsteilung die Menge der Blechabfälle geringer wird, was besonders zur Wirtschaftlichkeit des Verfahrens beiträgt.

Um ein Beispiel durchzurechnen, welches die Ersparnisse darstellt, die man bei Herstellung geschweißter Blechgefäße an Stelle deren Herstellung durch das Ziehverfahren erhält, soll hier ein Blechgefäß mit 20 cm Durchmesser und 20 cm Höhe gewählt werden.

Das Programm des betreffenden Blechwarenwerks soll eine tägliche Verarbeitung von 100 kg Blechmaterial vorsehen.

Bei Durchführung des Ziehverfahrens muß mit Blechmaterial von 0,5 mm Stärke gearbeitet werden. Jede Blechtafel von 2×1 m Größe wiegt bei dieser Blechstärke 7,85 kg. Um durch elektrische Schweißung Gefäße derselben Güte und Größe herzustellen, kann Blech von 0,4 mm Stärke Verwendung finden. Eine 0,5 mm starke Blechtafel von 2×1 m Größe wiegt 7,85 kg, eine 0,4 mm starke 6,28 kg Man kann also, während man für gezogene Ware aus 1000 kg nur 128 Blechtafeln 1×2 m erzielt, bei geschweißter Ware und derselben Gewichtsmenge volle 160 Tafeln verarbeiten, d. i. volle 25 vH mehr.

Die genaue Berechnung der Blechmenge ergibt folgendes Bild: Gefäßdurchmesser $2r = 200$ mm, Gefäßhöhe 200 mm, Zuschlag für den oberen Wulst 6 mm, weiterer Zuschlag für den später wegzuschneidenden ungleichförmigen Rand 5 mm, Gesamthöhe $h = 211$ mm. Der notwendige Halbmesser R für die zum Ziehen eines solchen Gefäßes erforderliche Blechronde ergibt sich dadurch wie folgt:

$$R = \sqrt{r \cdot (r + 2h)} = \sqrt{100 \cdot 522} = 229 \text{ mm}.$$

Zum Zuschneiden eines Kreises von 229 mm Halbmesser oder 1648 qcm Fläche benötigt man eine quadratische Blechtafel von 458 mm Seitenlänge bzw. 2098 qcm Fläche, d. h. der Abfall von jeder Stanzronde stellt sich auf 450 qcm.

Wird dasselbe Gefäß durch elektrische Schweißung hergestellt und zwar so, daß der Boden zunächst einen zylindrischen Bördel von 5 mm Höhe erhält und längs des Randes dieses Bördels mit der zylindrischen Zarge verschweißt wird, so brauchen wir für die Bodenscheibe von 105 mm Halbmesser oder 346 qcm Oberfläche eine quadratische Blechtafel von 210 mm Seitenlänge oder 441 qcm Oberfläche; die Differenz beträgt also 95 qcm. Dazu kommt für den Gefäßmantel eine ohne Abfall herstellbare rechteckige Tafel, deren Länge gleich ist dem Gefäßumfang, also 628 mm, und deren Höhe sich wie folgt ergibt:

Gefäßhöhe 200 mm, dazu 6 mm für den oberen Wulst und davon ab 5 mm für den an der Bodenscheibe schon vorhandenen zylindrischen Bördel, insgesamt also 201 mm, somit insgesamt eine Blechmenge von 1803 qcm, von denen 95 qcm als Abfall abgehen.

Laut Abb. 79 lassen sich aus einer Blechtafel von 2 × 1 m Größe insgesamt 8 Quadratscheiben von je 458 mm Seitenlänge herstellen, und es verbleibt dann noch ein nicht mehr für ähnliche Zwecke verwertbarer Abfall, bestehend aus einem Blechstreifen von 168×916 mm = 1539 qcm

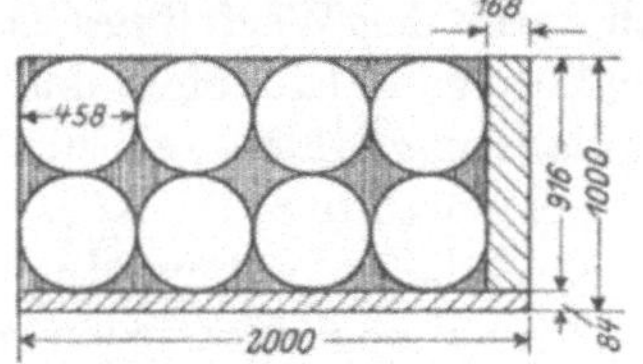

Abb. 79. Blechabfall beim Stanzen der Gefäße.

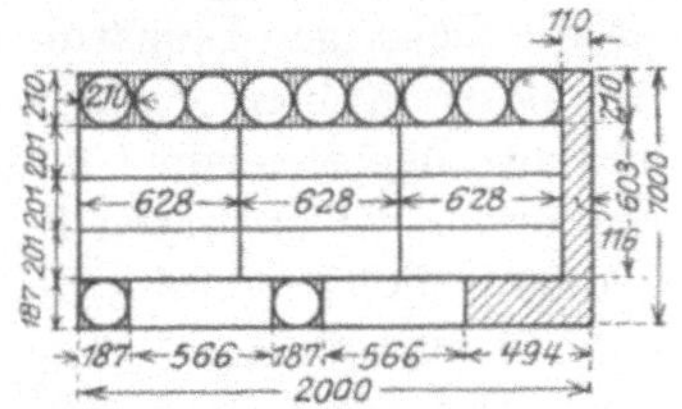

Abb. 80. Blechabfall beim Schweißen der Gefäße.

und von 2000× 84 mm = 1680 qcm, zusammen 3219 qcm, ferner aus den Ecken der Stanzronden ein Abfall von 8×450 = 3600 qcm.

Bei elektrisch geschweißten Gefäßen ergibt sich die Ausnützungsmöglichkeit der 2×1 m großen Blechtafel aus der Skizze Abb. 80, d. h. man kann aus dieser Tafel die Böden und Mäntel für 9 Gefäße von 200× 200 mm und ferner noch für 2 weitere Gefäße von 180×180 mm anfertigen. Es verbleiben noch als Abfall in Streifenform Blechmengen von 494×187+603×116+110×210 mm, zusammen 1855 qcm, und als Abfall von den Ronden 9×95 = 855 und von den beiden kleineren Gefäßen 2×75 = 150, zusammen 1005 qcm.

Da man beim Stanzen bzw. Ziehen aus jeder Blechtafel 8 fertige Gefäße erzielt, lassen sich also aus dem Gesamtgewicht von 1000 kg, bzw. aus den dieses Gewicht ergebenden 128 Stück 0,5 mm starken Blechtafeln insgesamt 128×8 = 1024 Töpfe herstellen, von denen bei einer durch den Ziehprozeß entstehenden Ausschußmenge von angenommen 5 vH insgesamt 983 emaillierfähige Stücke übrig bleiben. Als Abfall verbleibt ferner hierbei von den Streifen 128×3219 und von den Ecken 128×450 qcm oder bei einer Blechstärke von 0,5 mm ein Gewicht von 342 kg.

Bei der elektrischen Schweißung erzielt man aus den 160 Tafeln 9× 160 = 1440 Gefäße in der vorgeschriebenen Größe, ferner aber noch weitere 2×160 = 320 Gefäße mit um 2 cm kleinerem Durchmesser, insgesamt also 1760 Gefäße oder, wenn man mit einer in Wirklichkeit gar nicht in dieser Höhe auftretenden Ausschußmenge von 1 vH rechnet, eine Gesamtmenge von 1742 vollwertigen, emaillierfähigen Blechgefäßen gegenüber 983 Gefäßen beim Ziehverfahren. Man hat also aus dem gleichen Blechgewicht, nur durch Anwendung einer rationelleren Arbeitsmethode, allein um fast 90 vH mehr fertige Rohware erzielt als beim Ziehverfahren!

Der Abfall, der bei Herstellung geschweißter Ware verbleibt, beträgt hier aus den Streifen 160 × 1855 qcm und aus den Ronden 160 × 1005 qcm, was bei einem Blechmaterial von 0,4 mm Stärke insgesamt ein Abfallgewicht von 144 kg ergibt.

Durch den Wegfall des Glühprozesses erzielt man ferner bei 100 kg täglicher Verarbeitung eine tägliche Ersparnis von 250 kg Kohle und ferner alle diejenigen Ersparnisse, die sich durch den Wegfall des Transportes dieser Kohlenmenge vom Lagerplatz zum Glühofen und des Schlackentransportes vom Glühofen zur Ablagerungsstätte ergeben. Man erspart ferner die gesamten Kosten, die sich durch den Transport von etwa 1000 Gefäßen von der Ziehpresse zum Glühofen und eventuell zurück und nochmals zum Glühofen, falls zweimal geglüht werden muß, ergeben. Der ganze Raum, der für die Glühanlage benötigt wird, kann für die Erweiterung der Fabrikationsräume ausgenützt werden.

VII. Der Transformator.

Die Stromstärken bei der elektrischen Widerstandsschweißung sind bei geringer Spannung sehr hoch und werden am zweckmäßigsten durch Transformierung erzielt. Gleichstrom, den man nach dem Induktorprinzip in Wechselstrom umwandelte und dann transformierte, hat sich als nicht geeignet erwiesen, und so blieb man dabei, Widerstandschweißmaschinen nur für Wechsel- oder Drehstrom zu entwickeln. Die Maschinen bestehen aus einem mechanischen und einem elektrischen Organ, letzteres ist der Transformator. Dieser transformiert den Strom von der gebräuchlichen Netzspannung auf die Arbeitsspannung herunter. Fließt in der an die Netzspannung angeschlossenen Windung Strom, so ruft er im Eisenkern einen Induktionsfluß hervor. Dieser erzeugt einen Strom in der Sekundärwindung, die gleichzeitig als Arbeitsorgan dient, wenn der Stromkreis geschlossen wird. Ist die Sekundärwindung offen, so fließt durch die Primärwindung nur der Leerlaufstrom, der den Eisenkern magnetisiert (Magnetisierungsstrom). Um diesen Leerlaufstrom gering zu halten, muß der Kern einen geschlossenen Weg besitzen, so daß der Induktionsfluß geschlossen bleibt. Mit Rücksicht auf die auftretenden Wirbelströme muß der Kern aus lamellierten Eisenblechen (0,3 bis 0,5 mm), die durch dünne Lagen Papier, Bakelitlack oder Glühzunder gegeneinander isoliert sind, hergestellt werden. Diese Bleche müssen eine geringe Verlustziffer besitzen und werden gewöhnlich aus leicht magnetisierbarem Flußeisen gewalzt oder auch mit Silizium legiert. Die Bleche werden mittels Rahmen oder durchgehender isolierter Bolzen fest zusammengespannt.

Je nach der Anordnung der Spulen auf dem Eisenkörper unterscheidet man Kern- und Manteltransformatoren. Bei den Widerstandschweißmaschinen kommen beide Bauarten vor. Ebenso unterscheidet man Zylinder- und Scheibenwicklungen. Die Primärwindungen sind gegen den Kern und die Sekundärwindung gut zu isolieren. Als Isolationsmaterial dient Preßspan, Fibre und ähnliches, das in solcher Stärke verwendet

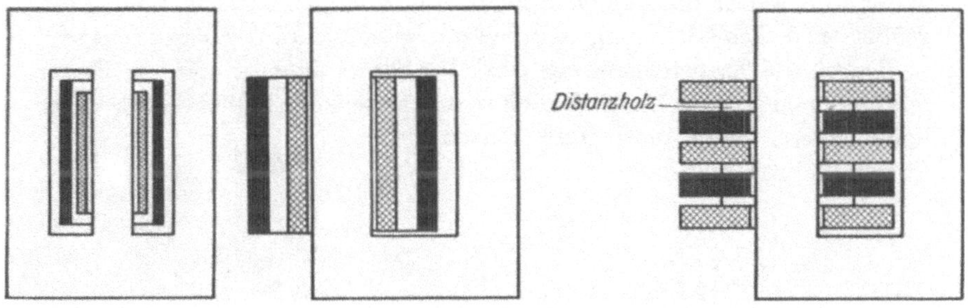

Abb. 81. Manteltransformator. Abb. 82. Abb. 83. Kerntransformator.

werden muß, um ein Durchschlagen zu verhüten; allerdings darf dadurch die Kühlung nicht wesentlich beeinträchtigt werden.

1. Das Übersetzungsverhältnis.

Durchfließt ein Strom die Primärwicklung, so erzeugt der durch ihn hervorgerufene magnetische Fluß in der Sekundärwindung einen Strom. In der Primär- und Sekundärwicklung haben wir verschiedene Spannungen, und zwar verhalten sich diese wie die entsprechenden Windungszahlen. Es ist also:

$$E_1 : E_2 = Z_1 : Z_2 .$$

E_1 ist die Netzspannung und beträgt meistens 110 — 150 — 220 — 380 — 500 Volt.

E_2 ist die Arbeitsleerspannung und schwankt zwischen 1 und 10 Volt.

Z_2 ist die Sekundärwindungszahl und in fast allen Fällen gleich 1. Somit ist die Windungszahl der Primärwicklung:

$$Z_1 = \frac{Z_2 \cdot E_1}{E_2} .$$

Die Ströme in der Primär- und Sekundärwicklung verhalten sich ähnlich, wobei jedoch der Transformator sekundärseitig voll belastet sein muß.

$$J_1 : J_2 = Z_2 : Z_1$$

oder

$$Z_1 = \frac{Z_2 \cdot J_2}{J_1}.$$

Beide Verhältnisse treffen nur dann genau zu, wenn man Streuung und Verluste außer acht läßt. Unter dem Einfluß der Streuung verändern sich die Verhältnisse wie folgt:

Die von der Primärspule erzeugten Kraftlinien gehen nicht alle durch die Sekundärspule, sondern schließen sich in der Luft und bilden Streufelder. Je weiter die beiden Spulen von einander entfernt sind, desto größer wird diese Streuung und desto geringer wird der Wirkungsgrad.

Durch die Transformierung wird der Strom erzeugt, der zur Erwärmung dienen soll; damit ist jedoch in den seltensten Fällen das Erforderliche getan, denn man muß diesen Strom in bestimmten Grenzen regeln können, um die Wärme dem Stück und der Zeit anzupassen. Diese Regelung geschieht auf drei Arten:

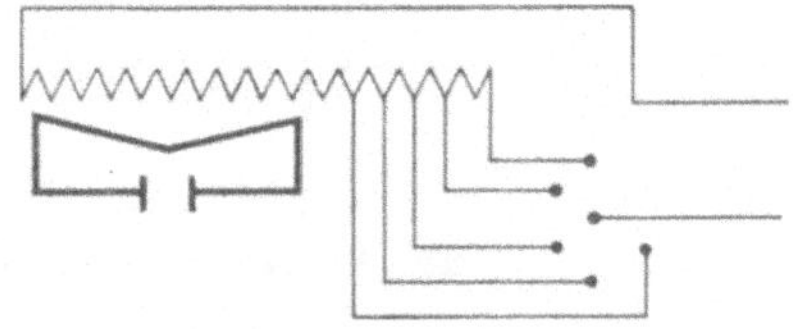

Abb. 84. Schema der Stufenregelung des Schweißstromes.

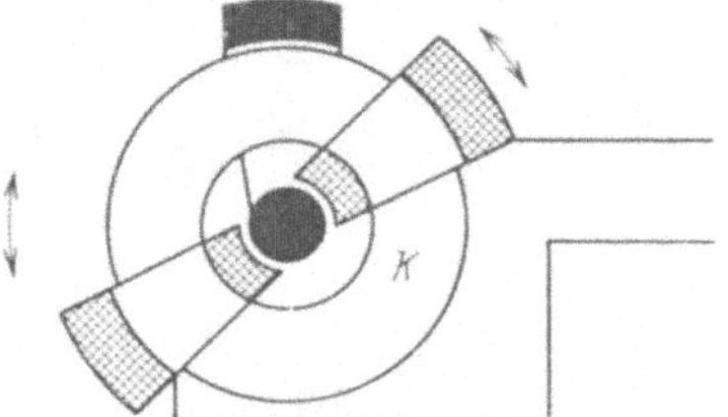

Abb. 85. Schema der Streuregelung des Schweißstromes.

1. durch Veränderung der Windungszahl in der Primären,
2. durch Veränderung der Streuung,
3. durch Drosselung.

Die Regelung durch Veränderung der Leerlaufspannung geschieht in der Weise, daß der Primärspule mehr oder weniger Windungen zu- und abgeschaltet werden. (Abb. 84.)

Die Vorteile dieser Regelung bestehen darin, daß der Transformator einfach zu berechnen ist, ferner fallen die beweglichen Leitungen fort und im Falle einer defekten Spule läßt sich der Fehler einfach feststellen.

Die Streuungsregelung erfolgt durch Veränderung des Streufeldes bei gleichbleibender Windungszahl. Hierdurch wird der Berechnungsgang des Transformators kompliziert, außerdem erfordert die Anordnung bewegliche Leiter. (Abb. 85.)

Eine Kombination dieser beiden Regelungsarten ergibt die in Abb. 86 dargestellte Regelung, die einen großen Regelbereich ermöglicht. Die vorerwähnten beweglichen Teile fallen hierbei fort, jedoch ist der Kupferaufwand erheblich größer.

Drosselregelung (Abb. 87). Diese Art wird nur selten angewendet.

Die Leistung der Widerstandschweißmaschinen wird in kVA (Kilo-Volt-Ampere) ausgedrückt; gebräuchlich sind die Angaben der Höchst- und Dauerleistung, so z. B. 14/20 kVA. Hiernach bemessen sich die Kupferquerschnitte, und zwar unter Berücksichtigung der Einschaltzeiten. Eine Punktschweißmaschine arbeitet intermittierend, dagegen werden eine Elektroesse oder ein Nietwärmer ständig belastet. Wenn man also die Kupferbelastung aus der Elektrotechnik übernimmt, kann man bei intermittierenden Maschinen um vieles höher gehen. Die Dimensionierung erfolgt in der Weise, daß man den Leiterquerschnitt mit etwa 3 Ampere bei Punkt- und Stumpfschweißmaschinen, mit weniger als 2,5 Ampere bei Nahtschweiß- und Erwärmungsmaschinen pro Quadrat-

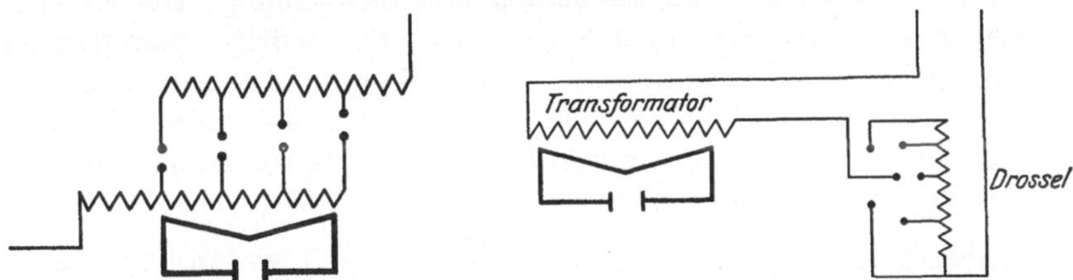

Abb. 86. Kombinierte Regelung des Schweißstromes.

Abb. 87. Drosselregelung des Schweißstromes.

millimeter belastet. Bei den stufenweise regulierbaren Transformatoren entspricht der höheren Stufe auch eine höhere Leistung, daher können bei den unteren Stufen die Kupferquerschnitte auch schwächer gehalten werden. Z. B. erfordert ein 4/8 kVA-Transformator bei 220 Volt für die Aufnahme $\frac{8000}{220} = 36$ Ampere in der höchsten Stufe bei einer Punktschweißmaschine $\frac{36}{3} = 12$ mm², in der niedrigsten Stufe: $\frac{4000}{220} = 18$ Ampere bei einer Punktschweißmaschine $\frac{18}{3} = 6$ mm². Man kann also eine solche Maschine in der Hauptwindung mit einem Querschnitt von 12 mm² ausführen und in den niedrigeren Spulen allmählich auf den halben Querschnitt heruntergehen.

Der erforderliche Querschnitt läßt sich auch durch Parallelschaltung von Windungen erzielen, so wäre im vorliegenden Falle der Transformator in der Höchstspule mit zwei parallelen Windungen von je 6 mm² zu versehen. Da die auf diese Weise errechneten Querschnitte nicht immer zu haben sein werden, muß man die in der Praxis üblichen verwenden, wobei es sich empfiehlt, den nächsthöheren Querschnitt zu wählen.

Die Sekundärspule besteht meistens aus einer oder mehreren parallelen Windungen, die aus gutleitender Kupferbronze, Messing oder Kupferblech hergestellt werden. Bei der Dimensionierung ist die Beanspruchung je nach der Intermittenz maßgebend, man kann jedoch mit Rücksicht auf günstigere Kühlungsverhältnisse mit einem Mittel von 3 Ampere rechnen. Es ergibt sich also für den obigen Fall eines 8 kVA-Transformators mit 2 Volt Spannung in der Sekundären:

$$\frac{8000}{2} = 4000 \text{ Ampere}, \quad \frac{4000}{3} = 1333 \text{ mm}^2,$$

was einem Leiter von 40 mm Durchmesser aus Rundkupfer entspricht. Dieses Größenverhältnis erfährt durch die Wasserkühlung und aus Festigkeitsrücksichten natürlich noch Änderungen.

2. Bestimmung der Windungszahlen.

Elektrische Widerstandschweißung und -erwärmung erfordert niedriggespannte Ströme von hoher Amperezahl. Die niedrige Spannung muß sich der Arbeitsmethode anpassen, derart, daß die Maschine nicht allzu große Dimensionen erhält. Es sind somit im Laufe der Zeit die Transformatoren nach ihrer Leistung in der Leerlauf-Sekundärspannung folgendermaßen ausgebildet worden:

Leistung	1	2	4	6	8	10	12	14	16	18	20	25	30	50	kVA
Sekundärspannung im Mittel	1,1	1,4	1,5	1,8	2,1	2,3	2,5	2,6	2,75	2,85	3	3,4	4,3	5,5	Volt

Von diesen Spannungen, die nur als ungefähre mittlere Spannungen anzusehen sind, weicht man bei den einzelnen Maschinentypen je nach dem Verwendungszweck ab, und zwar erhöht man dieselben bei Stumpfschweißmaschinen, die nach dem Abschmelzverfahren arbeiten, bei Maschinen mit großer Ausladung und bei solchen, bei denen große Eisenmassen beim Schweißen magnetisiert werden, d. h. also bei denjenigen Maschinen, bei denen ein großer Widerstand zu überbrücken ist, wie z. B. beim Erwärmen langer Stäbe, Ringe usw. Erniedrigt wird die Sekundärspannung bei leicht schmelzbaren gutleitenden Metallen, bei ganz kurzer Ausladung usw.

Wählt man bei dem 8 kVA-Transformator unter Annahme normaler Ausladung und Verhältnisse eine Spannung von 2,1 Volt, so ergeben sich bei einer Sekundärwindung $\frac{220}{2,1} = 105$ Windungen primärseitig.

Soll nun dieser Transformator bis auf 6 kVA reguliert werden können, so ergeben sich $\frac{220}{1,8} = 122$ Windungen, d. h. der Transformator hat in der Höchststufe 105, in der niedrigsten 122 Windungen. Die Differenz von 17 Windungen kann auf mehrere Stufen verteilt werden, so z. B. auf drei Stufen, so daß man eine Maschine in vierstufiger Ausführung erhält.

3. Die Phasenverschiebung.

Das Produkt Volt mal Ampere ergibt bei Gleichstrom die Leistung, bei Wechselstrom bezeichnet man es als scheinbare Leistung. Wenn man Gleichstrom mit dem Strom einer Flüssigkeit, der in gleicher Richtung fließt, vergleicht, so entspricht Wechselstrom etwa einer Wassersäule, die von einem Pumpenkolben bei geöffnetem Ventil hin- und hergetrieben wird. Infolge des ständigen Richtungswechsels wird die Flüssigkeit dem Kolben nicht sofort folgen können, sondern die Bewegung bleibt hinter der Kraftwirkung etwas zurück. Dieser Fall trifft symbolisch auf Wechselstrom zu. Die Selbstinduktion in einer Spule erzeugt eine Spannung, die mit den Windungszahlen wächst und beim Entstehen der Kaftlinien dem anwachsenden Strome entgegengesetzt ist. Diese Wirkung der Selbstinduktion hat eine Verschiebung des zeitlichen Verlaufs von Strom und Spannung zur Folge. Die Größe der Phasenverschiebung bezeichnet man in der Praxis durch den Leistungsfaktor ($\cos \varphi$). Seine Größe richtet sich nach dem Verhältnis zwischen der Größe der Selbstinduktion und des in dem Stromkreise vorhandenen Widerstandes. Ist nur Selbstinduktion vorhanden, so beträgt der Winkel $90°$, $\cos \varphi$ ist also gleich Null. Tritt nur Widerstand auf, so ist der Winkel $0°$, $\cos \varphi$ also $= 1$. Bei Schweißtransformatoren, wie auch bei allgemeinen Transformatoren liegt der Wert des $\cos \varphi$ ungefähr zwischen 0,6 und 0,9. Aus diesem Werte lassen sich Schlüsse über die Arbeitsweise der Maschine ziehen; man bezeichnet eine Maschine mit hohem $\cos \varphi$ als steilarbeitend, eine solche mit niedrigem als abfallend arbeitend. Ein hoher $\cos \varphi$ einer Maschine ermöglicht keine besonders günstige Anpassung des Schweißstromes an die Erfordernisse des Schweißgutes, im Gegensatz zu Maschinen mit niedrigerem $\cos \varphi$. Bei rostigen Blechen oder verzunderten Nieten muß man eine höhere Spannung zum Durchschlagen der nichtleitenden Schicht wählen. Ist der Stromfluß eingeleitet, so würde bei gutem $\cos \varphi$ infolge der zu hohen Spannung das Niet verbrennen. Ist jedoch der $\cos \varphi$ niedrig, d. h. hat die Maschine eine abfallende Charakteristik, so verläuft die Erwärmung gleichmäßig.

Ein ähnlicher Vorgang spielt sich bei großen Stumpfschweißmaschinen ab. Der gezogene Lichtbogen, welcher beim Abschmelzverfahren die Stücke erhitzt, hat einen größeren Widerstand und erfordert bei höherer Spannung einen niedrigeren Strom. Besitzt die Stumpfschweißmaschine einen guten Leistungsfaktor, so wächst der Strom während der Stauchperiode beträchtlich an und gefährdet das Netz und die Maschine. In solchen Fällen ist also die Spannung automatisch herabzusetzen oder auszuschalten. Bei der Nahtschweißung verhält sich der Strom umgekehrt proportional dem Widerstande, und da sich dieser selbst bei homogen beschaffenem Material mit der Oberfläche ändert, so muß man Nahtschweißmaschinen mit nicht allzu steiler Charakteristik ausführen.

4. Der Eisenkern.

Sowohl die Primäre wie die Sekundäre schließen den Eisenkern ein. In diesem erfolgt die Übertragung der Energie vom elektrischen in den magnetischen und dann wieder in den elektrischen Zustand. Daß eine Energieumwandlung mit Verlusten verbunden ist, tritt natürlich auch hier in Erscheinung, deshalb müssen die Ursachen bereits beim Bau berücksichtigt werden. Die hauptsächlichen Verluste sind Streu- und Eisenverluste. Letztere setzen sich aus Hysteresis und Wirbelstromverlusten zusammen. Um die Eisenverluste unwirksam zu machen, lamelliert man die Kerne aus dünnen, isolierten Blechen. Um die Magnetisierungsverluste zu vermeiden, verwendet man Spezialbleche mit niedrigem Wattverlust. Die Streuverluste können durch die Konstruktion beeinflußt und mit Nutzen zur Regelung verwendet werden. Die Dimensionierung des Eisenkerns ergibt sich unter Vernachlässigung der Verluste und unter Annahme gleichen Eisenquerschnitts im Joch und Kern wie folgt:

Die Spannung ist

$$E = 4{,}44\, f w \cdot \Phi \cdot 10^{-8},$$

gesucht wird der benötigte magnetische Fluß Φ, also

$$\Phi = \frac{E \cdot 10^{8}}{4{,}44\, f w}$$

und da die Windungszahl der Sekundärwicklung $w = 1$ ist,

$$\Phi = \frac{E \cdot 10^{8}}{4{,}44\, f},$$

worin E die Sekundärspannung bezeichnet.

Der magnetische Fluß Φ ist also nur von der Spannung E und der Periodenzahl f abhängig. Letztere ist durch das vorhandene Netz gegeben und beträgt meistens 50, doch finden sich auch 25-, 42-, 60- usw. periodige Netze.

Bezeichnet man die Stärke der magnetischen Induktion im Eisen (den magnetischen Fluß pro qcm Eisenquerschnitt) mit $\mathfrak{B}$, so ist

$$\Phi = Q \cdot \mathfrak{B}.$$

Die Größe $\mathfrak{B}$ hängt von der Blechqualität und Periodenzahl ab und ist

bei gewöhnlichem Blech und	$50\, f$	$\mathfrak{B} \cong 10000$
„ „ „ „	$25\, f$	$\mathfrak{B} \cong 13000$
bei legiertem Blech und	$50\, f$	$\mathfrak{B} \cong 12000$
„ „ „	$25\, f$	$\mathfrak{B} \cong 15000.$

Somit ist der Querschnitt

$$Q = \frac{E \cdot 10^{8}}{4{,}44\, \mathfrak{B} \cdot f}.$$

Für das vorerwähnte Beispiel eines 8 kVA-Transformators von 50 Perioden wird also der Eisenquerschnitt bei gewöhnlichem Blech

$$Q = \frac{2,1 \cdot 10^8}{4,44 \cdot 50 \cdot 10\,000} = 94,5 \text{ cm}^2$$

und entspricht einem Rechteck von rund 150 × 63 mm.

Der so errechnete Querschnitt ist erforderlich, um im Eisenkern bei einer Sättigung $\mathfrak{B}$ die Kraftlinien zu leiten. Da der Querschnitt aus lamelliertem Blech besteht, ist der eingeschlossene Luftspalt jedoch nicht mitgerechnet, so daß die Einführung eines Füllfaktors notwendig ist. Dieser beträgt bei gut gepreßtem Kern 0,9—0,95 und der errechnete Querschnitt ist durch ihn zu dividieren.

Die Form des Kerns ist an sich gleichgültig, jedoch ist es vorteilhaft, ihn rund oder elliptisch zu gestalten, da auf diese Weise die Windung bei Kurzschlüssen nur einer Formänderung unterworfen ist, während sich bei der rechteckigen Form zwei Möglichkeiten hierfür bieten.

5. Die Spule.

Die Anordnung der Windungen geschieht primärseitig ebenso wie im allgemeinen Transformatorenbau. Die Windung selbst besteht aus isolierten Kupferleitern von rechteckigem, rundem oder auch trapezförmigem Querschnitt. Als Isolation wird Baumwolle, Seide oder Ölleinen verwendet. Die Drähte werden zuerst gegeneinander und dann noch besonders vom Kern und Körper isoliert, dies geschieht mittels Preßspan, Pertinax oder ähnlicher Stoffe. Je nach Art der Wicklung unterscheidet man Zylinder- und Scheibenspulen. Die Zylinderwicklung, die sich gut kühlen läßt, kommt wegen ihrer Länge meist nur bei großen Maschinen in Betracht. Eine sehr zweckmäßige Bauart besteht darin, daß man die Windung aus einem Zylinder spiralförmig herausschneidet. Dadurch fällt die Isolation der einzelnen Windungen fort, und es besteht keine Gefahr, daß die Isolation durchbrennt. (Abb. 90.)

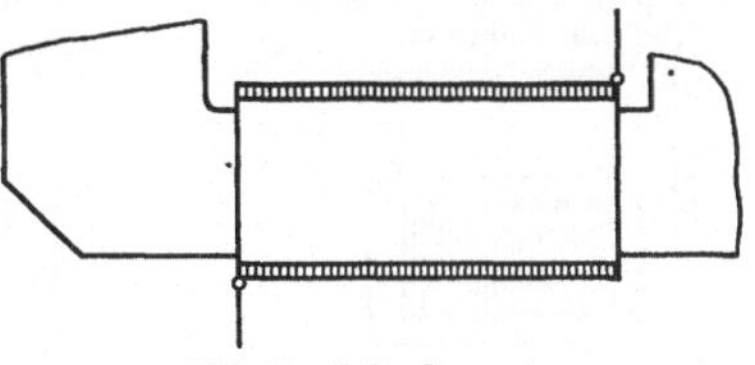
Abb. 88. Zylinderspule.

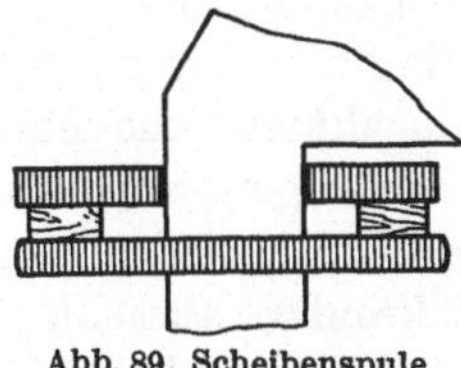
Abb. 89. Scheibenspule.

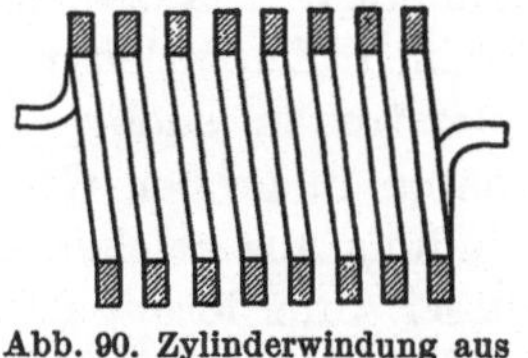
Abb. 90. Zylinderwindung aus einem Stück herausgeschnitten.

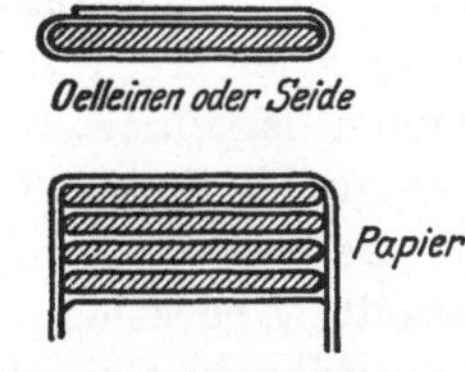

Abb. 91. Isolieren der Windung.

Ferner findet man die Ausführung an runden, mit Zylinderwicklung versehenen Kernen. Diese Anordnung hat einerseits den Vorteil, daß beim Einschaltstoß die Stoßkraft in radialer Richtung angreift, wodurch ein Losewerden auch ohne andere Befestigung nicht zu befürchten ist, andererseits ist die Wicklung übersichtlich.

Die Scheibenspulenanordnung besteht meistens aus viereckigem, abgekantetem Kupferband, welches durch Ölpapier, Ölleinen, Ölseide oder Jakonettband isoliert wird. (Abb. 91). Diese Bauart nimmt wenig Raum in Anspruch. Die Abstoßung der gleichgerichteten Windungen geschieht in achsialer Richtung, wodurch sich bei ungenügender Befestigung eine Zerstörungsgefahr ergibt. Aus diesem Grunde ist es erforderlich, die Windungen und Spulen sowohl untereinander wie auch auf dem Kern festzubinden.

6. Die Sekundärwindung.

Das elektrische Arbeitsorgan ist die Sekundäre, der der Strom für die Erwärmung entnommen wird; sie besteht, wie schon vorher erwähnt, fast ausschließlich aus einer Windung. Da das elektrische Widerstand-

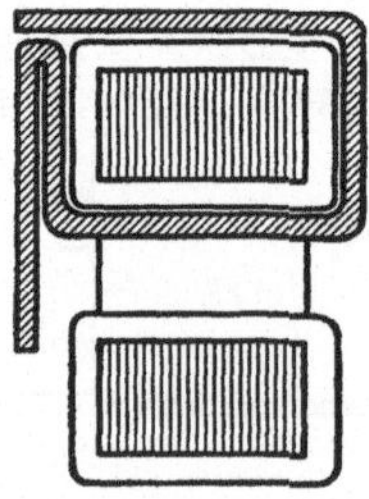

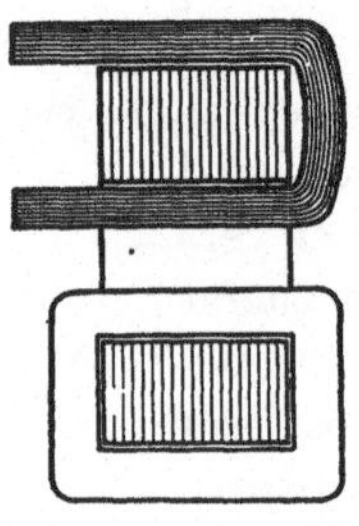

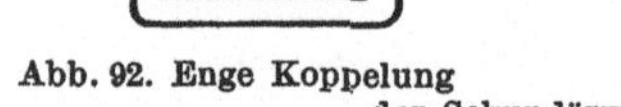

Abb. 92. Enge Koppelung Abb. 93. Lose Koppelung der Sekundärwindung.

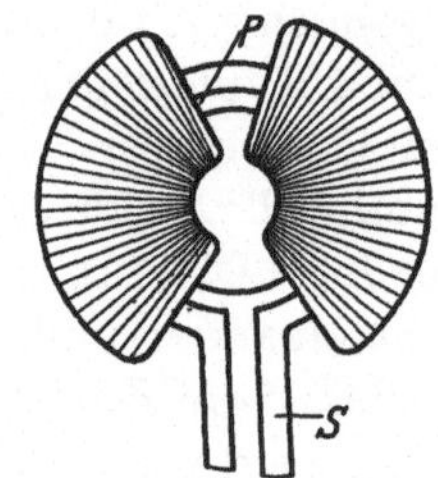

Abb. 94. Transformatorausführung mit Drahtkern.

schweißverfahren eine Druckausübung an der Schweißstelle erfordert, ist die Beweglichkeit der Sekundären eine unerläßliche Bedingung. Die Sekundäre bildet daher kein starres Ganzes, sondern besteht aus einem beweglichen Teil, der in einen Kupferleiter aus flexibler Litze oder dünnen lamellierten Kupferstreifen endet. Bei Maschinen, die eine Beweglichkeit der Sekundären in großen Grenzen benötigen, wird sogar die ganze Sekundärwindung aus solchen beweglichen Leitern hergestellt. Abgesehen von dieser Anforderung ist die Sekundäre ausschlaggebend für die Charakteristik der Arbeitsweise. Bei der Konstruktion ist darauf zu achten, daß die Sekundärwindung eine Form erhält, die sich dem Erwärmungsvorgang anpaßt. Von besonderem Einfluß ist es hierbei, ob die Sekundäre den Kern ganz oder zum größten Teil eng umschließt. In ersterem Falle (Abb. 92) erhält man eine steilere Charakteristik, somit einen besseren Leistungsfaktor. Umschließt die Sekundärwindung den Kern nicht ganz, so ist ein größerer Spannungsabfall ermöglicht; solche Transformatoren eignen sich, wenn man sie mit höherer Spannung versieht, besonders zur Nahtschweißung.

Bei Punktschweißmaschinen schraubt man das eine Ende der Sekundären an eine Nutenplatte, welche zur Anbringung des Unterarms dient, während das andere Ende mittels eines beweglichen Leiters an den Oberarm geführt wird. Hierdurch werden Kontaktflächen bedingt, auf die große Sorgfalt zu legen ist, da sie vielfach Anlaß zu Störungen geben. Die aus Flachkupfer gebogene Sekundärwindung erhält aus diesem Grunde eine sauber bearbeitete gute Paßfläche von entsprechender Größe, die mit dem beweglichen Leiter verschraubt wird. Die früher vielfach verwendeten Drehkontakte eignen sich zur Führung solch gewaltiger Ströme überhaupt nicht, da sich selbst bei sauberster Zupassung die Übergangsstellen erhitzen, wodurch Formänderungen entstehen, so daß der Kontakt mit der Zeit nachläßt. Dies trifft auch für alle diejenigen Maschinen zu, bei denen der Sekundärstrom in drehendem Kontakt geführt wird. Vielfach findet man auch Sekundäre aus gegossenem gutleitenden Material, wie Rotguß oder Messingguß. Auch hierbei ist Sorgfalt auf die Kontaktflächen zu legen, besonders da das Material durch die Erwärmung Dehnungen erfährt, wodurch sich selbst die besten Verbindungen mit der Zeit lockern. Es empfiehlt sich daher, solche Verbindungen von Zeit zu Zeit an den Kontaktflächen zu prüfen und zu reinigen, nachträglich sind die Schrauben festzuziehen.

Eine der wichtigsten Anforderungen des Schweißmaschinenbaues ist die, daß der Transformator nicht übermäßige Ausmaße erhält, sondern billig und handlich hergestellt wird. Die ausschlaggebenden Faktoren hierbei sind das Kupfer-, Eisengewicht und der Arbeitslohn. Hiernach werden sich der Preis und das Gewicht der einzelnen Typen bemessen.

Die ersten Transformatoren, die auch heute noch Verwendung finden, wurden von Hand gewickelt, und zwar ordnete man die Primärwindung in dem aus den Sekundärwindungen bestehenden Kreise an. (Abb. 94). Die Primäre wurde aus dünnem Draht auf einen runden Windungshalter gewickelt, wobei die einzelnen Lagen sorgfältig isoliert wurden. Dann wurde die Sekundäre nach dem äußeren Durchmesser der Primärspule gebogen und umgab diese. Nunmehr wurden beide Spulen sorgfältig isoliert, und auf dieselben wurde der Eisenkörper in Form von Draht oder dünnem Bande gewickelt, was eine sehr mühevolle Arbeit bedeutete. Die Sekundäre wird in entsprechender Form für Stumpfschweißmaschinen mit Backen, für Punktschweißmaschinen mit Elektrodenarm ausgebildet. In jedem Fall müssen die freien Enden der Sekundären Beweglichkeit besitzen; diese wird dadurch erzielt, daß man die Sekundäre aus lamelliertem Kupferband herstellt und die ausgeführten Enden hart verlötet. Diese Bauart ermöglicht keine Kühlung und eignet sich daher nur für ganz kurze Beanspruchung. Der Eisenweg ist sehr kurz, infolgedessen erhält man eine steile Charakteristik, die große Stromaufnahme gestattet. Der Kupferweg ist ziemlich lang, spielt aber bei dieser Anordnung keine erhebliche Rolle. Den Ausschlag gibt bei dieser Bauart die Arbeitszeit. Um die Schwierigkeit der Anbringung des Eisenkernes zu verringern, hat man Transformatoren mit doppelter Sekundärwindung in Form einer Schlinge ausgeführt. Dadurch wurde zwar der Sekundärkupferweg verdoppelt, jedoch beeinträchtigte dies die Arbeitsweise nicht allzu stark und ermöglichte es, die Eisenmenge auf die Hälfte herabzusetzen.

Ein weiterer Nachteil derartiger Transformatoren neben den Kühlungsverhältnissen ist der, daß ein auftretender Windungsschaden schwer zu beseitigen ist. In solchem Falle ist es ratsamer, eine neue Maschine zu bauen, da die Abwicklung des Eisens und Kupfers wesentlich mehr Arbeitskosten verursacht als die reinen Materialkosten. Ein im Kriege aufgetauchter Gedanke, Eisenspäne zur Kernbildung zu verwenden, ermöglichte eine weitere Verbilligung dieser Bauart. (Abb. 95.) Man umwickelte die vorher mit Draht umsponnenen Spulen nochmals mit Jakonettband und bettete die Eisenspäne hierin so ein, daß der Kraftfluß geschlossen war und nur die Sekundärleiter hinausragten. Um die Kerne gegen Erschütterungen zu schützen, wurden sie mit Wachs oder Wasserglas vergossen. Es ergab sich jedoch, daß Unregelmäßigkeiten sowie Wirbelstromgefahr trotz Scheidewände die Verwendung dieser Bauart auf ein Mindestmaß beschränkten. Sie findet Verwendung bei Hochleistungsmaschinen, bei denen man mit sehr geringem Gewicht verhältnismäßig große Ströme erzielen will. Diese Möglichkeit ist nach obenhin infolge des allzu großen Kupferweges mit 6 kVA begrenzt. Diese Bauart hat es auch ermöglicht, bei kleinen Maschinen den aktiven elektrischen Teil auf etwa 4,5 kg pro KW herabzusetzen.

Die Ausbildung größerer Transformatoren erfolgt heute ausschließlich unter Verwendung von Eisenblechkernen. Häufig werden die Bleche in mehreren Paketen zu Kernen geschichtet. Die Schichtung läßt sich jedoch ebenfalls durch Aufrollen mehrerer Lagen erreichen. Bei Transformatoren mit runden Eisenkernen wird dieser gestanzt, aus mehreren Blechen zusammengeschichtet oder aus Blech aufgewickelt. Der Kern wird gepreßt, mit Schnur zusammengebunden und mit Isoliermaterial umgeben, auf welches dann die Wicklungen aufgelegt werden. Bei gestanzten Kernen gibt es keine andere Möglichkeit, als die Windungen von Hand aufzubringen, was bei Maschinen höherer Leistung eine ziemlich mühselige Arbeit bedeutet. Bei aufgewickelten Kernen läßt sich zum Aufbringen der Wicklungen eine Vorrichtung bauen, wenn man von der Zylinderwicklung absieht und Scheibenwicklung vornimmt. Die Spulen werden dann auf einen Halter aufgesetzt und von diesem festgehalten. In das Innere der Spule wird ein Blech gebracht, das eine Lochung für die Führung und Weitertransportierung der Blechbänder besitzt. Die so vorgerichteten Spulen und das Führungsblech sitzen auf drei Rollen, von denen eine angetrieben wird; dadurch ermöglicht es sich, das endlose Band der Kernes in die Spule hineinzuziehen (Abb. 96). Ein so vorgerichteter Kern ist allerdings nicht so stark gepreßt wie ein vorher geschichteter oder gewickelter Kern, da man das Band der Spulen wegen nicht so fest ziehen kann. Der so ausgerüstete Transformator eignet sich auch gut für Streuregelung. Zu diesem Zwecke versieht man ihn mit Scheibenwickelung

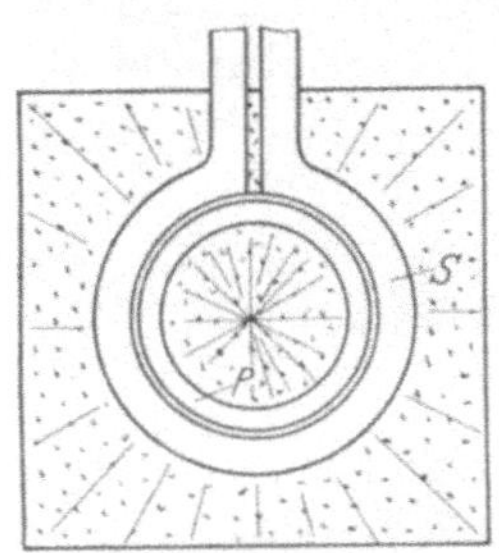

Abb. 95. Transformator mit Feilspankern.

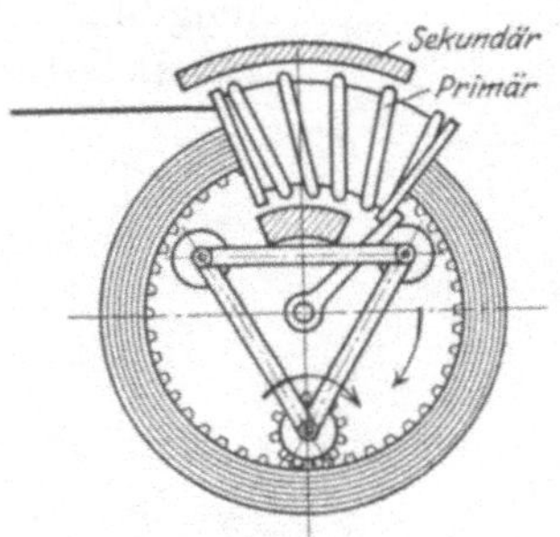

Abb. 96. Wickelvorgang bei rundem Kern.

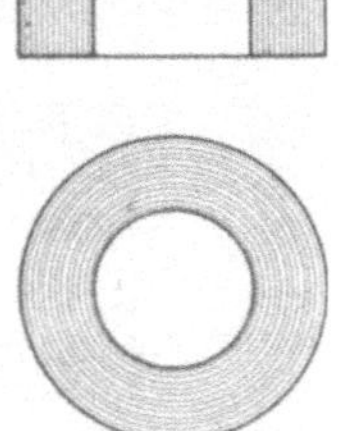

Abb. 97. Gewickelter Kern.

von großer Höhe und setzt ihn auf ein drehbares Gestell, welches es ermöglicht, ihn gegen die Sekundärwindungsspulen zu verschieben, so daß die Kupplung fester wird. Diese Regelung ist auch bei einigen Nietwärmern mit Vorteil angewendet worden. Der Nachteil der Bauart, besonders bei der Zylinderwickelung, besteht darin, daß bei Vorkommen eines Isolationsfehlers die ganzen Windungen abgenommen werden müssen. Der Transformator ermöglicht gute Raumausnutzung und arbeitet mit günstigen Streuverhältnissen.

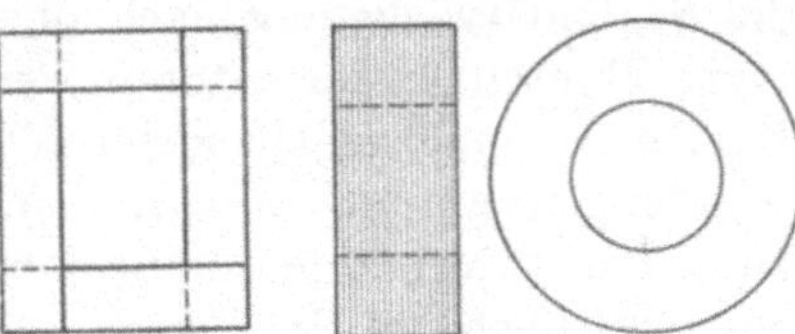

Abb. 98. Geschichteter Kern.

Die meisten Transformatoren weichen von den vorher besprochenen Bauarten ab, seit man legierte Transformatorenbleche verwendet, und zwar aus dem Grunde, weil diese in Tafeln in den Handel gebracht werden. Aus den Blechen werden die Schenkel des Transformators zusammengeschichtet, und man muß bei der Dimensionierung der erforderlichen Blechstreifen so verfahren, daß sie sich zu einer Tafel ohne Abfall zusammenlegen lassen. Es empfiehlt sich, die Bleche mit scharfen Scheren zu schneiden, weil sonst ein Schneidgrat entsteht, welcher die Wirbelstromgefahr dadurch begünstigt, daß sich mehrere Bleche an den Kanten schließen. Die Bleche werden überlappt geschichtet, so daß Kern und Joch ein Ganzes bilden. (Abb. 98.) Die so geschichteten Blechlagen werden zusammengepreßt und mittels

Schnur gebunden, worauf ein Joch abgenommen wird, so daß man die Spulen auf den Kern aufsetzen kann. Das abgenommene Joch wird nun durch einzelnes Einlegen von Blechen in seine Ursprungslage zurückversetzt, und die Spannleisten, welche gleichzeitig eine Befestigungsmöglichkeit am Maschinenkörper haben, werden angezogen. Der in Abb. 99 dargestellte Transformator hat rechteckige Form und rechteckigen Querschnitt. Die Primärspulen sind an beiden Schenkeln angebracht und in Scheibenwickelung ausgeführt. Die Sekundärwickelung umgibt die Primäre und den Eisenkern. Die Befestigung der Spulen auf dem

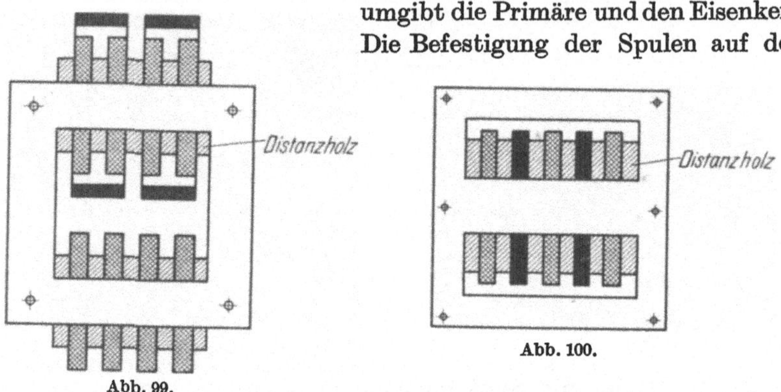

Abb. 99.

Abb. 100.

Abb. 99 u. 100. Transformator.

Kern geschieht durch Binden mittels Schnur und durch Distanzhölzer, die der Sekundären durch Anschrauben an das Gehäuse. Die Bauart ist unsymmetrisch und wird fast ausschließlich so ausgeführt, daß die Sekundärwickelung nach oben aus dem Maschinenkörper hinausragt. Manteltransformatoren werden so ausgebildet, daß der mittlere Kern den doppelten Querschnitt besitzt wie die Joche. (Abb. 100). Die Windungen werden dann nur an dem mittleren Schenkel vorgesehen. Diese Bauart eignet sich für Stumpfschweißmaschinen, wird jedoch ebenso wie die frühere vielfach auch bei anderen Maschinen angewendet. Die Streuverhältnisse ergeben ungefähr das gleiche Bild wie bei den Kerntransformatoren.

7. Schalter.

In keinem Zweige der Elektrotechnik kommen so häufige Schaltungen bei Höchstlast vor wie bei den Widerstandschweißmaschinen. Die Stromstärke wird natürlich nicht sekundärseitig, sondern primär abgeschaltet, jedoch sind auch hier, namentlich bei größeren Maschinen, ganz bedeutende Stromstärken zu unterbrechen. Die normalen, in der Elektrotechnik verwendeten Dreh- und Hebelschalter haben sich bei dieser Inanspruchnahme nicht bewährt, da sie sich zu leicht abnutzen und infolge der induktiven Belastung zur Lichtbogenbildung neigen.

Die Richtlinien für den Bau von Schaltern für Widerstandschweißmaschinen können wie folgt zusammengestellt werden:

Die Kontaktfläche muß dauernd eine gute Auflage bieten, damit durch den Stromübergang keine Erwärmung erfolgt. Hierbei ist zu beachten, daß bei der ganz kurzen Einschaltzeit die Abnutzung nicht allzu groß wird. Da für die Güte eines Kontakts vor allem die Reinheit der Flächen und ein guter Auflagedruck ausschlaggebend sind, so werden die Schalter meistens als Klopfschalter (Abb. 101) oder auch mit schabender Bewegung (Abb. 102) ausgeführt. Der Flächendruck hängt von der Größe der Kontaktflächen ab, und es ist Sache des Konstrukteurs, die Abnutzung der Fläche und den spezifischen Flächendruck so miteinander in Einklang zu bringen, daß der Schalter selbst nach mehreren tausend Schaltungen noch nicht angegriffen wird. Da die Stromunterbrechung bei den gewaltigen Strömen zur Lichtbogenbildung neigt, muß man die Länge des Ausschaltlichtbogens kennen.

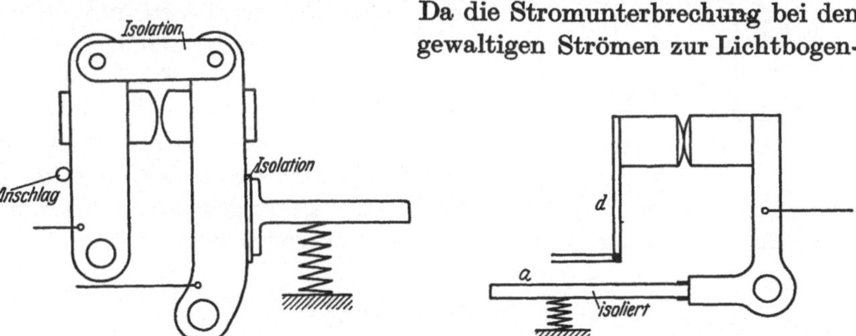

Abb. 101. Klopfschalter.

Abb. 102. Klopfschalter mit schabender Bewegung.

Diese hängt von der Temperatur der Kontaktklötze ab, die man zwecks Verhütung der Lichtbogenbildung möglichst massig ausführt. Für die gebräuchlichsten Spannungen wird eine Öffnung von 10—15 mm genügen, wenn die Abschaltung plötzlich erfolgt. Zur Verhinderung von Funkenbildung kann man noch Funkenlöschvorrichtungen, die gewöhnlich aus einem Widerstand bestehen, zuschalten. Die Ausbildung der Schalter hängt von deren Verwendungszweck ab. Die meisten Widerstandschweißmaschinen werden nur einpolig unterbrochen. Die in Abb. 102 veranschaulichte Anordnung zeigt einen sehr bewährten Klopfschalter, der trotz seiner Massen eine Schaltzeit von $^1/_{100}$ Sekunde erlaubt. Bei diesem Schalter wird der Flächendruck durch die Feder *a* bewirkt und die gewölbte Flächenanordnung ermöglicht eine automatische Reinigung der Kontaktfläche. Durch das Klopfen biegt sich der zweite Leiter *d* etwas zurück, wodurch im Moment des Einschaltens eine schabende Bewegung hervorgerufen wird, welche die eventuell vorhandene Oxydschicht nach dem Umfange zu verschiebt.

Nach diesem Prinzip werden die meisten Schalter, besonders diejenigen für Nahtschweißung mit unterbrochenem Strom ausgebildet. Für die Unterbrechung von Leistungen einiger hundert Ampere, wie sie ja bei modernen Stumpfschweißmaschinen häufig vorkommen, haben sich Fingerschalter mit einer Walze sehr gut bewährt. Die Ein- und Abschaltung erfolgt hier meistens durch mechanische Betätigung von Fuß oder Hand. Die Anordnung des Schalters ist aus Abb. 103 ersichtlich. Für Punkt- und Nahtschweißmaschinen ist ein Schalter erforderlich, der den Strom erst nach erreichtem Druck einschaltet. Zu diesem Zweck wurden die Schalter früher mit Kohlekontaktflächen ausgebildet, während man heute Kupferflächen und vielfach auch Kupferrollen verwendet.

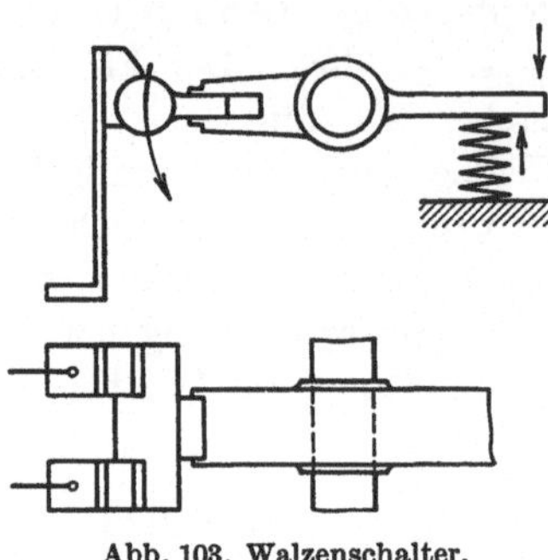

Abb. 103. Walzenschalter.

Schalter für elektrische Widerstandschweißmaschinen bedürfen unbedingt der Wartung, die sich auf Reinigung, eventuelle Schmierung der Kontakte zur Verhinderung der Oxydation, Nachziehen locker gewordener Schrauben und Nachprüfen der beweglichen Leiter zu erstrecken hat.

8. Sicherungen.

Sicherungen dienen zur Verhütung einer längeren Überschreitung der maximalen Stromstärke und werden bei manchen Bauarten an der Maschine angebracht. Laut Vorschrift des Verbandes Deutscher Elektrotechniker verwendet man die üblichen Sicherungen in Form von Stöpsel- oder Lamellensicherungen. Häufig findet man auch Maximalausschalter, die dem gleichen Zwecke dienen. Die Anbringung der Sicherung an der Schweißmaschine hat den Vorteil, daß sie sich bei auftretenden Störungen in unmittelbarer Nähe befindet, so daß man durch Herausschrauben oder Lösen die Stromzuführung sofort unterbrechen kann. Es empfiehlt sich, eine Maschine nicht höher als für die vom Lieferwerk angegebene Leistung zu sichern. Bei Momentschaltungen kann man sogar eine etwas schwächere Sicherung vornehmen, wodurch die Gefahr eines plötzlichen Kurzschlusses verringert wird.

Von der Verwendung selbsthergestellter Sicherungen sollte man hier wie auch sonst in der Elektrotechnik unbedingt absehen, da die Lieferfirmen bei einer zu hoch gesicherten Maschine jede Verantwortung oder Garantie ablehnen.

VIII. Die Stumpfschweißmaschinen.

1. Gemeinsame Merkmale.

Die Grundtypen der elektrischen Stumpfschweißmaschinen sind aus dem Thomsonschen Prinzip entwickelt worden. Die stromführenden Teile, wie auch der Transformator bilden den elektrischen Teil, die Backen und die Stauchvorrichtung den mechanischen Teil. Der elektrische Teil besteht aus gut leitenden Litzen und Drähten für die Primäre; aus gebogenem gewalzten Kupfer oder auch lamellierten Kupferblechen für die Sekundäre. Der Aufbau ist nach der Transformatorart verschieden, jedoch lassen sich einheitliche Merkmale sowohl bei kleinen wie auch großen Maschinen zusammenfassen. Die Merkmale bestehen im elektrischen Teil darin, daß die Sekundärwindung mit einem Ende fest an den festen Backen und zugleich auch am Maschinengehäuse, mit dem anderen Ende an den beweglichen Backen in Form eines beweglichen Leiters angebracht ist. Dieser bewegliche Leiter kann aus dünnem flexiblen Draht oder aus dünnem Kupferband bestehen. Bei manchen Bauarten, auf die dann noch hingewiesen werden wird, besteht die ganze Sekundärwindung aus diesem beweglichen Material. Die Beweglichkeit muß so groß gestaltet werden, daß eine Stauchbewegung in den bereits erwähnten Grenzen ermöglicht wird, ohne daß eine Deformation des Leiters auftreten kann. Bei größeren Maschinen, auf denen zugleich ein Ausglühen stattfinden soll, erhöht sich diese Bewegung auf das 2- bis 3fache, mithin wird die Dimensionierung des beweglichen Leiters für diesen Weg vorgenommen. Da die beweglichen Leiter, abgesehen davon, daß sie teurer in der Herstellung ausfallen, auch in der Fabrikation Schwierigkeiten bieten, werden vielfach Maschinen bloß mit einem Teil der Sekundäre beweglich ausgestaltet, so daß die Sekundärwindung in ein Stromband aus lamellierten Kupferblechen endet, und dieses der beweglichen Backe zugeführt wird.

Backen.

Das weitere gemeinsame Merkmal sämtlicher Maschinen sind die Backen. Diese bestehen meistens aus Kupfer, wobei die eine zum Erfassen der Werkstücke ebenfalls beweglich gestaltet werden muß. Die Stromzuführung geschieht durch die Backen. Die Festspannung erfolgt bei den meisten Bauarten durch die oberen Backen; das Werkstück muß sehr gut erfaßt werden, damit ein Ausweichen bei der Stauchung verhindert wird. Die Spannkräfte müssen hierbei eine ganz erhebliche Größe haben, so daß die beiden Backenpaare, um die Verschiebung in der Backenrichtung aufzuheben, kräftig ausgebildet werden müssen. Besonders bei der Profilschweißung darf keine Verschiebung der Backenebenen zueinander eintreten. Die zum Festspannen nötige Kraft muß vielfach übersetzt werden, wenn sie von Hand ausgeübt wird. Zu dieser Kraftübersetzung dienen die bekannten Maschinenelemente wie Hebel, Schraube, Kniehebel und deren Kombinationen. Bei manchen Maschinen geschieht die Einspannung durch Federn oder Gewichte oder auch durch motorische, hydraulische und pneumatische Kraftquellen. Bei diesen dient die menschliche Kraft in der Hand- oder Fußbetätigung nur zur Steuerung. Die Formgebung der Backen paßt sich dem jeweilig zu schweißenden Querschnitt an. So wird man bei Schweißung von Rundeisen oder Rohren verschiedener Durchmesser in beiden Backen eine Einfallkerbe ausarbeiten, welche es ermöglicht, daß die beiden Schweißstücke genau axial zusammengeschweißt werden, so daß das Ausrichten fortfällt. Werden immer die gleichen Durchmesser geschweißt, so ist ein vollständiges Einbetten der Schweißstücke, insbesondere wenn es sich um Rohre und Profile handelt, empfehlenswert. In

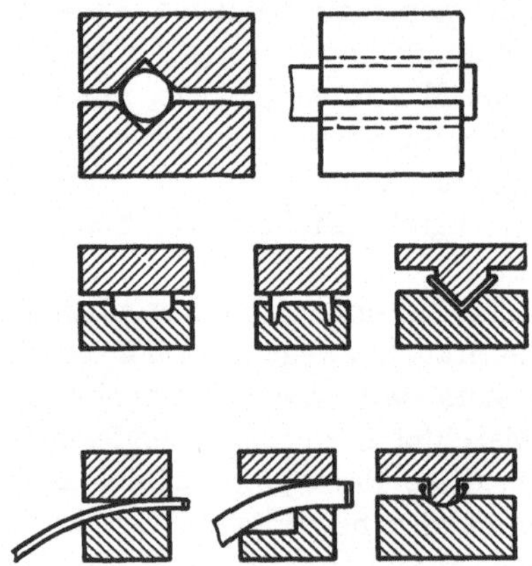

Abb. 104. Profilierte Backen.

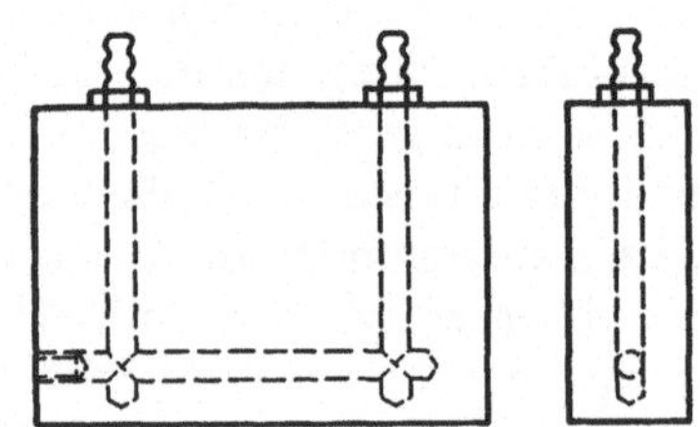

Abb. 105. Backenkühlung.

Abb. 104 sind einige Backenprofilierungen dargestellt; es ist dabei nicht nötig, daß das Stück, wie in der Abbildung mit der Felge, auf der ganzen Länge erfaßt wird. Bei derartigen Profilen muß noch besonders darauf geachtet werden, daß die Wandungen sehr dünn sind, damit beim Schweißen kein Ausknicken erfolgt, weswegen bei diesen Maschinen die unteren Backen in der Höhe nachstellbar angeordnet sind. Da die Schweißhitze in der Nähe der Backen, also an der Stauchstelle hervortritt, wird eine Verschleppung der Wärme nach den Backen stattfinden. Diese Wärmemenge wirkt schädlich und hemmend für den Arbeiter und wird durch Durchlaufwasserkühlung abgeführt. Aus Abb. 105 ist eine Kühlung bei kleinen Backen zu ersehen. Bei größeren Backen müssen die Kanäle breiter oder länger gehalten werden, damit dem Wasser Gelegenheit gegeben ist, beim Durchfließen die Wärme aufzunehmen. Verschiedentlich, besonders bei der Schweißung von dünnwandigen Materialien, wie auch Kupferschweißungen, werden zur

Erhöhung des Widerstandes Backen aus Eisen verwendet; diese benötigen infolge der momentanen Auswirkung der Schweißung keine besondere Kühlung. Dasselbe trifft auch bei ganz kleinen Maschinen zu, die nur intermittierend beansprucht werden.

Stauchorgane.

Ein weiteres Merkmal sämtlicher Stumpfschweißmaschinen bilden die Stauchorgane. Die Stauchkraft ändert sich mit dem Querschnitt sowie mit dem Material. Es liegt nahe, daß größere Querschnitte auch größere Stauchkräfte erfordern. Materialien, die in teigigem Zustande gestaucht werden, benötigen eine größere, Materialien in halbflüssigem Zustande, wie Messing, eine kleinere Stauchkraft. Die Ausübung dieser Bewegung kann ebenso wie das Einspannen durch menschliche Kraftübertragung auf Maschinenelemente oder durch Federn, Gewichte, magnetische, motorische oder hydraulische Betätigung erfolgen. Das naheliegendste Stauchorgan bei kleinen Maschinen ist der einfache Hebel. Die Übersetzung erfordert einen längeren Hebelarm, durch welchen die Stauchung von dem Arbeiter vorgenommen werden kann.

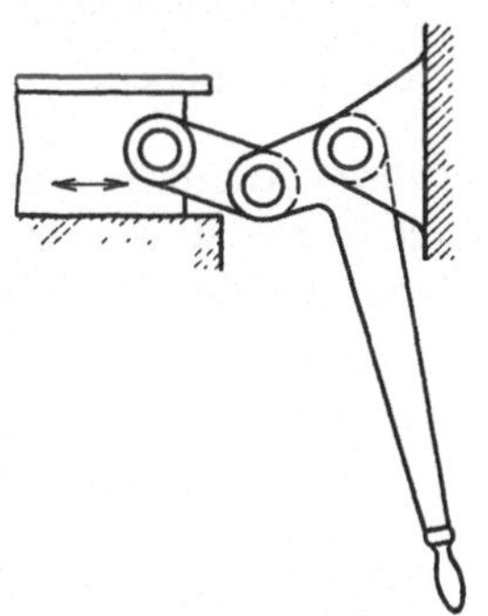

Abb. 106. Kniehebel-Stauchvorrichtung.

Die Verwendung von Schraubenspindeln ermöglichte ein wesentlich größeres Übersetzungsverhältnis und bewährte sich auch bei größeren Maschinen. Eine Stauchbewegung, insbesondere beim Abschmelzen, ergibt sich bei der in Abb. 106 ersichtlichen Kniehebelanordnung. Bei dieser wird nach dem Kräfteparallelogramm die höchste Kraft beim kleinsten Weg ausgeübt; man spannt die Stücke so in die Maschine, daß der Enddruck bei dieser größten Übersetzung auftritt. Zwischen den Feder- oder Gewichtstauchorganen besteht folgender charakteristischer Unterschied: Die Federkraft wie die Gewichtskraft werden durch mehrfache Hebel auf die bewegliche Backe übertragen, wobei das Gewicht die Stauchkraft immer gleichgroß hält, während die Feder sich entspannt und die Stauchkraft immer geringer wird. Man muß also, wenn man Federn zum Aufspeichern von Stauchenergie benutzt, darauf achten, daß noch genügend große Federung in Reserve bleibt. Die motorische Stauchung geschieht meistens durch Zahnrad- oder Schneckenübertragung auf eine flachgängige Schraubenspindel, welche mit dem Getriebe auf irgendwelche Art gekuppelt ist. Die hydraulische Stauchung erfordert keine Schraubenspindel, sondern die bewegliche Backe sitzt auf Führungsstangen, von denen die mittlere den Kolben trägt.

2. Mechanische und elektrische Ausrüstung.

Die bei den Stumpfschweißmaschinen verwendeten Schalter haben zweierlei Aufgaben zu erfüllen, und zwar beim Beginn des Vorgangs die Einschaltung zu bewirken und nach beendeter Schweißung den Strom wieder abzuschalten. Bei vielen Maschinen, insbesondere bei den ganz großen, geschieht dies durch einen einzigen Schalter, welcher sogar noch als Umschalter für die ruhige Schweißung dienen kann. In Abb. 107 ist ein solcher Schalter, welcher durch Fuß betätigt wird, veranschaulicht. Das Niedertreten des einen Hebels schaltet die für die Vorwärmung dienende Stufe; der andere Hebel dagegen schaltet die zur Abschmelzschweißung nötige höhere Stufe ein, ist also gewissermaßen als Umschalter ausgebildet. Bei kleineren Maschinen bedient man sich des sogenannten Stauchwegschalters. Dieser hat die Aufgabe, nach beendeter Schweißung den Strom zwangläufig abzuschalten. Schematisch ist diese Anordnung aus der Abb. 108 ersichtlich. Die Ausschaltung erfolgt hierbei durch mechanische Auslösung, indem nach beendeter Stauchung, die der Kontaktentfernung entspricht, der Primärstrom durch

Abb. 107. Fußschalter.

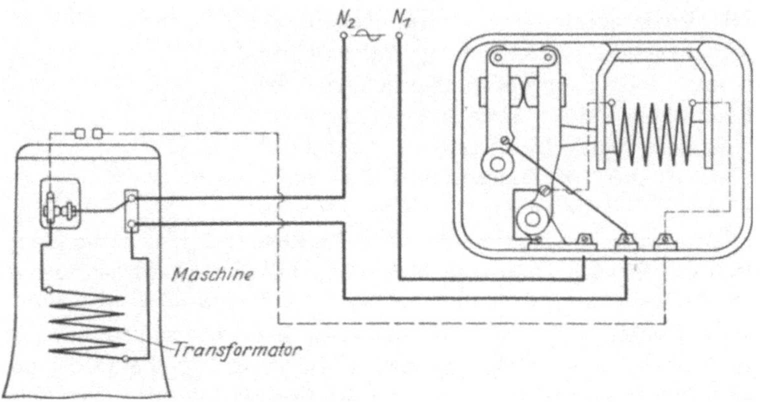

Abb. 108. Stauchwegschalter mit elektrischer Auslösung.

einen Schalter unterbrochen wird. Diese Auslösung kann auch elektrisch durch ein Relais bewerkstelligt werden. In obiger Abbildung schließt die Bewegung des Stauchschlittens den Relaisstrom; dieser ermöglicht in der Spule einen Stromdurchfluß, so daß der an den Kontakten angebrachte Eisenkern in die Spule hineingezogen wird. Dadurch wird der Strom zwischen den beiden Klopfkontakten unterbrochen. Wird jetzt durch Zurückziehen des Schlittens nach beendeter Schweißung das Stück herausgenommen, so fließt kein Strom in die Magnetspule, so daß die Feder den Schalter schließt. Diese Vorrichtungen werden sowohl bei motorischen, als auch handbetätigten Maschinen angewandt.

3. Kleine Bauarten.

Nach Beschreibung der charakteristischen Merkmale soll die Besprechung der einzelnen Maschinen von diesem Standpunkte aus weitergeführt werden. Die Ausbildung der einzelnen Elemente hat sich immer nach dem Zweck gerichtet, zu welchem die jeweilige Maschine Verwendung finden soll. Einige Typen sollen in näherer Besprechung zeigen, wie die Maschinen ihrem Zweck in der Form und in ihren Konstruktionseinzelheiten angepaßt werden. Es ist ferner noch zu bemerken, daß kleinere und mittlere Maschinen infolge ihrer niedrigen Anschaffungskosten größere Verbreitung gefunden haben.

Eine kleine, besonders leichte Stumpfschweißmaschine zum Schweißen von Drahtmaterial aus Eisen, Kupfer, Messing, Nickel usw. ist aus der Abb. 109 ersichtlich. Die Maschine ist derartig dimensioniert, daß sie im Moment der Schweissung eine höhere Belastung erfährt; sie besitzt nur Luftkühlung und muß daher auch immer mit einer Intermittenz von mindestens 1:6 arbeiten. Die Einspannung der Drähte erfolgt durch die kleinen Schraubstöcke, die Stauchbewegung durch das Verdrehen des linken Schalters, in welchem eine steilläufige Schraube die Backen auseinanderbringt und die im Innern befindliche Feder spannt. Diese Feder kann durch das kleine Rädchen verstellt werden. Der Ausschalter befindet sich vorn an der Maschine und arbeitet nach dem mechanischen Prinzip. Die Bauart eignet sich sehr gut für Drähte, welche in ihren Längen unbegrenzt an die Maschinen herangeschafft werden können.

Abb. 109. Stumpfschweißmaschine 2 kVA.

Die folgende Ausführung zeigt im Gegensatz zu der ersten keine stehende Bauart, sondern die Maschine wird an einem dünnen Drahtseil aufgehängt, wodurch sie für die Ankerwickelei und ganz allgemein beim Bau elektrischer Maschinen zum Schweißen von Kupferdrähten sehr geeignet ist. Die Einspannbacken haben eine schnabelförmige Ausbildung, so daß man direkt an die Wickelstelle gelangen kann. Die Schweißung wird hier auch bei starker Belastung intermittierend vorgenommen, so daß die Maschine auch für stärkere Querschnitte, als ihren

Leistungen entspricht, Verwendung findet. Der große Vorteil, insbesondere bei der letzten Bauart, besteht in der sehr leichten Transportmöglichkeit der Maschine. Beide Typen besitzen luftgekühlte Ringtransformatoren. Die Stromgebung erfolgt mittels zweier Primärschalter, von denen der eine vorher als Stauchwegschalter eingeschaltet wird, worauf der zweite, als Kurzschlußschalter wirkende Primärschalter zum Stromschluß verwandt wird. Beide Schalter wie auch die Stauchfedern sind vollständig gekapselt, so daß Beschädigungen durch äußere Einwirkungen ausgeschlossen sind.

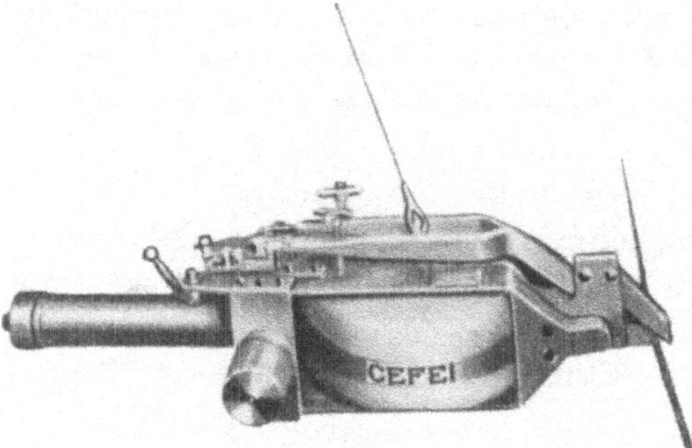

Abb. 110. Hängende Stumpfschweißmaschine.

Für die Kleineisenindustrie wurde die elektrische Stumpfschweißmaschine nach der folgenden Type (Abb. 111) entwickelt. Diese Maschinen sind in ihrer Konstruktion stärker ausgeführt und besitzen eine Regelung in gewissen Grenzen, wodurch es ermöglicht wird, verschiedene Querschnitte, wie auch Gegenstände mit geschlossenen Längen, wie Ösen, Ringe,

Abb. 111. Stumpfschweißmaschine in Tischform. Abb. 112. Stumpfschweißmaschine 6 KW.

Schnallen u. dgl. zu schweißen. Die unteren Backen sind stromführend und können leicht ausgewechselt werden. Die oberen Backen sind mit kleinen Handhebeln ausgerüstet, welche ein Einspannen durch einfaches Festziehen mittels Exzenterwirkung ermöglichen. Zur Verstellung des Hebelstützpunktes können die Handgriffe gedreht werden; die

Hebelbewegung in kleinerem Maße erfolgt durch entsprechende Kraftübersetzung. Der bewegliche Teil wird in schwalbenschwanzförmigen Nuten geführt, welche noch mittels eines Führungslineals justiert werden können. Die Stauchbewegung geschieht durch einen seitlich angebrachten Hebel, welcher zugleich den Stromeinschalthebel trägt. Die Maschine hat gar keinen Unterbau und ist leichtbeweglich, am besten auf die Werkbank oder einen Tisch zu montieren. Nach der Anordnung kann man diese Maschine als horizontale Bauart bezeichnen.

Eine vertikale Bauart zeigt die folgende Abb. 112. Diese Maschine besitzt Exzenterausbildung für die Backenbewegung, für die Stauchbewegung ist ein schräger Schlitz vorgesehen. Im Gegensatz zu der vorherigen besitzt diese Maschine Wasserkühlung, außerdem sind auch die unteren Backen verstellbar angeordnet. Sie kommt für die Kleineisenindustrie, insbesondere für die Anfertigung von Schnallen, Reifen u. dgl. in Anwendung und wird für eine Leistungsaufnahme bis zu 6 kVA gebaut.

4. Mittlere Bauarten.

Aus Abb. 113 ist eine etwas größere Maschine von etwa 8—12 kVA Leistungsaufnahme zum Schweißen von Rundmaterial bis zu 12 mm ersichtlich. Auf der linken Seite der Maschine befindet sich ein an einem Hebel hängendes Gewicht, welches den Stauchdruck zum Schweißen erzeugt und es ermöglicht, die Maschine als Halbautomat arbeiten zu lassen. Wenn nämlich die Schweißstelle durch die Erwärmung so bildsam geworden ist, daß der Gewichtsdruck den das rechte Backenpaar tragenden Schlitten bewegt, während gleichzeitig das Material gestaucht wird, so löst diese Bewegung eine Sperrung des rechts befindlichen Schalters, welcher als mechanischer Ausschalter vorgesehen ist, aus. Man hat es somit in der Hand, die Qualität der Schweißung unabhängig von der Aufmerksamkeit des Arbeiters zu halten, so daß diese Arbeitsweise hauptsächlich bei Massenschweißung Anwendung findet. Das auf der rechten Seite sichtbare Handrad dient ebenfalls zum Stauchen, und zwar dann, wenn man von dem Gewicht keinen Gebrauch machen will. Die Einspannbacken sind nach der Vorderseite herausragend angebracht, wobei die oberen Backen keine Stromzuführung haben. Die Bewegung zum Erfassen der Schweißstücke erfolgt durch die beiden oberen Handräder, die die Bewegung durch Schrauben-

Abb. 113. Stumpfschweißmaschine mit Stauchgewicht.

räder auf die Spindel übertragen. Über diese Spindeln greifen die supportartig ausgebildeten Schlitten der beiden Backenpaare. Die links über dem Gewicht angebrachte Schraube stellt eine Hubbegrenzung durch Anschlag dar.

5. Größere Bauarten.

Die im vorigen Abschnitt besprochenen Maschinen arbeiten mit einer ziemlich niedrigen Sekundärspannung und sind meistens für ruhige Stumpfschweißung bestimmt. Die größeren Typen lassen in ihren höheren Stufen schon das Abschmelzverfahren zu unter vorheriger Erwärmung des Schweißstückes. Die nachstehend erwähnten Maschinen sind hauptsächlich für Abschmelzschweißung vorgesehen, können aber auch zu gewöhnlicher Stumpfschweißung dienen. Bei der Abschmelzschweißung wird noch eine besondere Anforderung an die Stauchbewegung gestellt; diese darf sich nur mit geringer Reibung vollziehen. Ebenso muß ein Leergang vermieden werden, da zum Schluß der Stauchdruck in einem Moment erfolgen muß, um den perligen Grat herauszuquetschen. Eine derartige Maschine ist aus Abb. 114 zu ersehen. Alle elektrischen Teile: der Transformator, der Primärfußschalter, Sicherungen und Regulierschalter sind in dem unteren Maschinengestell angebracht, während im oberen Teil die Backenbewegung in Form von Spindeleinspannvorrichtung sowie die Stauchvorrichtung untergebracht sind. Diese Maschine besitzt die schon erwähnte Diagonalstromversorgung und eignet sich sehr gut zum Schweißen von Rohren und Materialien ungleichen Querschnitts. Die Maschine hat, im Gegensatz zu den bisherigen Ausführungen, für die Stauchbewegung keinen Schlitten, sondern Bolzenführung. Die Stauchvorrichtung wird mittels Stauchrades durch Zahnradübersetzung mit dem rechten Backenpaar verbunden. Mit dieser Maschine ist es möglich, Werkstücke von 800—2000 qmm Stärke zusammenzuschweißen.

Abb. 114. Stumpfschweißmaschine.

Eine Bauart, welche den mechanischen Teil vom elektrischen vollständig trennt, ist aus der nebenstehenden Abb. 115 ersichtlich. Die Maschine ist für Leistungen von 30—50 kVA gebaut und besitzt zwei gußeiserne Hohlständer, in welchen zwei Führungsbolzen mittels Muttern gelagert sind. Auf diesen beiden Führungsbolzen sind dann die beiden Backenständer gelagert, und zwar beide beweglich. Die Stromzuführung erfolgt durch einen beweglichen Leiter an beide Backenpaare, hierdurch wird eine Beweglichkeit und Verstellung der Stauchwege erreicht. Die Einspannorgane sind mit einem Kniehebel versehen, welcher mittels Handrad so verstellt werden kann, daß die Stücke am toten Punkt der Kniehebelgelenke erfaßt werden. Die jeweilige Backenöffnung wird also durch die Spindel und wiederum durch die Verstellung des Drehpunktes erreicht. Um die unteren Backen ungleichen Querschnitten anzupassen, sind sie ebenfalls beweglich an-

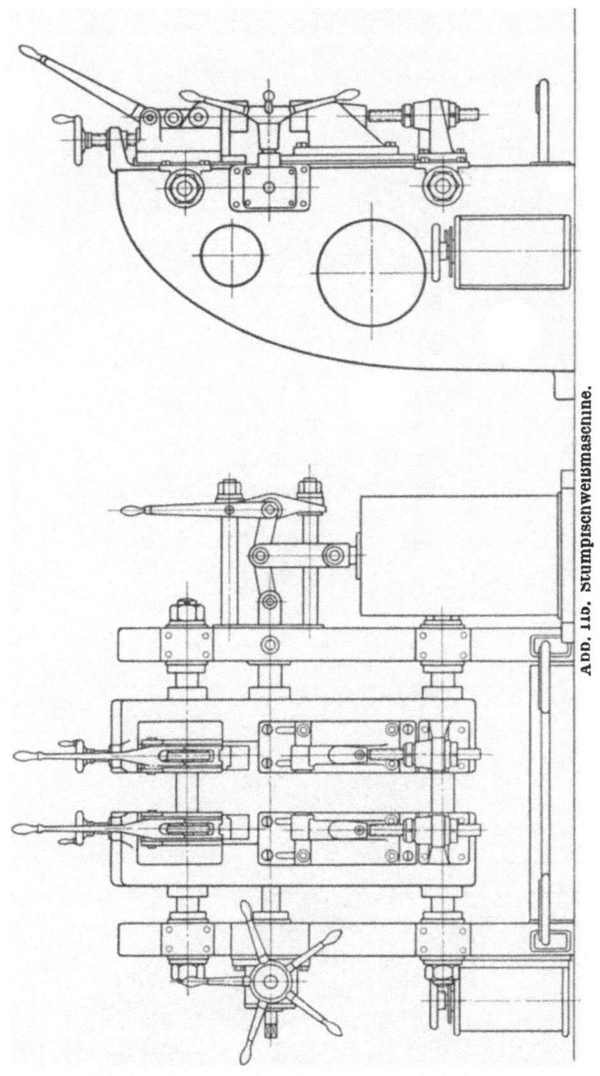

Abb. 116. Stumpfschweißmaschine.

gebracht und, um eine Durchbiegung beim Festspannen zu verhindern, als Körper gleicher Festigkeit ausgebildet. Die Kupferkontakte erhalten selbstverständlich Durchlaufskühlung. Die Maschine besitzt zweierlei Stauchvorrichtung, und zwar befindet sich auf der linken Backenhälfte eine Schneckenübertragung, welche selbsthemmend ausgebildet ist, damit der Druck auch von der rechten Seite her die Backe nicht verschiebt. Mit diesem Organ kann man also durch Handbetätigung Schweißungen ausführen. Auf der rechten Seite befinden sich ein Arbeitshebel und ein Stauchmagnet, ebenfalls mit Kniehebelübertragung. Beim Schweißvorgang wird mit dem Handhebel das Werkstück bewegt, so daß der Lichtbogen mit guter Feinfühligkeit gezogen werden kann. Darauf wird durch den Fußhebel der Magnet betätigt, welcher das Gestänge in sich hineinzieht, wodurch ein plötzliches Zusammenpressen der beiden Stücke erzielt wird.

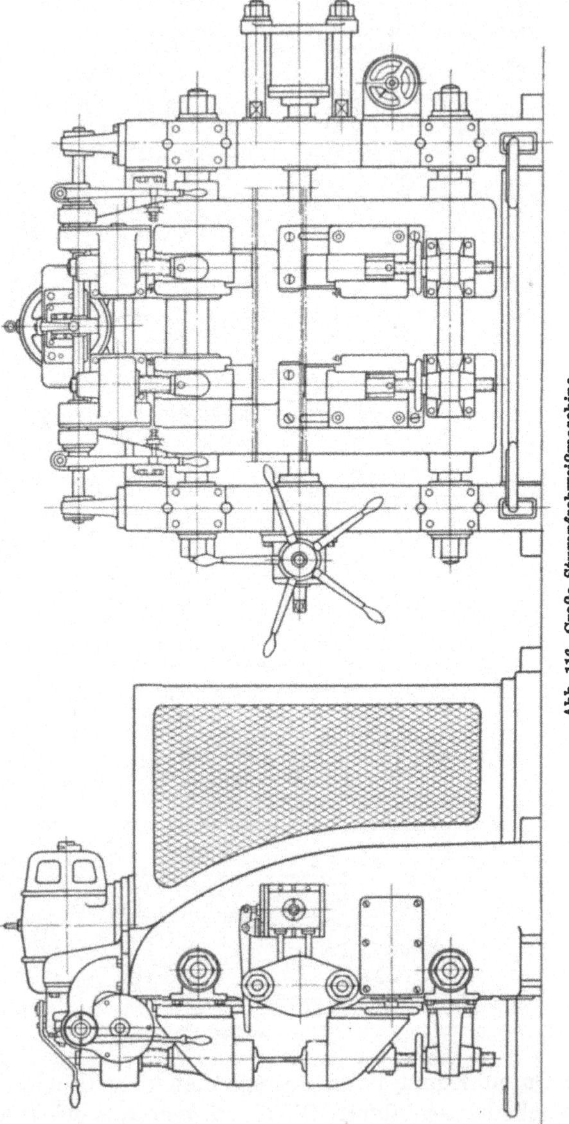

Abb. 116. Große Stumpfschweißmaschine.

Die Maschine besitzt also auch noch den Vorteil, daß man, falls die mechanische Stauchung nicht genügt, von Hand aus den nötigen Schweißdruck auszuüben vermag. An dem Seitenständer auf der linken Seite ist dann noch die Stromregulierung für den Transformator angebaut.

Eine weitere Ausbildung dieser getrennten Bauart mit wahlweise elektrischer Einspannung und hydraulischer Stauchung ist aus der vorstehenden Abb. 116 ersichtlich. Der Maschinenständer führt hier auch mittels zweier durchragender

Wellen die beiden Backenpaare, erhält aber noch eine Welle, welche oben drehbar gelagert ist und die für die Backenbetätigung nötigen Triebräder trägt. Das Schließen der Backen wird durch die beiden Hebel, welche zugleich Zahnräder tragen, bewerkstelligt. Die an der Maschinenseite befindliche Stauchbewegung wird hier nicht magnetisch, sondern hydraulisch von einer Druckwasserleitung betätigt, wobei die Bewegung durch einen Dreiweghahn mittels Hebels geregelt werden kann. Die Stromgebung erfolgt ebenfalls durch den am Fuß befindlichen Hebel.

Die Maschine ermöglicht das Verschweißen von verschiedenen Profilen, sowie von Rohren und hat eine Arbeitshöhe von 800 mm, so daß

Abb. 117. Universal-Stumpfschweißmaschine.

der Arbeiter das Stück bequem zwischen die Backen legen kann. Der Transformator wird auf der Rückseite der Maschine mit einem Schutzgestell umgeben und besitzt in Schlauch verlegte Sekundärspulen, um eine intensivere Kühlung zu ermöglichen.

Eine Stumpfschweißmaschine, die durch ihre Backenbildung universelle Anwendung ermöglicht, ist aus der folgenden Abb. 117 ersichtlich. Die Sekundärenden sind auf einer mit Nute versehenen Platte befestigt, welche die unter 45° stehenden schraubstockförmigen Klemmbacken trägt. Da die Schraubstockbefestigung zur Erfassung fast aller Profile dient, kann man auch hier durch Verwendung von Zwischenstücken und Hilfsbacken die verschiedensten Profile gut festspannen. Durch das Festspannen wird gleichzeitig ein Flächenanpressungsdruck zwischen Schraubstock und Grundplatte erreicht, wodurch die Maschine auch zum

Erwärmen von längeren und kürzeren Stücken verwendet werden kann und eine Verstellung in der Breite ermöglicht wird. Die Sekundärwindung ist hier der guten Kühlungsmöglichkeit halber in einem Gummischlauch eingebettet. Auf der rechten Seite der Maschine befindet sich ein fünfstufiger Regelschalter. Durch einen Umschalter ist es ferner möglich, die Maschine in zwei Stufen, also insgesamt zehn Stufen zu

Abb. 118. Große Stumpfschweißmaschine beim Arbeiten.

regulieren, von welchen fünf für die ruhige, die anderen für die Abschmelzschweißung den Strom liefern.

Eine zweite schwere Stumpfschweißmaschine, welche zwei motorische Einspannvorrichtungen besitzt, ist in der Abb. 118 veranschaulicht. Die Aufnahme ist in dem Augenblick gemacht worden, in dem der Lichtbogen schon ruhig stand, die beiden Enden des Rahmens verflüssigt waren und der Arbeiter im Begriff war, die Stauchkraft auszuüben. Die Stauchbetätigung wird hier durch Zahnradübersetzung und Spindel bewerkstelligt. Wie aus der Abbildung ersichtlich, hat die Schweißmaschine eine sehr kleine Arbeitshöhe und besitzt schräge Öffnungen an den Sekundärbacken.

6. Automatische Schweißmaschinen.

Die automatischen Stumpfschweißmaschinen gestatten äußerst flottes Arbeiten und sind daher für Massenartikel besonders geeignet. Die Tätigkeit des bedienenden Arbeiters beschränkt sich bei diesen Maschinen auf das Niedertreten und Loslassen eines Fußhebels, wodurch automatisch die Spannbacken gelüftet bzw. zusammengepreßt werden, und auf das Einlegen der zu schweißenden, so wie das Entfernen der geschweißten Werkstücke. Alle übrigen Verrichtungen, und zwar Stromgebung, Schweißung, Stauchung und Stromausschaltung vollziehen sich nach Loslassen des Fußhebels in der Maschine gleichfalls automatisch. Um den Vorgang ganz zu verfolgen, sei hier die Arbeitsweise der abgebildeten Maschine eingehend besprochen.

Abb. 119. Automatische Stumpfschweißmaschine.

Die Betätigung der Backen, des Schlittens, des Schalters wird mittels einer Vorrichtung, welche in Abb. 120 im Schema und Schnitt gezeigt ist, bewirkt. Dies ist ein Umlaufrädertrieb. Das Zentralrad K sitzt auf der durch Riemenscheibe R getriebenen Hohlwelle. Es kämmt in die drei Umlaufräder U. Diese kämmen im Hohlzahnkranz H. Der Träger T der Umlaufräder sitzt fest auf der Triebwelle, welche die die Backen öffnenden Exzenter 3 (Abb. 121) trägt. Auf dem Umfang des Trägers T und des Hohlzahnkranzes H liegt je ein Bremsband 1-2. Wird durch Band 1 der Kranz festgehalten, so läuft T in gleicher Richtung wie R um; wird aber Band 1 gelockert und

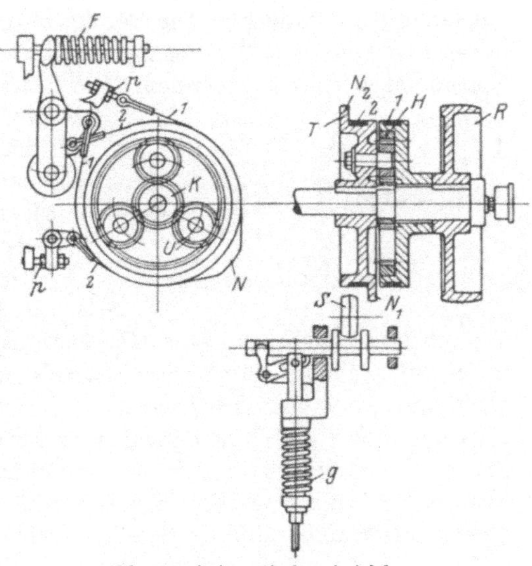

Abb. 120. Automatischer Antrieb.

Band 2 angezogen, so steht T still und H läuft entgegen der Richtung von R. Dieses Spannen und Entspannen der Bänder wird durch die Schaltrolle und die Feder F unter Vermittlung der Nocken N_1 und N_2 bewirkt.

Immer wenn die Rolle S auf einem der Nocken liegt, ist Band 2 gespannt und Band 1 locker. Denn die Rolle S sitzt an einem Hebel, an welchem auch beide Bänder mit je einem Ende so befestigt sind, daß immer, wenn ein Band gespannt, das andere locker ist. Wird nun durch den Fußhebel unter Vermittlung des Bowdenzuges die Rolle S von dem Nocken, auf welchem sie liegt, fortgezogen, so bewegt die Feder F den die Rolle und Bandenden tragenden Hebel so, daß Band 1 gespannt und Band 2 locker wird. Dann dreht sich T und mit ihm die die Exzenter tragende Welle. Nach einer halben Umdrehung aber kommt der andere Nocken unter die Rolle S, hebt sie, spannt dadurch Band 2 und lockert Band 1. Dadurch bleibt die Exzenterwelle dann solange in dieser Stellung, wie die Rolle auf dem dazugehörenden Nocken N gehalten wird.

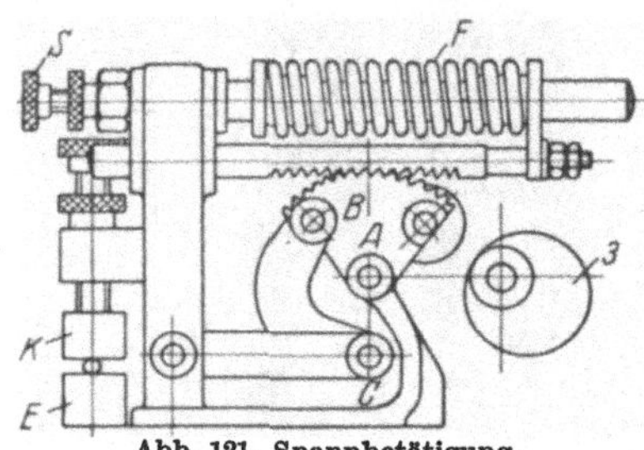

Abb. 121. Spannbetätigung.

Läßt man den Fußhebel los, so bewegt Feder g die Rolle wieder, so daß sie in die Bahn des anderen Nockens kommt und dieser wieder ausschaltet.

Zieht man aber die Rolle durch halbes Niedertreten des Fußhebels nun zwischen beide Nockenbahnen, so erfolgt keine Ausschaltung, und die Welle läuft dauernd. Die Bänder längen sich natürlich mit der Zeit etwas und sind von Zeit zu Zeit mittels der sie am Gestell haltenden Schrauben p p nachzuspannen. Die Bänder sind innen mit Lederbelag versehen. Die Spannung der Feder F bestimmt die Spannung des Bandes 1 und damit die Höchstlast, d. h., sobald die Belastung der Welle über die durch F bestimmte Grenze steigt, gleitet H in Band 1. Dadurch bildet diese Vorrichtung gleichzeitig eine Überlastungssicherung. Ab und zu ist die Stahldrahtseele im Bowdenzug mittels der am Fußhebel befindlichen Stellschraube nachzuspannen.

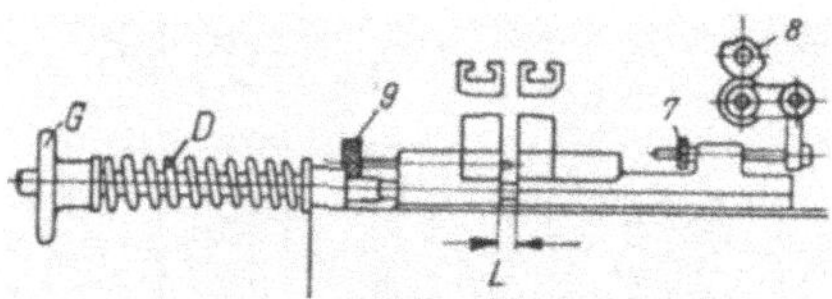

Abb. 122. Stauchbetätigung.

Damit die Rolle S genügend weit auf den Nocken aufläuft, um das Band 1 genügend zu lockern, ist es nötig, die Drehzahl der Scheibe R hoch genug, d. h. mindestens 150 p/min, zu wählen. Dreht man z. B. die Riemenscheibe mit der Hand, so wird die Rolle S nicht weit genug auf den Nocken N auflaufen. Band 1 lockert zu wenig, und die Scheibe läßt sich schwer drehen. Erst bei genügend hoher Drehzahl läuft die Rolle so hoch auf den Nocken, daß das Band 1 sich ganz lockert.

Die Stauchbetätigung wird durch die Spannung der Feder *D* in Abb. 122 bestimmt. Diese Spannung wird mittels der Stellmutter *G* eingestellt. Unter dem Einflusse dieses Druckes wird der das rechte Spannbackenpaar tragende Schlitten nach links gezogen. Dabei wird durch die Anschlagschraube *g* ein zu weit gehendes Anziehen verhindert. Diese Anschlagschraube soll aber so stehen, daß nach erfolgter Stauchung des Schweißstückes der Schlitten ihr noch nicht anliegt. Die Größe der Stauchung ist nun bestimmend für die Temperatur der Schweißstelle, bei welcher die Maschine abschaltet, denn mit dem beweglichen Schlitten ist die Einstellschraube 4 (Abb. 123), welche den Hebel 5 bewegt, gekoppelt. Bewegt sich der Schlitten nun durch den Druck der Feder *D* nach links, so bewegt sich auch der Hebel 5 in der Pfeilrichtung (Abb. 123). Dieser Hebel stößt dann gegen die Einstellschraube 6 und löst dadurch die durch die Schneiden *oo* bewirkte Sperrung des Primärschalters, welcher eine im Innern der Schalterkapsel liegende Drehfeder auszuschalten sucht. Nach erfolgter Lösung der Sperrung bei *oo* schaltet diese Feder den Primärschalter aus.

Es wird also durch die Einstellung der Schrauben 4 (Grobeinstellung) und 6 (Feineinstellung) die Länge des Stauchweges gleich der Größe der Stauchung bestimmt. Die durch die Spannung der Feder *D* bestimmte Größe des Stauchdruckes beeinflußt nun die Temperatur, bei welcher der Strom abschaltet, in folgender Weise:

Ist die Spannung der Feder zu groß, so erfolgt die Stauchbewegung schon bei einer Temperatur, welche unter der Schweißtemperatur liegt. Es entstehen dann sogenannte Kaltschweißungen, welche nur geringe Haltbarkeit zeigen, ähnlich einer mit zu geringer Hitze ausgeführten Feuerschweißung. Ist aber der Federdruck zu klein, so wird der Schlitten erst bewegt, wenn die Hitze an der Schweißstelle zu groß ist, und die Schweißung ist überhitzt oder der Schlitten bleibt hängen, und statt einer Schweißung entsteht durch Fortschmelzen des Materials an der Stoßstelle ein Spalt. Das letztere kann besonders beim Schweißen von Ringen (Kettengliedern) vorkommen, weil hier die Ringspannung der Stauchung entgegenwirkt. Es kommt dann bei zu kleinem Stauchdruck vor, daß der Strom durch den rückwärtigen Teil des Ringes unter Umgehung der Schweißstelle fließt und so den rückwärtigen Teil erwärmt. Dadurch verschwindet aber die dem Stauchdruck entgegenwirkende Ringspannung, und es kommt dann bei nicht allzu kleinem Schweißdruck doch zur Schweißung an der Stoßstelle. Nur wenn der Stauchdruck so klein ist, daß der Schlitten hängt, kann auch der rückwärtige Ringteil schmelzen.

Beim Schweißen von Ringen ist also beim Einstellen des Stauchdruckes die Ringspannung zu beachten. Sie soll, um nicht das richtige

Einstellen des Stauchdruckes zu erschweren, nicht zu viel von Glied zu Glied wechseln.

Der Schlitten soll, um eine gleichmäßige Wirkung des einmal eingestellten Stauchdruckes zu ermöglichen, leicht gehen, also nicht durch zu festes Anziehen seiner Stelleiste oder durch verstaubtes oder verharztes Öl behindert sein. Besonders wichtig ist ein leichtes Arbeiten des Schlittens beim Schweißen von Messing, Kupfer, Nickel, hochwertigem Stahl usw.

Während kohlenstoffarmes Eisen innerhalb eines recht großen Temperaturbereiches gut schweißbar ist, sind Eisenlegierungen, wie Stahl usw., andere Metalle und besonders Legierungen nur innerhalb kleiner Temperaturbereiche schweißbar, denn sie gehen meist ziemlich schnell und bei kleiner Temperaturänderung vom festen in den flüssigen Zustand über. Zwischen diesen beiden Grenzen liegt dann nur ein kleiner Bereich, der als Schweißintervall bezeichnet werden kann.

Hier muß also die Stauchbewegung sofort bei Erreichung dieser Temperatur einsetzen, damit die Stromabschaltung unmittelbar nach erfolgter Schweißung vor sich geht. Der Schlitten muß leicht gangbar und die Vorspannung der Feder richtig abgestimmt, ebenso der Stauchweg richtig bemessen sein.

Die günstigste Einstellung ist aber unter Beachtung des Vorstehenden schnell mit einigen Probeschweißungen zu erreichen.

Betriebsmäßig sicher kann man Messing, Kupfer usw. immer mit solchen Halbautomaten schweißen. Bei den meisten Legierungen schmilzt das Oxyd derselben schwerer als das Metall. Etwa an der Stoßstelle spritzendes oder sich bildendes Oxyd muß aber fortgepreßt werden, um gesunde Schweißungen zu erzielen. Deshalb ist hier die Verwendung von Flußmitteln, welche das Oxyd zur leichtflüssigen, leicht fortzupressenden Schlacke lösen, nötig. Als solche sind Borax, Soda, Phosphorsäure, phosphorsaures Natron u. dgl. zu empfehlen. Es sind nur sehr kleine Mengen nötig, meist genügt ein Benetzen der Schweißstelle mit einer 10—30proz. Lösung in Wasser.

Auch beim Schweißen von Stahl empfiehlt sich die Verwendung solcher Flußmittel, denn besonders härtbarer Stahl darf meist nicht so hoch erhitzt werden, daß das ihn bedeckende Oxyd (Zunder) dünnflüssig genug wird. Hier wird durch Flußmittel das Oxyd schon bei niederer Temperatur gelöst und dünnflüssig.

Zu beachten ist noch der Abstand L (Abb. 122) der Backen voneinander. Im allgemeinen soll z. B. beim Schweißen von geraden Stäben, bei Rundmaterial und Eisen der Abstand der Backen voneinander etwa gleich dem doppelten Durchmesser des Rundeisens sein. Bei Ringen und Kettengliedern kleinen Durchmessers wählt man den Abstand etwas kleiner, etwa gleich dem einfachen Durchmesser des Materials. Schweißt man Material von verschiedener Leitfähigkeit, z. B. Eisen und Messing oder Kupfer und Eisen, so muß das Material, welches die kleinere Wärme- und Stromleitfähigkeit hat, kürzer gespannt sein, d. h. weniger aus der Backe hervorragen als das andere. Hat aber das eine Material einen bedeutend niedrigeren Schmelzpunkt, so ist dieses wieder kürzer zu spannen, auch wenn es höhere Leitfähigkeit hat.

Es soll eben durch die Wahl der Einspannlänge erreicht werden, daß beide Stoßflächen gleichzeitig auf die für die Verbindung günstigste Temperatur kommen. Eventuell spitzt man auch das eine Material an. Die Kurve 8 zieht nach erfolgter Backenöffnung den Schlitten wieder in die Anfangsstellung. Es kann z. B. bei Messinglegierungen mit niederem Schmelzpunkt, die an Eisen geschweißt werden sollen, vorkommen, daß das Messing trotz seiner besseren Leitfähigkeit kürzer eingespannt werden muß als das Eisen. Immer sind hier Flußmittel anzuwenden.

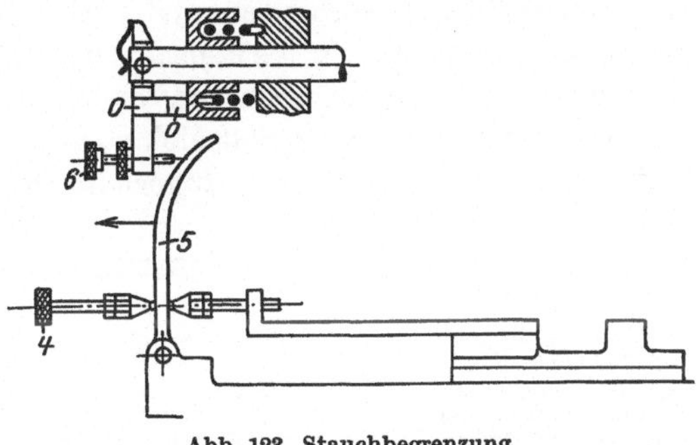

Abb. 123. Stauchbegrenzung.

Der Abstand L (Abb. 122) der Backen wird mittels der Stellschraube 7 geregelt. Die Einstellung der günstigsten Stromstärke geschieht mittels eines Steckers. Die richtige Stellung findet man nach wenigen Proben.

7. Die elektrische Kettenschweißung.

Die Eigenart der elektrischen Widerstandschweißung führte dazu, daß Ketten maschinell hergestellt werden konnten. Die Kettenglieder, welche auf Biegeautomaten hergestellt werden, werden elektrischen Widerstandschweißmaschinen zugeführt, welche das gebogene Kettenglied zusammenschweißen. Da diese Arbeitsweise für Stumpfschweißung geeignet ist, so ist das Prinzip ganz ähnlich wie beim Schweißen von Ringen und Schnallen. Man kann die Vorbearbeitung der zu verschweißenden Kettenglieder auf zwei Arten vornehmen, und zwar indem man die Trennfuge an der flachen Seite, also nach Abb. 124, oder aber an der kurzen Seite nach Abb. 125 anordnet. Beide Vorgänge liefern fast die gleichen Resultate, es ist jedoch die Verschweißung von stärkeren Gliedern und nochmals gebogenen Ketten, wie sie in der Landwirtschaft Verwendung finden, nach dem zweiten Verfahren zu empfehlen. Dieses kann auch mit einer Punktschweißmaschine durchgeführt werden. In Abb. 126 ist das Schema nach dem ersten Verfahren ersichtlich. Die beiden Elektroden werden auf das Kettenglied meistens in spitzem Winkel so aufgesetzt, daß eine günstige Stromversorgung stattfindet. Die Stauchbewegung erfolgt dann durch die horizontal gelagerten Stauchfinger, welche das Glied nach genügender Erwärmung zusammenpressen.

Hierbei wird der Strom durch die Schweißstellen wie auch durch die geschlossenen Längen fließen, was insbesondere bei stärkeren Kettengliedern der Stauchbewegung zugute kommt, da dieselbe sonst nicht imstande wäre, das Glied in kaltem Zustande zusammenzupressen. Bei Ausübung dieser Verfahren können zwei Wege eingeschlagen werden, entweder erfolgt die Beschickung der für Kettenschweißung eingerichteten Schweißmaschinen von Hand, oder der ganze Vorgang spielt sich zwangsläufig ab. Die von Hand zugerichteten

Abb. 124. Kettenglied für die Stumpfschweißung, mit schräg gestellten Elektroden vorbearbeitet.

Abb. 125. Kettenglied, für die Punktschweißung geeignet.

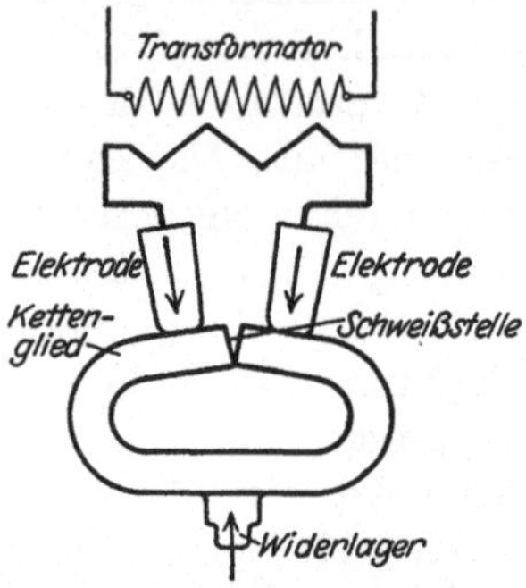

Abb. 126. Kettenglied für mit senkrechter Stauchung arbeitende Maschine.

Glieder müssen entsprechende Öffnungen haben, so daß die beiden zu verschweißenden Enden nach der Stauchbewegung in die richtige Lage gelangen, also nicht wie in Abb. 127 verschoben verschweißt werden. Außer dieser gibt es noch zahlreiche andere Ursachen für Fehlschweißungen bei Handkettenschweißmaschinen, wenn für die Stoßstellen keine zwangsläufige Führung vorliegt. Infolgedessen wurden die Handkettenschweißmaschinen mit Auskerbungen und Führung sowie mit Anschlägen versehen. Die Vorbearbeitung der Ketten wird der Arbeitsweise angepaßt, und zwar werden die Kettenglieder nicht wie in der Abbildung dachförmig vorgebogen, wie für vollautomatische Maschinen, sondern können mit parallel verlaufenden Schenkeln, wie sie aus der Kettenbiegemaschine kommen, geschweißt werden. Die Stoßstelle muß sich hierbei an der Längsseite des Kettengliedes befinden.

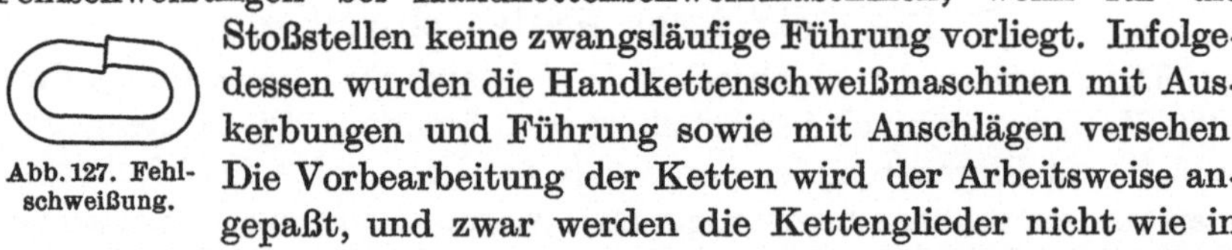

Abb. 127. Fehlschweißung.

In Abb. 128 ist eine Kettenschweißmaschine mit Handbetätigung dargestellt. Der Stauchdruck wird durch die wagerecht stehenden Stahlbolzen senkrecht zum Schweißquerschnitt ausgeübt. Die beiden zu verschweißenden Enden werden auf dieser Maschine zwischen den Elektroden erfaßt, so daß sich eine gleichmäßige Hitze über den ganzen Querschnitt des Kettengliedes verteilt. Die Elektroden drücken durch Feder auf das Glied. Der auf der rechten Seite angebrachte Handhebel betätigt die Hauptfunktion der Maschine. Durch Drehung desselben nach rechts werden die beiden oberen Elektroden nach oben bewegt, so daß das Kettenglied mittels einer Zange eingelegt werden kann. Beim Bewegen des Hebels nach links fassen zunächst die beiden Stauchbolzen, die vorn an der Maschine zu sehen sind, das Glied, und beim Wiederzusammenpressen in derselben Richtung pressen sich die oberen Elektroden fest auf das Kettenglied. Die Schweißstelle befindet sich jetzt zwischen den Elektroden. Nun wird mittels des am Handhebel befestigten Bowdenzuges der Strom eingeschaltet, worauf nach wenigen Sekunden die Stoßstelle auf Schweißhitze kommt. Ist diese erreicht, so wird der Strom ausgeschaltet und gleichzeitig die Schweißstelle durch die Stauchbolzen zusammengepreßt. Da die Schweißung eine Wulst verursacht, kann diese sofort durch das in vertikaler Lage befindliche Preßeisen noch im glühenden Zustande mit Hilfe des vorderen Fußhebels weggepreßt werden. Durch Abheben des Handhebels wird das Glied frei und die Mulde, welche die ungeschweißten Kettenglieder trägt, dient zur Weiterführung der Kette. Der Transformator ist im Maschinengehäuse eingebettet und besitzt eine fünfstufige Regelung. Die Elektrodenteile sowie die Sekundärzuleiter sind wassergekühlt. Erstere besitzen außerdem Konuslagerungen zum Zwecke einer guten Austauschbarkeit. Die Maschinen eignen sich für Kettenglieder wie

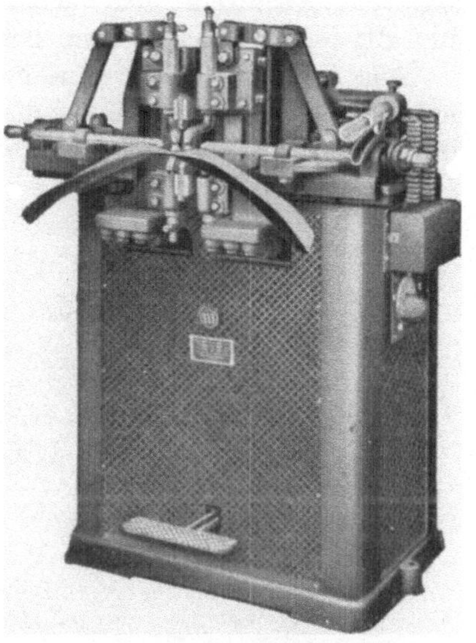

Abb. 128. Kettenschweißmaschine mit Fuß- und Handbetätigung.

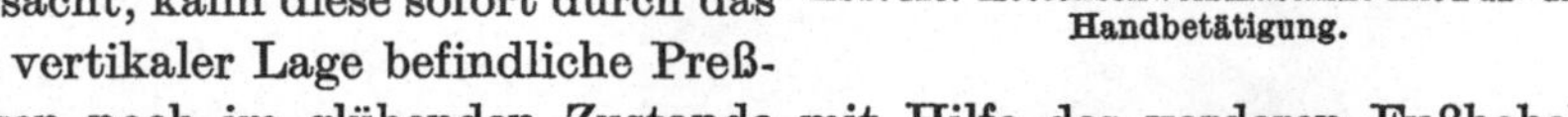

Abb. 129. Charakteristischer Grat bei elektrisch geschweißten Ketten.

Abb. 130. Kettenschweißmaschine mit horizontaler Führung und Handbetätigung.

auch für kalibrierte Ketten. Die Ketten haben einen dünnen Grat (Abb. 129), welcher durch die Wulstpresse erzeugt wird. Die zu verschweißenden Ketten müssen zweimal durch die Schweißmaschine geführt werden, und zwar wird zuerst jedes zweite Kettenglied in einer Richtung geschweißt, das nächste Mal wird die Kette um 90° gedreht, und die Schweißung wird an den restlichen Gliedern vorgenommen.

Aus der Abb. 130 ist eine zweite Maschine ersichtlich. Der Handhebel betätigt hier ebenfalls die Stauch- und Fassungsorgane, wobei durch die Schrägstellung zu ersehen ist, daß die Maschine nach dem vorher erwähnten Prinzip mit dachförmig vorgearbeiteten Gliedern nach Abb. 126 arbeitet. Der Fußhebel dient hier zum Einschalten des Stromes, eine Wulstpresse ist nicht vorgesehen. Diese Maschine eignet sich sehr gut für langgliedrige Ketten, wie sie in der Landwirtschaft meistens Verwendung finden. Das Verschweißen von kurzgliedrigen Ketten, welche als Spezialfabrikat heute einen großen Teil der kalibrierten feuergeschweißten Ketten ersetzen, wird in ganz automatisch arbeitenden Maschinen vorgenommen. Die in der Abb. 131 dargestellte Maschine arbeitet nach Einstellung vollständig automatisch, so daß je nach der Materialstärke die Zahl der minutlich geschweißten Glieder 6—15 Stück beträgt. Der Transport der Kette bis an die Schweißstelle und Festhalten daselbst durch entsprechende Hebel, Ansetzen der Stauchfinger, Aufsetzen der Elektroden rechts und links von der Schweißstelle erfolgt zwangläufig. Das Zusammenpressen des auf Schweißhitze gekommenen Kettengliedes an der Schweißstelle und gleichzeitiges Abheben der Elektroden, womit die Erhitzungswirkung unterbrochen ist, sodann Wegpressen des Stauchwulstes durch die Wulstpresse, wodurch das Kettenglied seine Form erhält und nur ein nach oben stehender Grat verbleibt, erfolgen durch Gewichtsbetätigung; hierauf hebt die mechanische Kraft das Gewicht hoch, wodurch das Lüften der Stauchfinger, der Wulstpresse

Abb. 131. Automatische Kettenschweißmaschine.

und das Einsetzen der Transportklinken, durch welche die Kette um zwei Gliedlängen weiter transportiert wird und das nächste Glied unter die Elektrode kommt, bewerkstelligt wird. Diese automatische Beschickung und Arbeitsweise erfordert eine genaue Einstellung der Maschine; der Vorgang soll an Hand einiger schematischer Abbildungen erläutert werden. Nachdem die Transportklinken ihre Bewegung beendet haben, befindet sich an der einen Stelle ein ungeschweißtes, an der anderen Stelle noch ein geschweißtes, mit dem von der Schweißung herrührenden Grat versehenes Kettenglied. Dieser Grat wird von einem Abgratstahl, der im Stichelhaus eines Schlittens sitzt, abgeschnitten. Zu gleicher Zeit senkt sich der Hebel 3 Abb. 132, dessen Rolle 3*a* durch das Gewicht *G* an den Nocken 4 gedrückt wird, bis die Stauchfinger 5 am Gliede anliegen. Der Gewichtshebel bleibt jetzt in der gezeichneten Stellung liegen, so daß die Hauptwelle sich weiterdreht, bis zwischen Rolle 3*a* und Nocken 4 ein Zwischenraum von 3—6 mm entstanden ist. Nun läuft die Rolle 6*a* des Kupplungshebels wieder auf die Kurve der rechten Kupplungshälfte auf und veranlaßt Stehenbleiben der Hauptwelle, nachdem kurz vorher die Elektrode auf das Glied mit Druck aufgesetzt wurde. Das Kettenglied schließt jetzt den Sekundärstromkreis, und es fließt ein Strom, der das Glied in wenigen Sekunden bis zur Schweißhitze erwärmt. In demselben Maße, wie die Wärme des Materials zunimmt, nimmt die mechanische Festigkeit desselben ab, und es gibt dem lastenden Druck der Stauchfeder, der durch Belastung des Gewichtes hervorgerufen und durch ein Kniehebelgelenk vervielfacht wird, nach.

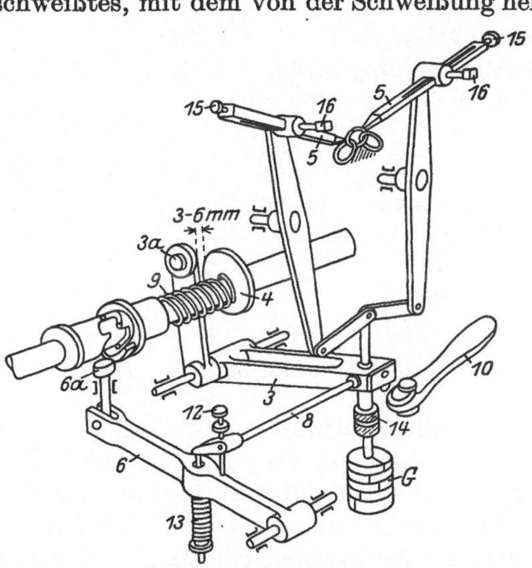

Abb. 132. Schema der Arbeitsweise von Kettenschweißmaschinen.

Es erfolgt ein Zusammendrücken des Kettengliedes, das Material wird ineinandergestaucht und verschweißt. Dabei hat sich der Gewichtshebel ein wenig um seine Achse gedreht, die Rolle 3*a* liegt wieder an der Nockenscheibe 4 an, und mittels der Stange 8 wird der Kupplungshebel 6 und damit auch die Kupplungsrolle 6*a* nach unten gedrückt. Eine auf der Hauptwelle befindliche Feder 9 vermag jetzt die rechte bewegliche

Kupplungshälfte heranzuschieben, so daß sie mitgenommen wird und die Welle sich in Bewegung setzt. Die Elektroden werden abgehoben, der Sekundärstrom damit unterbrochen und ein weiteres Erwärmen verhindert. Noch ehe die Elektroden in Ruhe sind, werden zwei Fassonstähle 18 (Abb. 133) an das noch weißglühende Glied von beiden Seiten herangedrückt, um dem gestauchten Glied wieder die ursprüngliche Form zu geben. Das überschüssige Material wird hierbei nach oben gepreßt und bildet den schon genannten Grat. Die Stähle der Wulstpresse gehen dann sofort in ihre Anfangsstellung zurück, der Gewichtshebel 3 vollführt eine ge-

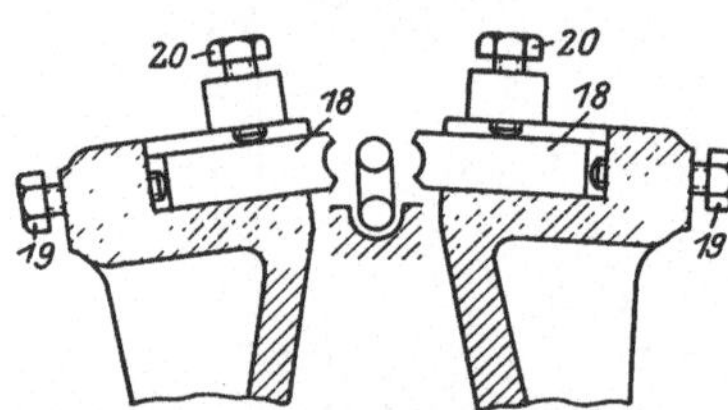

Abb. 133. Schema der Wulstpresse.

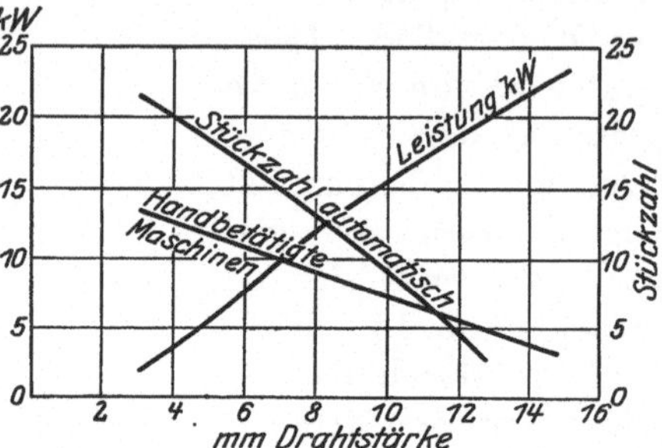

Abb. 134. Leistungen von Kettenschweißmaschinen.

ringe Drehung aufwärts, hebt die Gewichte und öffnet die Stauchfinger. Der Grat liegt jetzt frei, der einsetzende Transport fördert das nächste Glied an die Schweißstelle, und es wiederholt sich der Vorgang.

Der Transformator, welcher den Schweißstrom liefert, ist auf der Rückseite der Maschine eingebaut und besitzt ebenfalls eine Stufenregulierung. An der Vorderseite ist noch ein besonderer Abschalter angebaut, damit bei eventuellen Betriebsstörungen die Maschine schnell abgeschaltet werden kann. Einen Überblick über die Produktionsmöglichkeit elektrischer Kettenschweißmaschinen gibt Abb. 134.

IX. Die Punktschweißmaschinen.

Alle Arbeiten, die durch Vernietung bewerkstelligt werden, können mittels Punktschweißung ausgeführt werden. Bedingung hierbei ist nur, daß beide Seiten der zu verbindenden Teile ebenso zugänglich sind wie bei der Nietung, die ja auch zwischen Gegenhalter und Hammer ausgeführt wird. Man kann somit eigentlich die untere Elektrode als Ersatz für den Gegenhalter beim Nieten ansehen, während die obere Elektrode den Hammer ersetzt.

Der Unterschied zwischen Nieten und Schweißen liegt darin, daß man zu diesem keine Nieten braucht, also die zusammenzufügenden Teile vor der Verbindung nicht mit Löchern versehen muß. Die Schweißung selbst erfolgt immer sehr schnell und dauert bei dünnen Blechen bis zu 1 mm den Bruchteil einer Sekunde. Dieser Vorteil verleiht der Punktschweißmaschine eine sehr vielseitige Anwendbarkeit; sie ist die am meisten gebrauchte Schweißmaschinentype.

1. Elektrischer Teil der Punktschweißmaschine.

Zur einwandfreien Funktion und Erzielung sauberer Schweißungen ist folgendes zu beachten:

Die Elektroden müssen, wenn der Fußhebel niedergetreten wird, genau auf dem Schweißstück sitzen, d. h. die Schweißfläche der Elektroden muß auf der Oberfläche des Schweißstückes voll aufsitzen. Jedes einseitige Aufsetzen der Elektroden führt zum Ausspritzen oder übermäßigen Eindrücken. Nachdem die Elektroden das Werkstück eingeschlossen haben, wird dieses unter Federdruck zusammengepreßt, und wenn dieser Druck eine bestimmte Größe erreicht hat, wird der an der Rückseite der Maschine angebrachte Stromschalter betätigt und der Strom eingeschaltet. Ist der Schweißpunkt fertiggestellt, so ist der Vorgang wieder der gleiche, d. h. zuerst wird der Strom abgeschaltet, erst dann wird die Elektrode von der Schweißstelle abgehoben. Dieses Vorgehen ist erforderlich, weil der Strom bei einem zu geringen Druck infolge erhöhten Widerstandes die Stelle überhitzen und bei langsamer Bewegung einen Lichtbogen hervorrufen würde. Die Betätigungen: Schweißstück erfassen, Strom zuschalten, Strom abschalten, Werkstück freigeben, sind also ständige Vorgänge bei der Punktschweißung. Nach diesen Arbeitsgängen sollen die dazugehörigen Organe der Reihe nach besprochen werden.

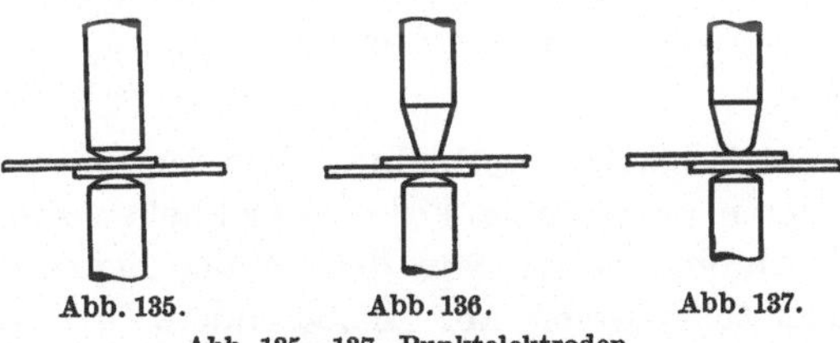
Abb. 135. Abb. 136. Abb. 137.
Abb. 135–137. Punktelektroden.

Die beiden meist wassergekühlten Kupferbolzen, welche das Material erfassen und zugleich mit Strom versorgen, bezeichnet man als „Punktelektroden". Die Form der Elektroden paßt sich dem jeweiligen Verwendungszweck an, man verwendet verschieden geformte, sogenannte Spezialelektroden oder auch gekröpfte Elektroden. Außerdem benutzt man zur Formgebung verschiedener Drähte noch fassonierte Punktelektroden. Die am meisten gebrauchten sogenannten stiftförmigen Normalelektroden haben an einem Ende einen konischen oder balligen Verlauf, wobei die Abmessung dieser Elektroden durch Leistung der Maschine und durch Verwendungszweck bestimmt wird (Abb. 135 bis 137). Die Elektrodenfläche, welche auf dem Werkstück sitzt, ist maßgebend für die Größe des erzielten Schweißpunktes und kann je nach den Erfordernissen, wie aus Abb. 136 ersichtlich, nur auf einer Seite

d. h. an der oberen Elektrode, Schweißpunktgröße erhalten. Ebenso ist es empfehlenswert, beim Schweißen von verzinkten, sowie stark verzunderten Blechen die Elektroden ballig abzudrehen. Die Elektroden müssen, da sie dem Verschleiß unterworfen sind, leicht ausgewechselt werden können. Um diese Auswechselbarkeit zu erleichtern, verwendet man bei größeren Maschinen kegelförmige Einsatzelektroden, welche eine Bohrung besitzen, so daß das Wasser die Elektroden fast bis zu Dreiviertel ihrer Länge durchspülen kann. Leider hat sich die Normalisierung im Schweißmaschinenbau noch nicht soweit ausgewirkt, daß sämtliche Fabriken diese wichtigen Arbeitsorgane gleichmäßig ausgestalten. Die Auswechselbarkeit der Elektroden unter Maschinen verschiedenen Fabrikates ist mit Schwierigkeiten verbunden. Ob man sich für die in Abb. 138 mit *a*, *b* oder *c* bezeichnete Form entschließen soll, oder für eine gemeinsame Normung, hängt von dem Willen gemeinsamer Zusammenarbeit der Herstellerfirmen ab. Insbesondere bei mittleren, meist gebrauchten Maschinen empfiehlt sich die Ausführung nach Abb. 138*c*, da diese Elektrode sehr gute Kühlungsmöglichkeiten besitzt. Die Anwendung von Morsekonen für den dazu passenden Schaft ist in Erwägung zu ziehen, weil dieselben im allgemeinen Maschinenbau Eingang gefunden haben und der Konuswinkel sich für die Aufnahme des Druckes und der damit verbundenen Stromaufnahme vorzüglich eignet. Man sollte daher bestrebt sein, einen derartigen Einheitskonus für sämtliche Maschinen für untere und obere Elektroden einzuführen, um bei verschiedenen Fabrikaten die Ersatzbeschaffung zu erleichtern. Die in Abb. 139 dargestellte Elektrode kann dann von jedem Verbraucher durch Zupassen der Fläche in die richtige Form gebracht werden.

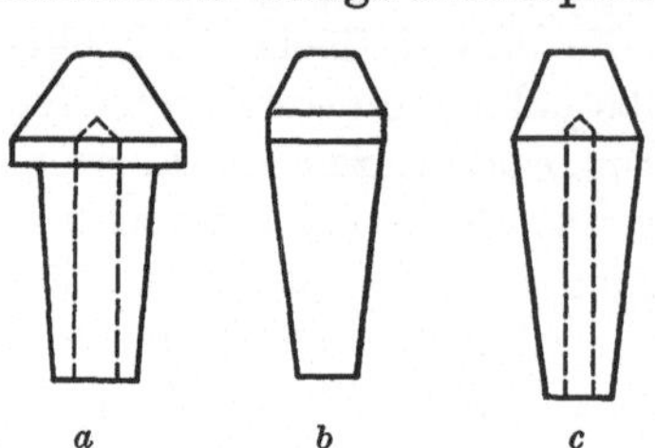
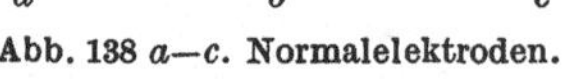

Abb. 138 *a*—*c*. Normalelektroden.

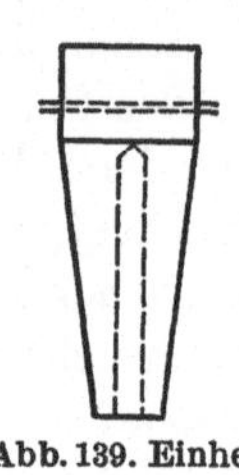
Abb. 139. Einheitselektrode, zur weiteren Formgebung geeignet.

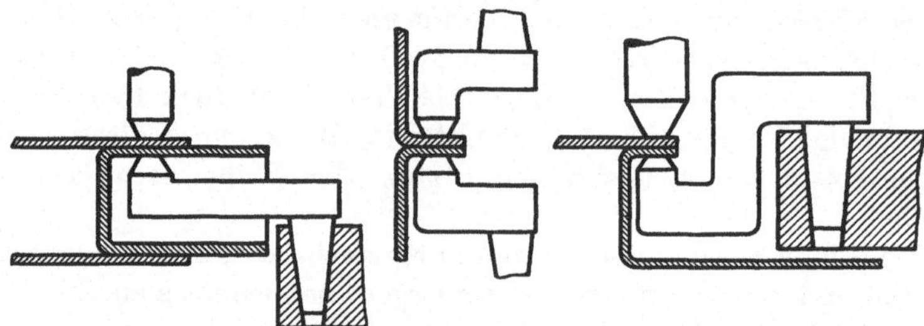
Abb. 140. Gekröpfte Elektrode.

Die gekröpften Elektroden sind in ihren Abmessungen den Betriebserfordernissen anzupassen. Sie können nicht so stark gekühlt werden wie die normalen Elektroden und sind daher stärkerer Abnutzung unterworfen. In Abb. 140 sind Elektroden, wie sie meist für engkalibrige Gegenstände, wie kleine Kästen usw. gebraucht werden, veranschaulicht. Um in die scharfen Ecken und Kanten von eckigen Behältern hineinzukommen, können Elektroden nach Abb. 141 verwendet werden. Für Randschweißungen wird die eine Flanke der Elektrode abgefeilt.

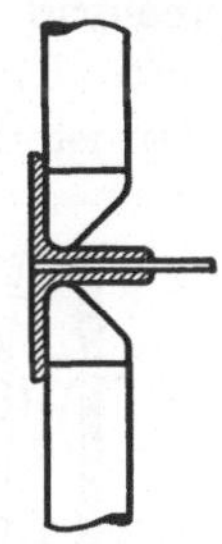

Abb. 141. Elektrode für Kantenschweißung.

Fassonierte Elektroden werden verwendet bei schmalen, tiefen Arbeitsstücken, bei Spezialschweißungen, z. B. von Stiften an Platten (Abb. 144), sowie beim Anschweißen von Griffen, bei Drähten u. dgl. In Abb. 142 ist eine derartige Profilierung dargestellt. Zuweilen wird die Anforderung gestellt, Schweißpunkte, welche bei der gewöhnlichen Schweißung infolge des Druckes als kleine Vertiefung sichtbar werden, auf einer Seite vollkommen zu vermeiden. Dies geschieht in der Weise, daß die eine der Elektroden mit einer um ein Vielfaches größeren Fläche (s. Abb. 143) ausgestattet wird, die außerdem keine Wölbung besitzt. Stört eine Ver-

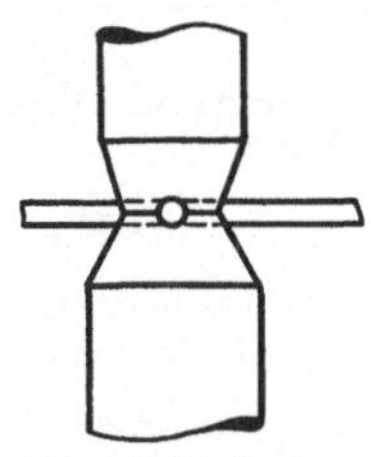

Abb. 142. Elektrode fassoniert zum Drahtschweißen.

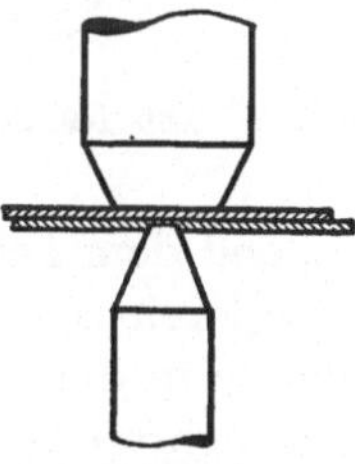

Abb. 143. Elektrode zur Vermeidung der beiderseitigen Eindrücke.

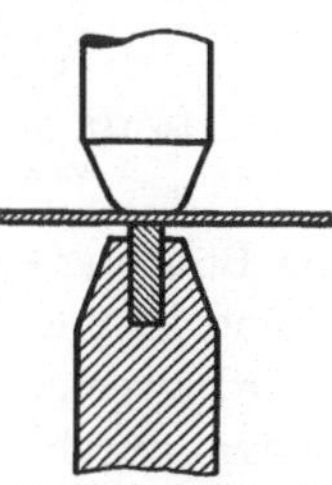

Abb. 144. Elektrode mit Ansatz.

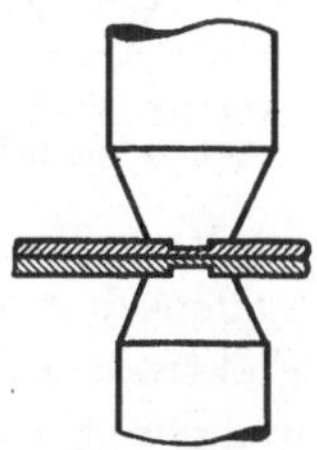

Abb. 145. Elektrode mit Ansatz.

tiefung der Schweißpunkte nicht, so können sogar, wie in Abb. 145 schematisch angedeutet, Elektroden mit kleinen Ansätzen verwendet werden, welche bei großem Druck auch dekorative Eindrücke bei größter Festigkeit hervorrufen.

2. Befestigungen.

Die Elektroden sitzen mit ihrem konischen Schaft in den weiteren Sekundärorganen, welche aus Ober- und Unterarm und Elektrodenschaft bestehen. Diese ändern ihre Dimensionen je nach dem Zweck, und meistens besteht der Elektrodenschaft, wie Abb. 146 zeigt, aus einem Rohr, in welches durch eine Scheidewand oder durch Einbringung eines dünneren Röhrchens das Wasser bis zur Elektrode hineinfließen und dann an den äußeren Wandungen wieder zurückfließen kann. Eine andere Schaftform ist aus Abb. 147 ersichtlich. Die Elektrode sitzt hier mit ihrem Konus in dem Elektrodenschaft. Die Verbindung wird durch den Druck, der auch auf die Fläche übertragen wird, verbessert. Die Elektrodenschäfte sind mit der oberen Elektrode in guten stromführenden Kontakt zu bringen und müssen den verschiedenen Anforderungen entsprechend nach jeder Richtung verstellbar sein. Die Befestigung der Elektroden im Arm geschieht auf verschiedene Weise. Eine der besten Arten ist die in Abb. 148 angedeutete. Der Oberarm weist an seinem

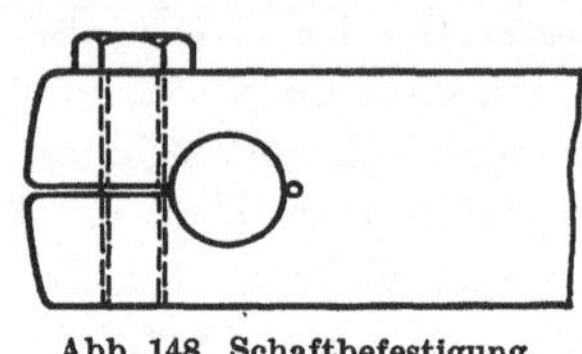

Abb. 148. Schaftbefestigung.

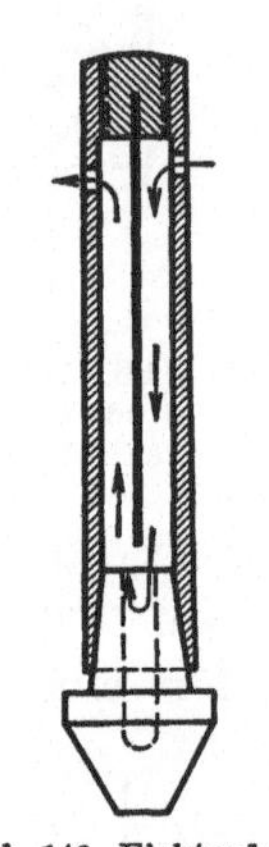

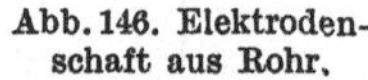

Abb. 146. Elektrodenschaft aus Rohr.

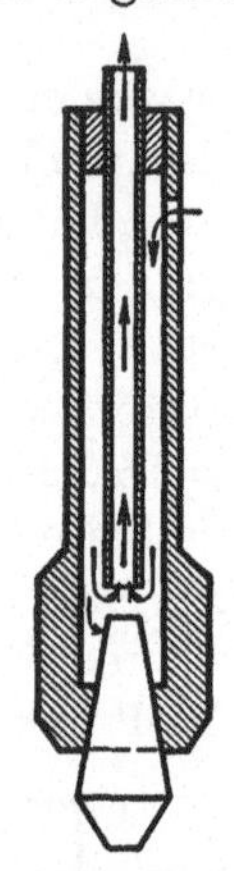

Abb. 147. Elektrodenschaft.

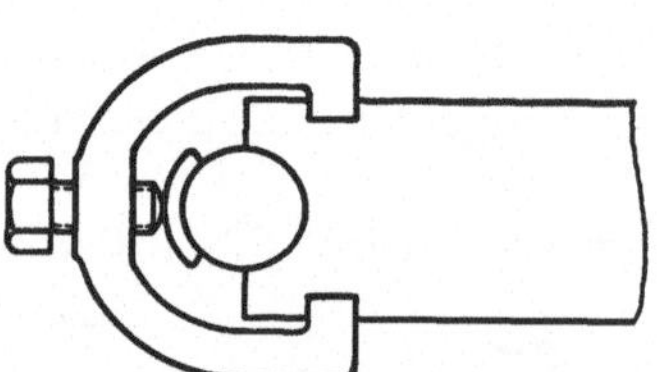

Abb. 149. Schaftbefestigung mit Überwurfkappe.

vorderen Ende eine Bohrung entsprechend dem Durchmesser des Elektrodenschaftes auf und ist nach dem vorderen Ende hin geschlitzt. Der Elektrodenschaft wird zwecks Befestigung in die Bohrung eingebracht, und der gespaltene Arm durch eine oder mehrere Schrauben zum Zwecke absoluten Festsitzens und guten Kontaktes zusammengezogen.

Eine andere sehr gute Art der Elektrodenschaftbefestigung im Oberarm ist die nach Abb. 149. Das vordere Stoßende des Armes hat eine halbkreisförmige Aussparung, in die der Elektrodenschaft genau hineinpaßt. Vermittels einer Klaue mit Klemmschraube und Preßstück wird der Schaft absolut fest und unter Erzielung guten Kontaktes in die Aussparung eingepreßt. Die letzterwähnte Anordnung ermöglicht ein sehr schnelles Verstellen sowie Herausnehmen des Schaftes zwecks Säuberung.

3. Sekundärkontakte.

In gleicher Weise ist in den meisten Fällen auch die untere Elektrode bzw. der untere Elektrodenschaft im Unterarm befestigt. Für Punktschweißungen an engen Rohren und ähnlichen Gegenständen verwendet man mit Vorliebe einen gegossenen Arm mit konischer Bohrung, in die die oben erwähnte konische Elektrode laut nebenstehender Abb. 150 ohne

Schaft direkt eingesetzt wird. Die Kühlung wird hier so bewirkt, daß das Kühlwasser die Elektroden direkt umspült; hierbei können natürlich leicht Undichtigkeiten auftreten. Deshalb wendet man lieber indirekte Kühlung in der Form an, daß ein gebohrter Kanal die konische Elektrodenbohrung umgibt.

Der Oberarm ist in dem sogenannten Gelenk gelagert. Das Gelenk weist eine Bohrung entsprechend dem Durchmesser des Oberarmes auf und ist nach oben hin mit flanschartigen Ansätzen versehen, die durch einen Schlitz getrennt sind. Nachdem der Oberarm eingesteckt ist, werden die beiden halbstarren Gelenkschalen durch mehrere Schrauben fest zusammengezogen, wie Abb. 151 zeigt. Eine andere Ausführung sieht die Befestigung mit Überwurfkappen bzw. Klauen vor, wie vorher bei der Befestigung der Oberelektroden besprochen. Der Unterarm weist an seinem hinteren Ende einen direkt angegossenen Flansch mit mehreren Langlöchern auf. Die Bohrungen dienen zum Hindurchstecken der Befestigungsschrauben, deren vierkantige Köpfe in der Nutenplatte Aufnahme finden, wie aus Abb. 152 ersichtlich. Die Langlöcher in Verbindung mit den Nuten gestatten eine Verstellbarkeit des Unterarmes nach allen Richtungen in der Vertikalebene. Die sekundäre Stromleitung findet vom Gelenk aus ihre Fortsetzung entweder durch ein bewegliches Stromband zu einer starren Sekundärwindung des Transformators, oder direkt durch eine aus Blechen oder Litzen zusammengesetzte Transformatorenwindung, deren anderes Ende mit der oben erwähnten Nuten- oder Stirnplatte durch Schrauben in feste Verbindung gebracht ist. Allgemein werden von den oben beschriebenen stromführenden Teilen die Elektroden mit Elektrodenschaft, sowie die Arme wassergekühlt. Neuerdings geht man jedoch dazu über, auch die Sekundärwindung mit Wasserkühlung zu versehen, und zwar geschieht dies in einfachster Weise so, daß die, in diesem Falle aus beweglichen Leitern bestehende

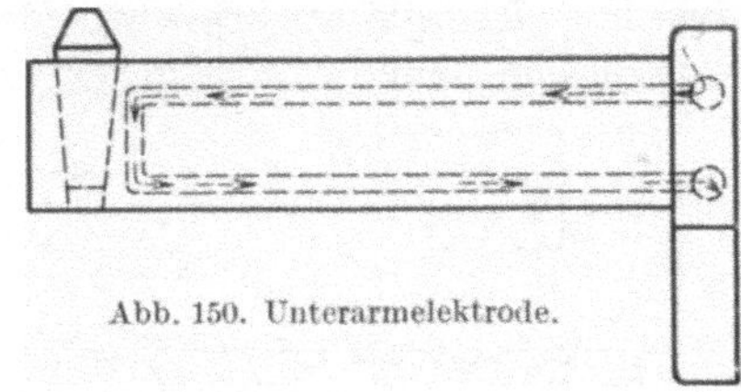

Abb. 150. Unterarmelektrode.

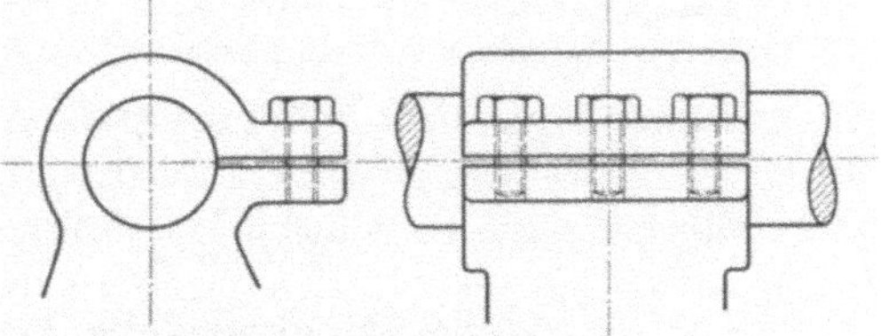

Abb. 151. Oberarmlagerung.

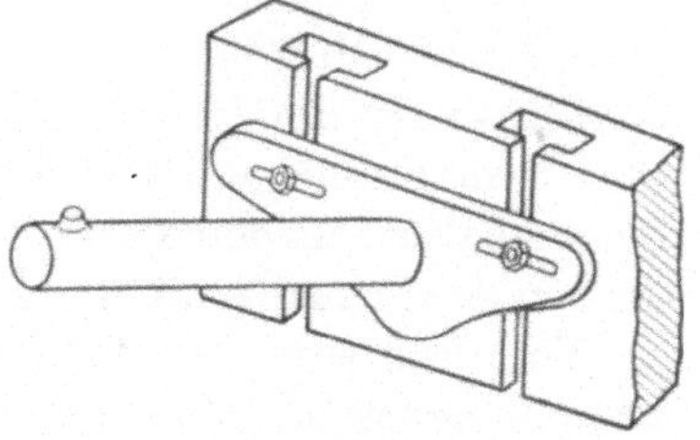

Abb. 152. Unterarmbefestigung.

Windung in einen Gummischlauch eingebettet, der direkten Kühlung des Wassers ausgesetzt wird. Große Bedeutung haben die Kontakte der sekundären Stromleitung, da ja Stromstärken von mehreren tausend Ampere an diesen Stellen übergeleitet werden müssen. Selbst bei der festesten Verbindung tritt nach und nach eine Oxydation ein, die dem Stromübergang Widerstand entgegensetzt und somit einen Teil der elektrischen Energie verbraucht. Das Bestreben der Konstrukteure muß aus diesem Grunde dahin gehen, die Zahl der erwähnten Kontakte möglichst zu verringern, ohne jedoch die Verstellbarkeit zu beeinträchtigen. Im übrigen muß von Zeit zu Zeit eine Kontrolle und Säuberung der Kontakte stattfinden, und zwar müssen in erster Linie die Verbindungsstellen der Elektroden mit dem Schaft bzw. dem Unterarm gesäubert werden, da dort infolge der abgeleiteten Schweißwärme die Oxydation in erhöhtem Maße auftritt.

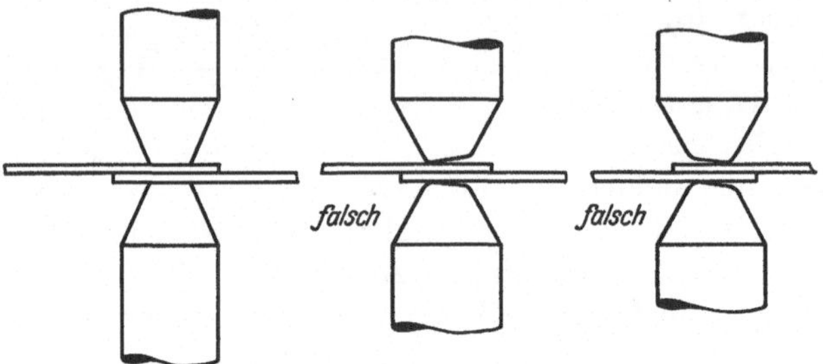

Abb. 153. Richtiges und falsches Auflegen der Elektroden.

4. Mechanische Betätigung.

Um eine Punktschweißung herzustellen, müssen die Elektroden zusammengeführt werden, so daß sie das Material erfassen und pressen können. Normalerweise ist die obere Elektrode beweglich und sie wird durch Fußbetätigung, welche durch Hebel und Gestänge übertragen wird, herabgedrückt. Einseitiges Auflegen ist zu vermeiden (Abb. 153). Abb. 154 zeigt die Vorrichtung im Schema. Zwischen dem Gestänge 1, *S* und dem Fußhebel ist eine in der Spannung regulierbare Druckfeder eingeschaltet. An dem Gestänge befindet sich ebenfalls die Rolle 4 oder der Bolzen des Primärschalters. Der Arbeitsgang vollzieht sich nun wie folgt:

Vom Fuß wird der Hebel nach unten und damit das Gestänge *S*, 1 nach oben bewegt. Solange sich die Elektroden nicht berühren, wird die Bewegung auch auf den Hebel *a* übertragen. Haben die Elektroden jedoch das Material erfaßt und ist damit eine Begrenzung der Elektrodenbewegung herbeigeführt, so wird durch die weitere Abwärtsbewegung des Hebels die Druckfeder 1 zusammengepreßt, dann erst kommen die beiden Teile des Schalters 3 und 4 in Berührung, und es wird damit der Primärstrom eingeschaltet, durch den gleichzeitig der sekundäre Stromfluß herbeigeführt wird. Der Fußhebel muß in seiner unteren Lage verharren, bis der Schweißprozeß vollzogen ist; sodann wird er vom Fuß freigegeben, und es schaltet zuerst der Primärschalter aus, dann entspannt sich die Druckfeder gänzlich und danach erst hebt sich die obere Elektrode *D* vom geschweißten Material ab. Entsprechend den praktischen Ausführungen überwiegt das Gewicht der vorderen Teile des Fußhebels soviel, daß an dem hinteren Teil entweder ein Gegengewicht oder am vorderen Teil des Fußhebels eine Gegenzugfeder angebracht werden muß, um den Gesamtmechanismus in seiner Anfangslage zu halten und ihn nach erfolgter Schweißung wieder dahin zu bringen. Wie schon früher erwähnt, ist je nach Materialart, Materialstärke, Materialdicke und Oberflächenbeschaffenheit ein verschieden starker Schweißdruck erforderlich. Die Erzielung dieses Druckes wird durch die Verstellbarkeit der Druckfeder *1* ermöglicht. Ist diese von vornherein stark zusammengepreßt, so ist auch der Schweißdruck an der Elektrode ein großer. Ist dagegen die Feder in ihrer Ausgangsstellung fast vollständig entspannt, so ist auch der Elektrodendruck beim Herunterdrücken des Fußhebels gering.

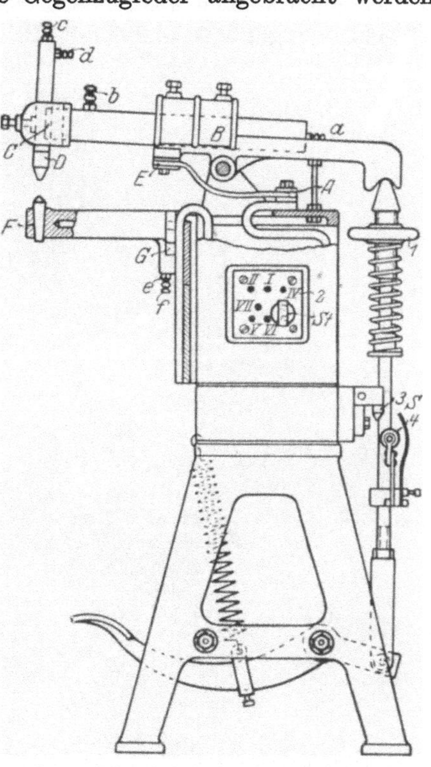

Abb. 154. Schema einer Punktschweißmaschine, mechanischer Teil.

Bei den kleinen und mittleren Maschinen (bis 12 KW) ist die Erzeugung des Schweißdruckes für den Schweißer verhältnismäßig leicht. Bei größeren Maschinen erwächst daraus jedoch eine erhebliche Anstrengung, die sehr bald zur Ermüdung führt. Man hat einen Ausweg durch entsprechend günstigere Hebelübersetzung gesucht, damit entstand aber der Nachteil eines zu großen Weges für den Fuß. Man ist daher bei manchen Konstruktionen, meist bei großen Armausladungen, dazu übergegangen, vermittels Kniehebel oder Exzenter, welche direkt am vorderen Teil des Oberarmes angreifen, die Elektrode herabzudrücken und den Schweißdruck als direkten Druck ohne Zwischenschaltung einer Feder zu erzielen.

5. Antriebsautomat.

Eine wesentliche Verbesserung hat man in neuerer Zeit durch die sogenannten mechanischen Betätigungen oder Antriebsautomaten erzielt.

Diese Antriebsautomaten führen die Bewegung des ganzen Mechanismusses der Druckgebung durch mechanischen Antrieb aus. Meistens wird von einer Transmission aus die Antriebsscheibe des Automaten mit etwa 200 Umdrehungen in Bewegung gesetzt, wobei die Scheibe leer läuft. Durch einen kleinen Auslösehebel wird vom Arbeiter die Kupplung der Maschine eingerückt, so daß mit Hilfe einer Kurbelwelle sich die Elektroden schließen und unter Druck auf das Arbeitsstück aufsetzen. In diesem Augenblick rückt der kleine Hebel selbsttätig die Kupplung wieder aus, indem er auf einer Rollbahn aufläuft. Sobald die Schweißung vollendet ist, wird der Fußhebel losgelassen, dabei rollt der kleine Hebel mit einer Rolle von der Kurve ab und die Elektroden öffnen sich. In Abb. 155 ist diese Vorrichtung ersichtlich. Statt der Kurbelwelle kann auch ein Exzenter verwendet werden, wobei die Exzentrizität den Hub und den für den Hub nötigen Federweg beträgt. Der kleine Hebel kann aber auch mit einem Magnet gekuppelt werden, welcher dann nach vollendeter Schweißung selbsttätig diesen ausrückt, so daß die Kombination mit verschiedenen Zeitstromschaltern möglich wird. Wird bei diesen mechanischen Vorrichtungen der Fußhebel ständig niedergehalten, so folgt ein Schweißpunkt nach dem andern, und der Arbeiter hat lediglich das Verschieben bzw. das Einsetzen des Schweißstückes vorzunehmen. Nach diesem Prinzip arbeiten die vollautomatischen Punktschweißmaschinen.

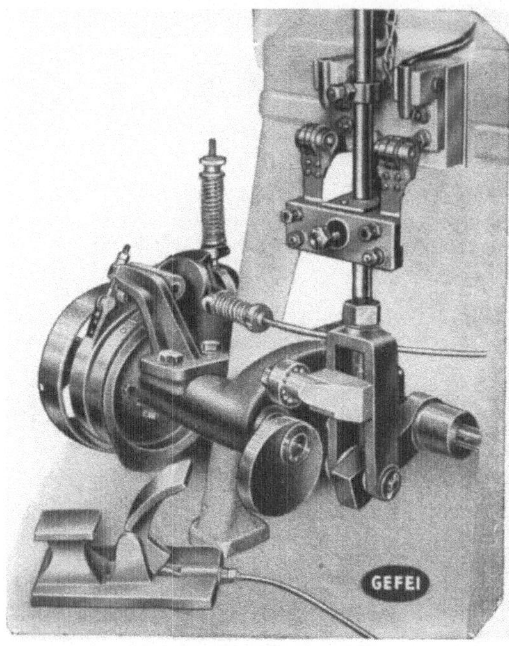

Abb. 155. Antriebsautomat.

6. Elektrodenausladung.

Die Sekundärleerlaufspannung ist bei Punktschweißmaschinen von besonderer Wichtigkeit, und zwar werden Maschinen für stark verzunderte Bleche mit einer höheren, für blanke Bleche mit einer niedrigeren Sekundärleerlaufspannung ausgeführt. Die höhere Spannung darf in diesem Falle nicht beibehalten werden, sondern die Charakteristik muß abfallend sein, da sonst eine Überhitzung eintreten würde. Insbesondere bei lackierten Blechen, wie sie in der Konservenbüchsenfabrikation vorkommen, müssen Wege geschaffen werden, die das „Anspringen“ der Schweißung ermöglichen. Hierzu eignen sich einige mechanische Kunstgriffe, die darin bestehen, daß man den Blechen eine kleine Ausbeulung gibt, um eine Kontaktstelle zu schaffen. Die Verschweißung der anderen Stellen wird dann ohne weiteres möglich, da der allergrößte Widerstand durch die doppelten Lackschichten vom Druck befreit einen Stromdurchgang, wenn auch im Anfang einen mäßigen, ermöglicht. Ebenso wird bei diesen Materialien eine schabende Bewegung der Elektroden dadurch vorgesehen, daß die obere Elektrode schon auf der Schweißfläche sitzend, eine schabende Bewegung ausführt oder, daß nach dem Aufsetzen durch Weiterdrücken des Fußhebels ein kleines Verdrehen erfolgt, welches die Widerstandsschichten beseitigt. Eine weitere Erhöhung der Sekundärspannung ist erforderlich, um die Drosselwirkung größerer Eisenmassen zwischen den beiden Schweißmassen zu überbrücken. Diese Drosselwirkung nimmt mit zunehmender Ausladung an Größe zu und verhindert bei derselben Anordnung die gleichen Schweißergebnisse. Es kommt somit vor, besonders bei geschlossenen Blechzylindern, daß die Punkte im Anfang, wo also wenig Masse zwischen die Elektroden geschoben wird, sehr gut ausfallen, dagegen nach Zwischenschieben des ganzen Stückes kein Schweißresultat erzielt wird. Mithin muß die Energie an diesen Enden vergrößert werden, was durch entsprechende Regulierng am Stufenschalter erfolgen kann. Aus Abb. 156 ist ersichtlich, daß mit zunehmender Ausladung die zu schweißende Materialstärke bei der gleichen Maschine abfällt. Insbesondere sind diese Maschinen mit sehr guten Kontakt- und Übergangsstellen im Sekundärweg zu versehen. Die Drosselwirkung ist selbstverständlich bei unmagnetischem Metall wie Messing und Zinkblech nicht vorhanden.

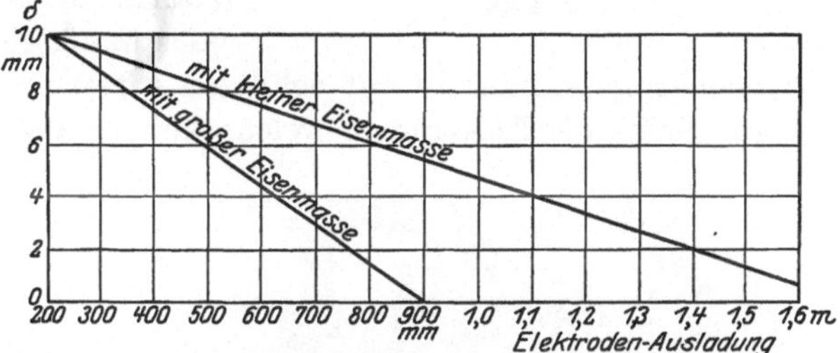

Abb. 156. Ausladungsverhältnisse bei der Punktschweißung.

7. Kleine Punktschweißmaschinen.

Zum Punktschweißen kleiner Gegenstände, wie Patronen, Sicherungen, Glühdrähten, Glühlampenfäden, Blechspielwaren, Lampenteilen, Platinkontakten, optischen Gegenständen und Radioartikeln werden kleine Punktschweißmaschinen verwendet, die meistens in Tischausführung ausgebildet werden. Die Maschinen haben eine größte Leistungsaufnahme von 4 KW und besitzen eine verlustlose Spannungsregulierung. In Abb. 157 ist eine Schweißmaschinentype von verblüffender Einfachheit dargestellt. Da die Maschine zum Schweißen von Gegenständen, bei welchen Verstellung der Elektrodenarme meist nicht erforderlich ist, verwendet wird, wird der jeweilige Elektrodenarm mit einer Sekundärschale aus einem Stück hergestellt. Die zwei pfannenförmigen Schalen können gegeneinander in Drehbewegung versetzt werden. Der Transformator ist bei dieser Bauart vollständig eingeschlossen. Die Elektrodenarme besitzen in mit Schlitzen versehenen Bohrungen zwei kupferne Stifte als Elektroden, welche keine Kühlung oder, besser gesagt, nur Luftkühlung besitzen und nachstellbar sind. Die eine Schalenhälfte ist mit dem unteren Gestell aus einem Stück gegossen, wobei die andere Hälfte, die beweglich ist, durch das für den Fußhebel und Druckfeder verbundene Hebelsystem bewegt werden kann. Die Maschine besitzt eine dreistufige Stromregelung, welche für ihren Verwendungszweck vollständig ausreicht. In bezug auf die Bauart kann die Maschine als sehr aktiv bezeichnet werden, da das inaktive Gewicht auf ein Minimum reduziert wurde. Der innen eingebaute Transformatorkern wird in der festen Schale angebracht, wobei in der Mitte die Sekundärwindung entweder durch Drehkontakt oder durch Seil und gesonderte Drehlagerung verbunden ist. Die Maschine

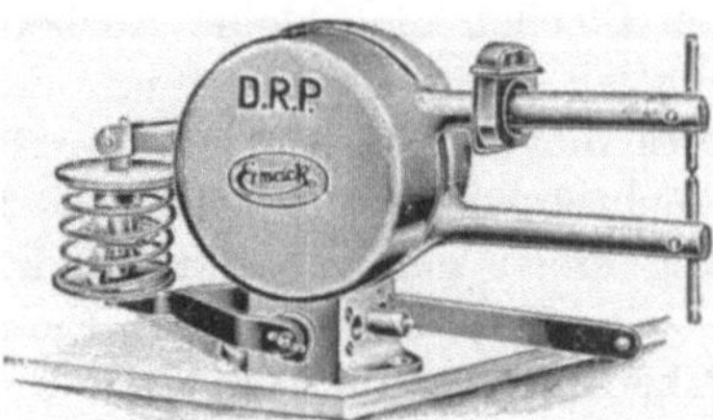

Abb. 157. Kleine Punktschweißmaschine 2–4 KW.

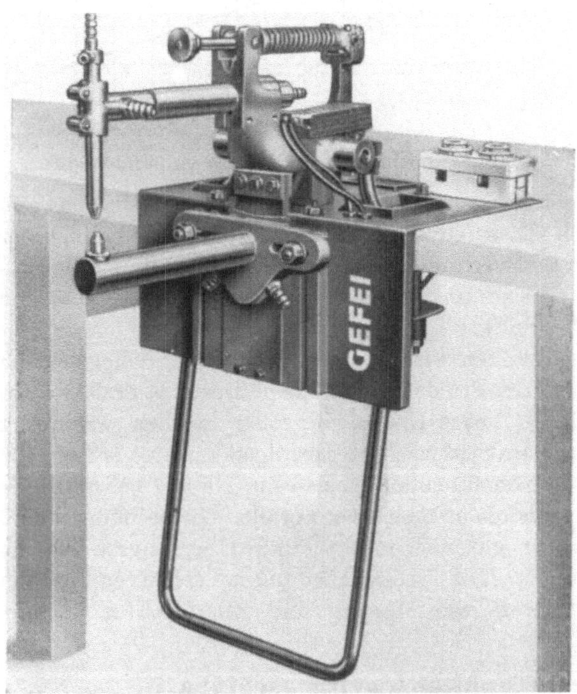

Abb. 158. Punktschweißmaschine 2 KW (Tischmaschine).

wird, wie auch aus der Abb. 157 ersichtlich, auf einem Tisch mit gewöhnlichen Holzschrauben angebracht.

Die vorstehend (Abb. 158) abgebildete Form des Modells einer anderen Ausführung ist durch die Anordnung einer größeren Tischplatte gewonnen, die zum bequemen Ablegen des leichten Schweißgutes dient; die übrigen Teile sind organisch mit ihr verknüpft. Oberhalb der Platte sind die Elektrodenarme, der Schweißstromschalter und die Feder zur Regelung des Schweißdruckes angeordnet. Der Schweißtransformator und Fußhebel liegen unterhalb der Platte. Günstig bei dieser Maschine ist die Bügelform des Fußhebels, auf dem beide Füße bequemerweise beim Schweißen aufgesetzt werden können. Die Elektrodenarme sind verstellbar, die Elektrodenschäfte mit den Elektroden in die Arme in üblicher Weise eingesetzt. Arme und Elektroden sind schon wassergekühlt, wodurch eine geringe Überlastung auch ohne Beschädigung des Transformators und der Sekundärkontakte vorgenommen werden kann. Manche Erzeugerfirmen dieser Type bringen auf der angegossenen Tischplatte Sicherungen an, die ein Überlasten des Transformators und damit Verbrennen der Windungen vermeiden sollen.

Abb. 159. Tischpunktmaschine 2 KW.

Auch bei den kleinen Maschinen werden einige mit ausgeführten Sekundären in vollständig gekapselter Bauart geliefert. In der Abb. 159 ist eine solche Maschine dargestellt, welche im Innern einen Manteltransformator birgt. Die Sekundäre ist zu zwei an dem Maschinengehäuse befestigten kleinen Stirnplatten ausgeführt. Diese Maschine kann als Punkt- und Stumpfschweißmaschine verwendet werden, da die eine Hälfte der

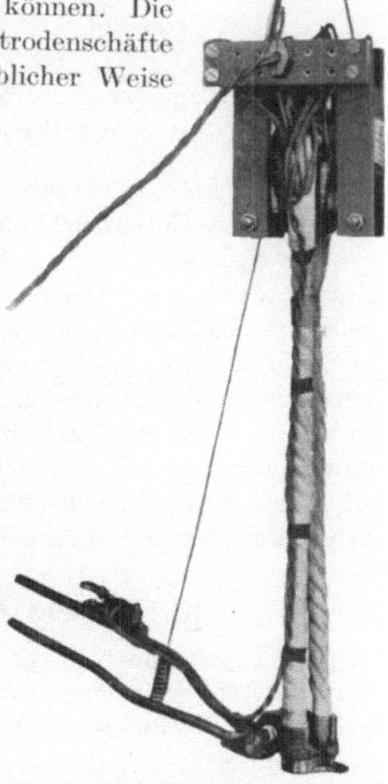
Abb. 160. Hängende Spezialpunktschweißmaschine.

Stirnplatte als Schlitten ausgebildet ist und vor allem die bei der Stumpfschweißung notwendige gute Führung hat. Die Maschine besitzt im Gegensatz zu den bisher besprochenen einzig parallele Elektrodenbewegung. Hervorzuheben bei dieser Type ist die Form des Primärschalters. Es ist dieses ein sogenannter Kippschalter, welcher Momentschaltungen in kleinstem Zeitraum gestattet. Für die Schweißung feinster Drähte und ganz dünner Bleche ist diese Anordnung

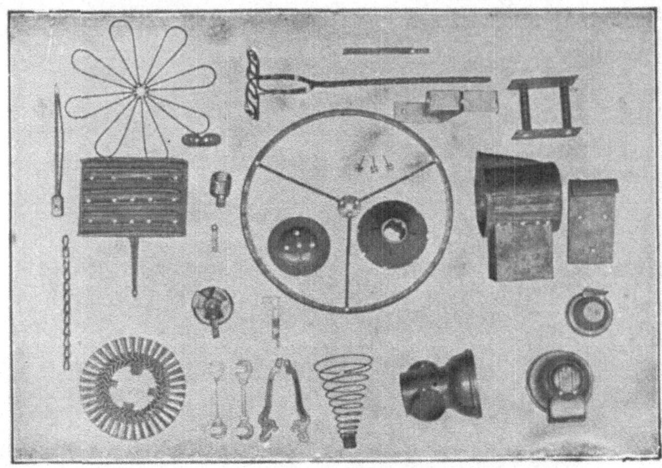

Abb. 161. Schweißmuster, auf kleinen Maschinen hergestellt.

von Wichtigkeit. Charakteristisch ist bei Verwendung dieses Schalters das beliebige Unterdruckhalten des Schweißgutes.

Für Spezialarbeiten, z. B. bei Verbindung von Beschlageisen an Kisten, werden die kleinen Typen als sogenannte Schweißzangen ausgebildet. Aus dem hängenden Transformator ragen die Sekundärenden in Seilform etwa 1 m heraus und enden in den Maulhälften einer groß übersetzten Zange. Die beiden Hälften sind naturgemäß voneinander isoliert, und es wird erst nach vollständigem Ergreifen des Stückes durch einen separat angebrachten Schalter der Strom eingeschaltet. Aus Abb. 160 ist eine solche Maschine ersichtlich. In der Abb. 161 sind Schweißmuster der besprochenen Bauarten zusammengestellt.

8. Mittlere Punktschweißmaschinen.

Die Typen von 6, 8, 12 und 16 KW Leistung sind wohl die meist verwendeten, weil deren Gesamtschweißstärken 1—12 mm die Hauptgebiete der Blechwaren-, Kleineisen-, Schloß-, Automobil-, Fahrradindustrie umfassen. Die Gestaltung der einzelnen Maschine ändert sich meistens nur in den Arbeitsorganen nach den verschiedenen Verwendungszwecken. Da der Transformator bei einer größeren Leistung auch ein größeres Gewicht aufweist, sind die Typen meistens als Standmaschinen ausgeführt.

Der Transformator ist gänzlich von einem Gußgehäuse und Schutzblechen eingeschlossen und ruht auf vier Füßen (Abb. 162). An der vorderen Seite ist in zweckmäßiger Höhe der Fußhebel sowie der untere Elektrodenarm angebracht. Maßgebend hierfür ist die Betätigung der Maschine

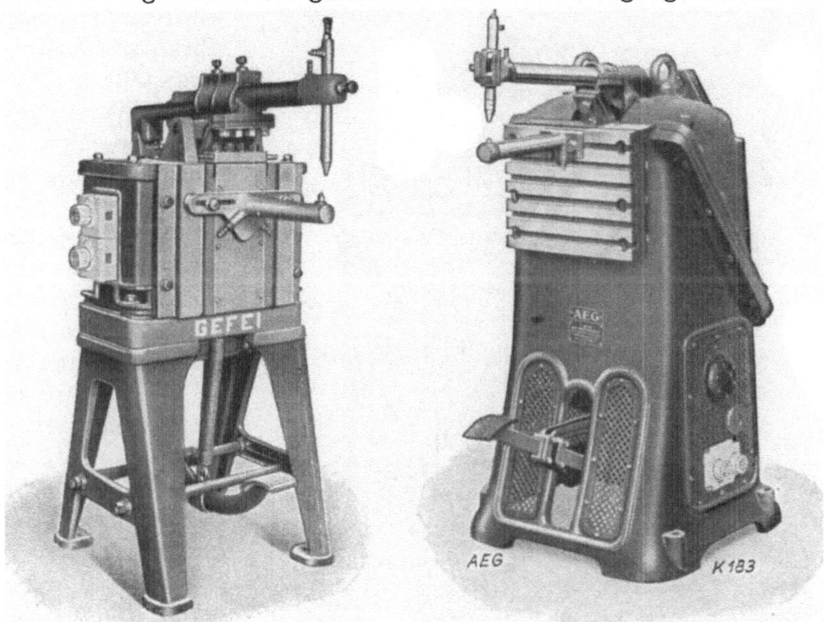

Abb. 162. Mittlere Punktschweißmaschine 8—12 KW.

Abb. 163. Punktschweißmaschine, geschlossene Bauart.

im Sitzen, wobei die Hubbewegung des Fußhebels mit 200—250 mm anzunehmen ist. Diese Bewegung wird dann entsprechend der Kraftübertragung auf eine Hubbewegung der Elektroden von 40—50 mm untersetzt. Es ist ferner eine Verstellbarkeit des Armes nach allen Richtungen der Vertikalebene möglich. Das hintere Ende des Fußhebels ist mit dem Druckgestänge, welches sich in lotrechter Lage hinter der Maschine befindet, gelenkig verbunden. Das Druckgestänge trägt den verstellbaren zwangläufigen Primärschalter sowie die Druckfeder und die die Druckfeder spannende Stellschraube. Das obere Ende des Druckgestänges ist mit dem Elektrodenarmgelenk, welches seinerseits drehbar in der Deckplatte der Maschine gelagert ist, wiederum gelenkig verbunden. Der vordere Teil des Gelenkes ist in Schalenform ausgebildet und dient zur Aufnahme des Elektrodenarmes. An der Stirnseite ist das Stromband als Fortsetzung des anderen Endes der Transformatorsekundäre fest angeschraubt. Da der Strom vom Stromband durch das Gelenk auf den Oberarm übergeht, muß das Gelenk selbst in gutleitendem Metall ausgeführt sein. Der Oberarm und der Elektrodenschaft wurden schon im Abschnitt „Befestigungen“ besprochen. Die äußeren stromführenden Teile, wie Unterarm, Oberarm und Elektrodenschaft sowie die Enden der Sekundäre sind mit Kühlkanälen versehen. Durch sinngemäße Verbindung der einzelnen Schlauchtüllen vermittels Druckwasserschlauchs wird eine vollständige Zirkulationsleitung hergestellt. Es ist also nur eine Wasserzuführung und eine Abführungsleitung notwendig.

Abb. 164. Punktschweißmaschine 16 KW.

Eine robuste Bauart zeigt umstehende Abb. 163, die auch als besonderes Merkmal den oberen Teil des Gehäuses in aufklappbarer Anordnung aufweist. Der Stufenschalter ist hierbei nicht als Stecker, sondern als Schaltwalze ausgebildet. Die Maschine besitzt zur Erleichterung der Montage zwei Kranösen. Der Oberarm ist hier nicht, wie vorher beschrieben, durch Überwurfkappe befestigt, sondern in dem zylindrisch ausgebohrten geschlitzten Gelenk eingeklemmt. In ähnlicher Weise ist auch der Elektrodenschaft befestigt.

Die obenstehende Abb. 164 zeigt eine 16 KW-Type, bei der die Form besonders charakteristisch ist. Bei der Konstruktion war das Bestreben maßgebend, die Maschine auch äußerlich einer Werkzeugmaschine nachzubilden. Die Füße fallen weg, das Gehäuse ist in Kastenform ausgebildet und birgt in sich den Transformator. Dieses Gestell, welches zugleich Gehäuse des Manteltransformators ist, besitzt im Innern vier Nasen als Lagerung für den Transformator. Bei dieser Anordnung ist die

Durchquerung des elektromagnetischen Feldes durch eiserne Gehäuseteile vermieden. Es tritt also fast keine Schirmwirkung auf. Der Fußhebel hat Bügelform und umschließt den vorderen Teil des Gehäuses vollständig. Dadurch ist die Betätigung für den Schweißer, der ja entsprechend den Arbeitsstücken seine Stellung zur Maschine wechseln muß, erleichtert. Das hintere Druckgestänge ist gelenkig und im oberen Teil durch Büchse geführt. Das Oberarmgelenk besteht hier aus Gußeisen und nimmt das Endstück der Sekundärfeder in sich auf. Gelenk wie auch Endstück sind geschlitzt und werden mit Schrauben zusammen-

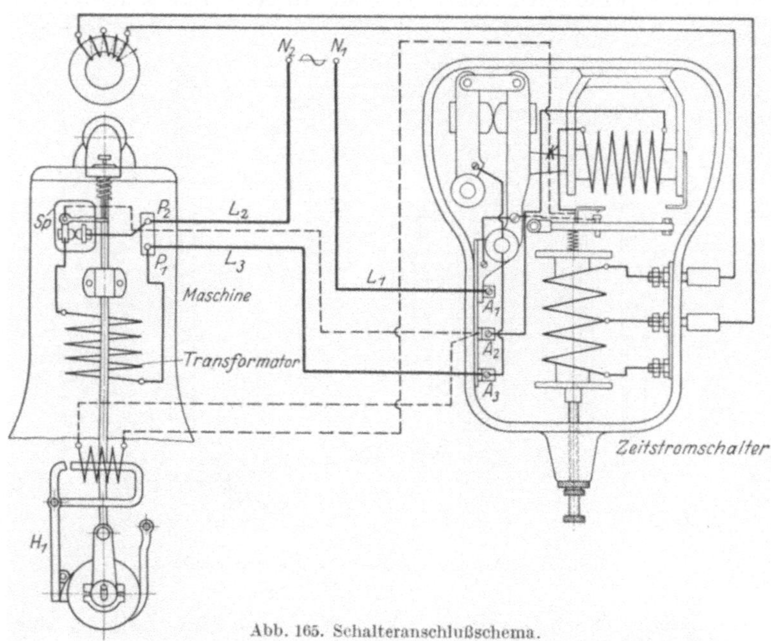

Abb. 165. Schalteranschlußschema.

gespannt, um den Oberarm zu halten. Obenstehende Abb. 165 zeigt die gleiche Maschine im Schema, jedoch ausgerüstet sowohl mit einem Zeitstromschalter als auch mit dem schon früher besprochenen Antriebsautomat. Der erstere ist an der rechten Seite des Gehäuses aufgeschraubt. Auf den Unterarm ist das sogenannte Hilfspaket aufgesteckt. Zwei isolierte flexible Kupferschnüre verbinden die Windungen des Hilfspaketes mit der Steuerspule des Zeitstromschalters. Der Anschluß an letzteren ist durch Stecker hergestellt; die Abbildung zeigt drei Steckerhülsen. Durch Umwechseln der Stecker wie durch Benutzung z. B. der obersten und mittelsten, oder der obersten und untersten, oder der mittelsten und untersten werden verschiedene Windungszahlen der Steuerspule eingeschaltet und damit die Zeitdauer der Schweißung im groben reguliert. Die Feinregulierung der Zeitdauer erfolgt durch die unten herausragende Stellschraube. Das Innere des Zeitstromschalters ist durch Aufklappen der Vorderwand zugänglich. Der Antriebsautomat ist am hinteren unteren Ende des Maschinengehäuses angebracht und kastenartig eingekapselt. Der Fußhebel ist in diesem Falle nicht gelenkig mit dem hinteren Druckgestänge verbunden, sondern starr mit einem kleinen Hebel, der die Aus- und Einlösung der Kupplung beim Heruntertreten bzw. Loslassen des Hebels besorgt. Wichtig ist bei dieser vollautomatischen Maschine die Führung und Schlüsse der primären Stromleitungen. In Abb. 165 bedeuten N_1 und

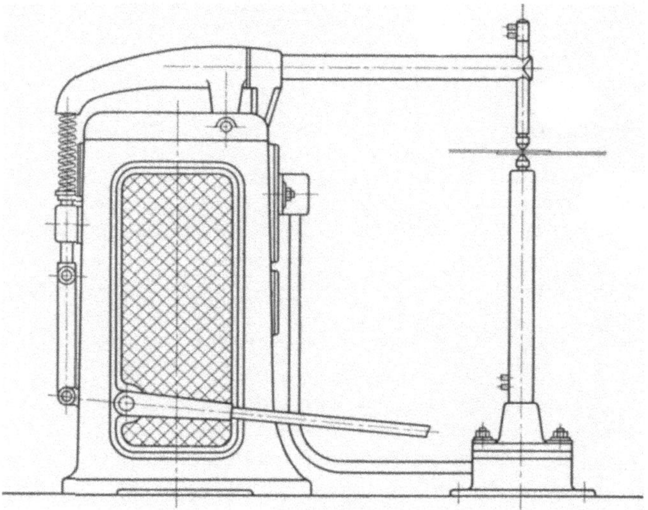

Abb. 166. Punktschweißmaschine mit großer Ausladung.

N_2 die beiden Netzanschlüsse. Von N_2 führt eine Leitung zur Anschlußschraube der Maschine P_2 und von hier direkt zu dem einen Bolzen des Primärschalters. Von N_1 aus führt die Leitung nicht direkt zur Maschine, sondern zur oberen Anschlußschraube des Zeitstromschalters A_1. Von der unteren Anschlußschraube des Zeitstromschalters A_3 führt eine starke Verbindungsleitung zur unteren Anschlußschraube der Maschine P_2 und von dieser direkt zum Transformator. Das andere Ende des Transformators steht in Verbindung mit den zwei Bolzen des Primärschalters. An diesen letztgenannten Bolzen ist auch eine Hilfsleitung angeschlossen, die zu der mittleren Anschlußschraube des Zeitstromschalters A_2 führt. Von hier aus geht eine weitere Hilfsleitung zu der Wicklung des Hubmagneten, der seinerseits die Auslösung des Kupplungsbolzens vom Antriebsautomaten besorgt. Vom anderen Ende der genannten Magnetwicklung führt die Hilfsleitung zurück zum

Zeitstromschalter und ist an die Windung des Schalterauslösemagneten angeschlossen.

Um uns den Schaltvorgang ganz klar zu machen, folgen wir dem Stromverlauf während der Betätigung der Maschine. Mit Herunter-

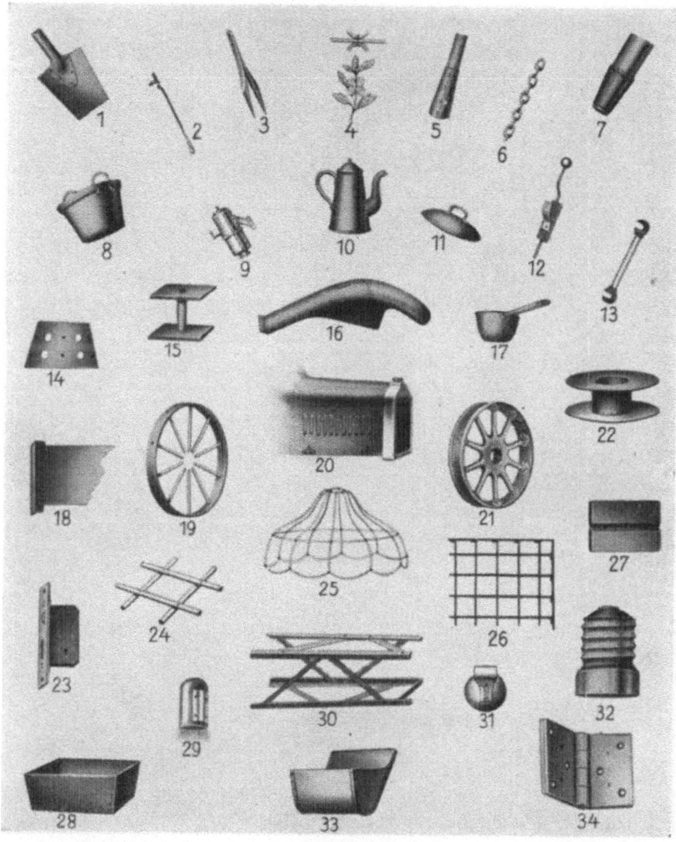

Abb. 167a. Schweißmuster. 1 Spaten, 2 Webstuhlnadel, 3 Pinzette, 4 Metallblume, 5 Tülle, 6 Kette, 7 Stockzwinge, 8 Henkelbefestigung, 9 Fahrradlaterne, 10 Tüllenbefestigung, 11 Griffbefestigung an Topfdeckeln, 12 Klingelklöppel, 13 Streifensicherung, 14 Zentrifugentrichter, 15 Kernstütze, 16 Kotflügel, 17 Leimtopf, 18 Punktschweißmuster, 19 Speichenbefestigung an Pflugrädern, 20 Befestigung der Beschlagteile an Autohauben, 21 Automobilrad, 22 Spulenrolle, 23 Schloßteil, 24 Punktschweißmuster (Rundstäbe), 25 geschweißter Lampenschirm aus Draht, 26 Schutzgitter, 27 Kartenreiter, 28 Kasten, 29 Feuerzeug, 30 Gittermast, 31 Klingelteil, 32 Lampensockel, 33 Paternoster-Teil, 34 Scharnier.

treten des Fußhebels wird gleichzeitig der Primärschalter *Sp* geschlossen. Der Strom nimmt seinen Verlauf von N_2 über P_2, über *Sp*, durch den Transformator zu P_1, über L_3 zu A_3 und weiter über die jetzt noch geschlossenen Kontakte des Zeitstromschalters zu N_1 zurück. Ist die Schweißung beendet, so hat mittlerweile der Kern der Steuerspule im

Zeitstromschalter seine höchste Lage erreicht und damit die Einschaltung des Magnetstromes durch die Aufwärtsbewegung des Hebels geschaffen. Die Spule hat also Strom und zieht den Kern K in sich hinein und unterbricht damit den Hauptstrom durch Trennen der beiden Kon-

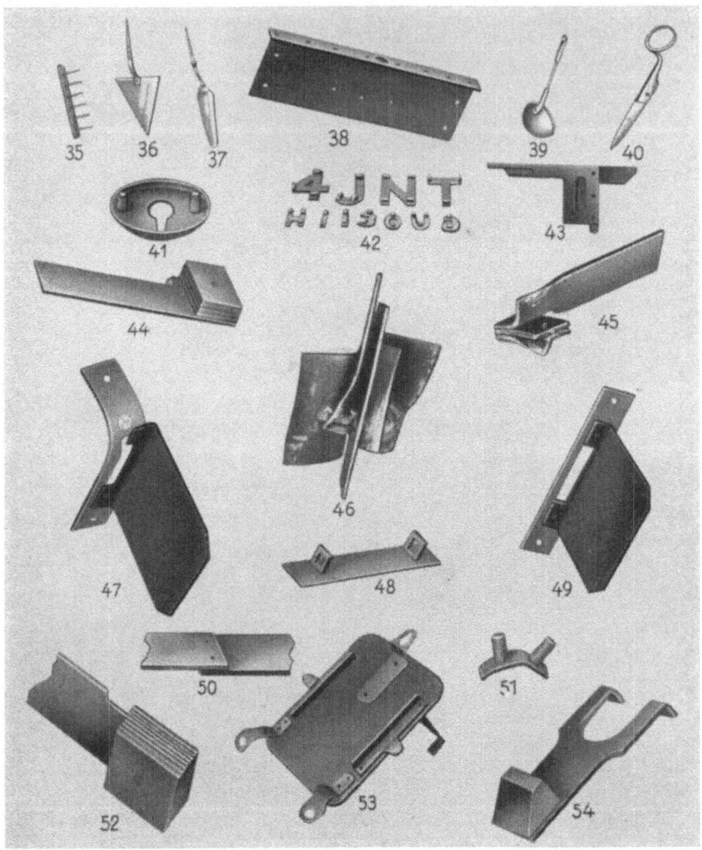

Abb. 167b. Schweißmuster. 35 Rechen, 36 Kelle, 37 Tortenschaufel, 38 Schloßteil, 39 Kochlöffel, 40 Scherenteil, 41 Schloßteil, 42 Buchstaben, 43 Nähmaschinenteil, 44 Schloßriegel, 45, 46, 47 Festigkeitsprüfung von Punktschweißmustern, 48, 49, 50, 51 Schloßteile, 52 Schloßriegel, 53 Schloßplatte, 54 Türriegel.

takte im Zeitstromschalter. Gleichzeitig mit der Magnetspule im Zeitstromschalter wurde auch die Spule des Hubmagneten im Antriebsautomaten unter Strom gesetzt. Hierdurch wurde ein Lösen der Kupplung durch den Hebel H_1 bewirkt. Dem Lösen der Kupplung folgt eine Abwärtsbewegung des Druckgestänges und damit Öffnung des Primärschalters der Maschine. Mit dem Öffnen des Primärschalters verliert aber die Magnetspule im Zeitstromschalter ihren Strom, läßt also den Kern nach und führt die beiden Kontakte des Zeitstromschalters wieder zusammen. Der ursprüngliche Zustand ist damit wieder hergestellt und beim nächsten Vorgang spielt sich genau das gleiche ab.

Eine besondere Formgebung des Unterarmes verbunden mit sehr großer Ausladung zeigt die Abb. 166. Der Elektrodenschaft ist vergrößert zu einer Säule, die auf dem Fußboden aufsteht. Durch eine Leitung von entsprechend großem Querschnitt wird die Verbindung dieser Säule mit der Stirnplatte der Maschine hergestellt, und es ist ohne weiteres ersichtlich, daß man bei dieser Anordnung sehr sperrige Stücke, wie z. B. Kotflügel von Automobilen, Automobilhauben, Badewannen, Blechschränke u. dgl., ohne Schwierigkeit heranführen und schweißen kann. Durch die große Ausladung und tiefe Kröpfung ist natürlich ein verhältnismäßig langer Weg für den Sekundärstrom geschaffen. Da gleichzeitig bei dieser Formgebung die Herstellung aus einem massiven Stück kaum möglich ist, womit gesagt sein soll, daß also weitere Kontaktstellen geschaffen werden, erhöht sich der Widerstand im sekundären Stromkreis um ein Bedeutendes. Um hierfür einen Ausgleich zu schaffen, müssen einmal die Querschnitte besonders reichlich dimensioniert werden und auf der anderen Seite ist für eine entsprechend höhere Spannung gegenüber normalen Maschinen zu sorgen, ebenso für eine engere Kopplung der Primär- und Sekundärwindungen.

Mit den mittleren Punktschweißmaschinen werden die mannigfaltigsten Gebrauchsgegenstände geschweißt; in Abb. 167a. und b. sind einige Muster abgebildet.

9. Schwere Punktschweißmaschinen.

Die schweren Punktschweißmaschinen haben ihre Verwendung im Eisenkonstruktionsbau gefunden. Die Möglichkeit, Winkel und Profileisenbefestigungen an Blechen vorzunehmen, hat diese Maschinen insbesondere im Behälter- und Apparatebau eingeführt. Die Leistung der Maschinen beginnt mit etwa 30 KW, und man kommt bei den meist verwendeten Blechstärken noch mit 75 KW Leistungsaufnahme für die Arbeitsweise aus. Vereinzelt werden auch ganz gewaltige Maschinen gebaut. So wurde von der General Electric Company eine Maschine mit 2000 kVA Leistungsaufnahme zu Versuchszwecken fertiggestellt, mit welcher man drei Platten von 1″ Stärke zusammenzuschweißen versuchte. Über diese Versuche ist man nicht hinausgekommen. Die größeren Punktschweißmaschinen erfordern neben den höheren Leistungen auch höhere Drücke. Solche Druckgebung kann nicht mehr durch Fuß- oder Handbetätigung erfolgen, sondern wird durch motorische oder hydraulische Kräfte erzielt. Ebenso eignen sich für diese Arbeitsweise die Maschinen mit schwenkbarem Elektrodenarm nicht mehr, da dieselben bei den erforderlichen Drücken nachgeben würden. In Abb. 168 ist eine Maschine mit 50 kVA Leistung dargestellt. Die maximal zu schweißende

Gesamtstärke beläuft sich ungefähr auf 30 mm; der hierzu erforderliche Druck auf 3000 kg. Zur Aufnahme dieses gewaltigen Druckes sind sowohl Ober- wie Unterarm aus einem Gußstück hergestellt, welches als Körper gleicher Festigkeit ausgebildet ist. Der Unterarm ist aus Bronze.

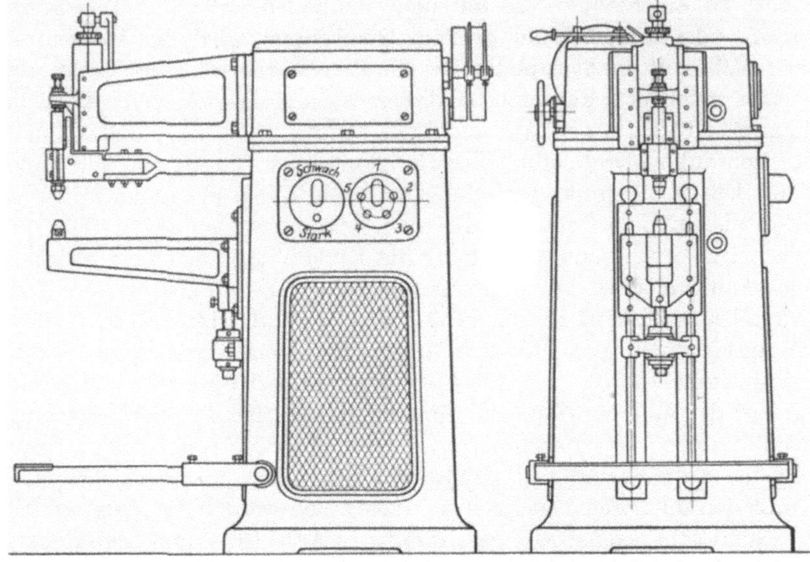

Abb. 168. Schwere Punktschweißmaschine 50/80 kVA.

Der Oberarm ist mit dem oberen Maschinengehäuse durch Schrauben verbunden und besitzt einen Support für die Elektrodenbewegung. Der Support ist in schwalbenschwanzförmigem Bett geführt und wird durch einen Hebel mittels Exzenter nach unten bewegt. Die Stromzuführung geschieht direkt zum Elektrodenschaft durch eine bewegliche Feder. Die Elektrodenflächen sind bei diesen Maschinen ballig abgedreht und bis aufs äußerste Ende mit Wasser gekühlt. Die mechanische Betätigung erfolgt über einen Räderkasten auf den oberen Teil der Maschine. Dort ist auch der Primärschalter angebracht. Durch den Fußhebel wird die Maschine in Betätigung gebracht. Die Stromregulierung erfolgt in zehn Stufen durch die an der einen Seitenwand angebrachte Steckerplatte.

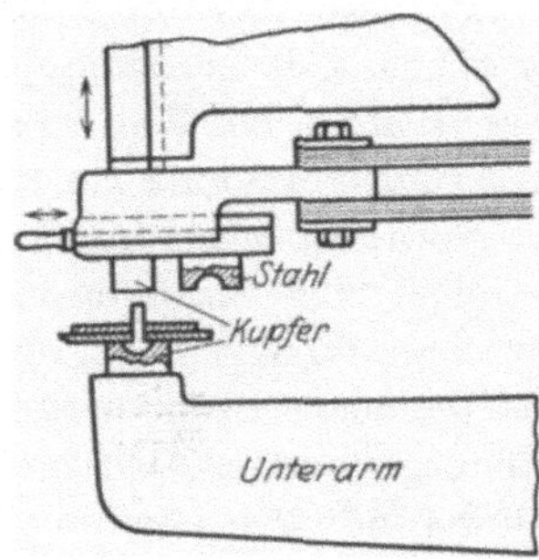

Abb. 169. Elektroden zum Nieten.

Mit diesen größeren Maschinen können auch elektrische Vernietungen vorgenommen werden. Zu diesem Zweck wird die Elektrode, die auch in diesem Falle aus Stahl bestehen kann, mit einer Aushöhlung für den

Nietkopf versehen. Aus Abb. 169 ist eine derartige Vernietung ersichtlich, wobei das Niet mit der unteren Platte verschweißt wird.

10. Elektrische Stahlschweißung.

Das Aufschweißen von Stahlplättchen auf Werkzeugstähle geringer Güte nach dem Widerstandsschweißverfahren ermöglicht große Ersparnisse. Aus diesem Grunde ist man schon früher dazu übergegangen, Dreh- und Hobelstähle so auszubilden, daß nur die unmittelbar zum Schneiden dienenden Teile aus Edelmaterial bestehen, während der schwere Werkzeugschaft aus billigem Material hergestellt wird.

Diese Aufschweißarbeiten können sowohl mit Punkt- wie auch mit Stumpfschweißmaschinen erreicht werden. Die Verschiedenheit der Schmelzpunkte und Widerstände hat gezeigt, daß diese Schweißung doch einige Anforderungen an den Schweißprozeß stellt, damit die nötige

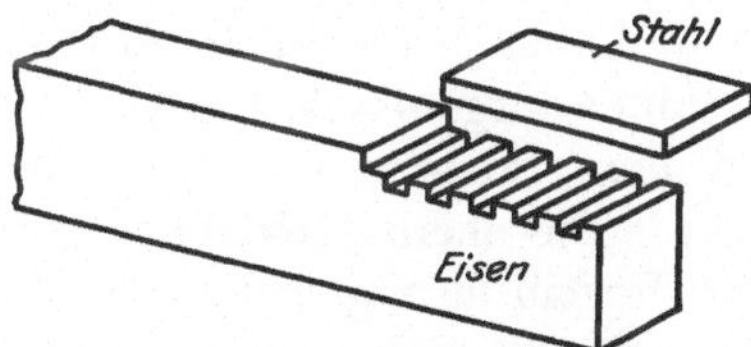

Abb. 170. Mechanische Vorbearbeitung bei Stahlplättchenschweißung.

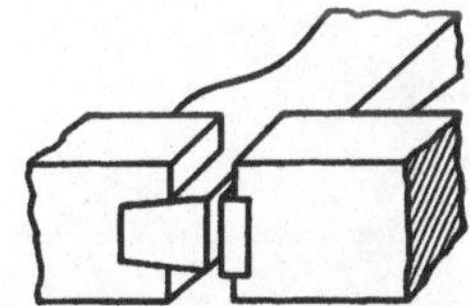

Abb. 171. Einbetten des Plättchens vor der Schweißung in Kupfer.

Festigkeit sowie die richtige Schweißung zustande kommen. Zu diesem Zwecke werden Hilfsvorrichtungen und Hilfsgriffe angewendet, welche es ermöglichen, solche Stähle in Massenfabrikation herzustellen. Die Verschiedenheit der Widerstände, sowie die größere Masse zwischen den beiden Kontaktstellen haben dazu geführt, daß das Edelstahlplättchen, bevor das andere Stück noch auf Schweißhitze kam, verbrannte. Man versuchte also eine gleichmäßige Temperatur dadurch zu erreichen, daß man die Stücke verschieden lang einspannte oder den Schaft vorher auf Rotglut erwärmte. Es ist auch durch mechanische Vorbearbeitung, wie aus Abb. 170 ersichtlich, eine innige Verbindung durch Schweißen geschaffen worden, indem man die Auflageflächen nicht glatt machte, sondern mit Einkerbungen versah, welche durch ihren größeren Widerstand die Hitze an der betreffenden Stelle konzentrierten. Eine andere Lösung zur Vermeidung der Überhitzung wurde durch Einbetten der Schnellstahlplättchen in Kupferbacken erzielt. Die Vorrichtung hierzu ist aus der Abb. 171 ersichtlich und besteht darin, daß das Schnellstahlplättchen in Kupferbacken geführt wird, welche die an der der Schweißstelle abgewendeten Seite des Plättchens überschüssige schädliche Wärme abführen und das Schnellstahlplättchen gegen Verbrennung schützen. Der Stahlhalter wird dagegen in einem die Wärme und den elektrischen Strom schlechter leitenden Material, z. B. Eisen und Stahl, eingebettet, um die Wärme im Stahlhalter zu konzentrieren und so eine schnelle Erwärmung des massigen Stahlhalterstückes zu erreichen. Die aufzuschweißenden Schnelldrehstahlplättchen müssen vor dem Aufschweißen zunderfrei geschliffen sein. So muß auch die Form bei allen gleichartigen und gleichgroßen Stählen dieselbe Größe haben, um ein einwandfreies Schweißen bei Massenfabrikation zu erreichen. Wie schon erwähnt, lassen sich die Aufschweißungen sowohl mit einer vorhandenen Punkt- wie auch Stumpfschweißmaschine bei Beachtung dieser Grundsätze ausführen.

Abb. 172. Stahlplättchenschweißmaschine.

Bei ganz großen Betrieben wird die Schweißung von Stählen in einer Werkzeugmacherei für das ganze Werk hergestellt, und für diese Arbeiten haben sich auch Spezialmaschinen ausgebildet. Die Abb. 172 zeigt eine Edelstahlaufschweißmaschine. Die obere Elektrode ist in einer Bogenführung gelagert. Sie läßt sich im Führungsbock nach vorn und hinten neigen und durch Drehung eines Handrades befestigen. Dadurch wird erreicht, daß beliebige Flächen des Stahls zur Elektrode passend gemacht werden können. Unabhängig von dieser Feststellung kann der Elektrodenhub durch Betätigung eines seitlichen Handrades getrennt eingestellt werden.

Die untere Elektrode ist zur Aufnahme des Stahlschaftes als Aufspannbock ausgebildet, der auf einer am Maschinengestell befestigten Aufspannplatte schwenkbar angeordnet ist. Die Aufspannplatte läßt sich ebenfalls in einer Bogenführung durch eine Klemmvorrichtung verstellen. Das Einspannen des Stahlschaftes erfolgt durch eine auf bequeme Weise schwenkbare Zwinge, so daß die Möglichkeit gegeben ist, sich den verschiedenartigsten Formen anzupassen. Durch eine wiederholt unterbrochene kürzere oder längere Stromgebung läßt sich die Erwärmung des Edelstahlplättchens in der richtigen Grenze halten, so daß eine übermäßige Erwärmung vermieden wird.

Die folgende Abbildung zeigt Stähle mit aufgeschweißten Plättchen aus Hochleistungsschnellstahl. Um die elektrische Schweißung vor

Inbetriebnahme der geschweißten Stelle noch eingehend kontrollieren zu können und um die durch die Schweißung entstehenden Materialspannungen zwischen Schnellstahl und Stahlschaft zu beseitigen, empfiehlt es sich, die Edelstahlplättchen in ungehärtetem Zustand aufzuschweißen. Nach dem Aufschweißen lassen sich die Stähle in ungehärtetem Zustand leichter in die endgültige Form schleifen, wobei eine Kontrolle der einwandfreien Schweißung möglich ist. Darauf werden die Stähle, um die vorhandenen Materialspannungen ganz zu beseitigen, durch langsames Erwärmen bis auf die Härtetemperatur gebracht, und zwar so, daß man sie um 90° verdreht, zwischen die Elektroden spannt und nur durch Stromstöße auf die Härtetemperatur bringt. Das Härten erfolgt dann genau so, als wenn die Stücke im Feuer oder Härteofen erwärmt würden. Die nach dieser Methode hergestellten Schnelldrehstähle ergeben eine vorzügliche Qualität, da sie durch keine Verunreinigung ihre gute Eigenschaft einbüßen können.

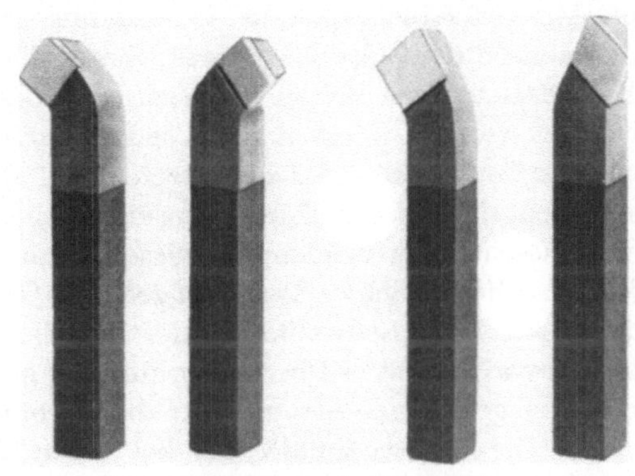
Abb. 173. Geschweißte Stähle.

11. Automatschalter.

Die Anforderungen, welche von Seiten der Betriebe an elektrische Punktschweißmaschinen gestellt werden, setzen Verbindungen voraus, die nicht nur eine zuverlässige und feste, sondern auch eine fast unsichtbare Verschweißung der Metallteile bedingen. Jede Verletzung der Oberfläche des zu verschweißenden Materials sowie auch jede Überhitzung oder Verbrennung würde den Ausschuß der Fabrikation derartig steigern, daß die sonst erheblichen Vorteile der elektrischen Punktschweißung aufgehoben würden. Insbesondere die Feinmechanik sowie die Elektroindustrie benötigen unsichtbare Verbindungen. Die Erkenntnis dieser Tatsache brachte den Bau von selbsttätigen Ausschaltern, auch Kontroller genannt, welche sich je nach ihrer Bauart in der Praxis einführten. Hierdurch wird erreicht, daß die Punktschweißung von der Geschicklichkeit und Aufmerksamkeit des Arbeiters unabhängig gemacht wird; im Prinzip arbeiten diese Schalter so, daß sie nach beendigter Schweißung den Primärstrom der Maschine ausschalten. Man hat für diese Arbeiten zuerst gleichbleibende Schaltzeit — Zeitgrößenmethode — vorgesehen, eine Maßregel, die sich infolge der Oberflächenbeschaffenheit auch bei gleichem Material nicht absolut bewährt hat. Aus dieser Erkenntnis ist man dazu übergegangen, die Charakteristik der Punktschweißung für die Steuerung des Schaltvorganges auszunutzen. Für dieses Prinzip kommen zwei verschiedene Konstruktionen in Betracht.

Der Schweißstrom ändert seine Größe während des Vorganges, und zwar wächst er durch Verminderung des Widerstandes. Wenn also zwischen den beiden Blechen der Übergangswiderstand durch Aneinanderpressen verkleinert und die Vereinigung erreicht wurde, so erfolgte ein Anwachsen des Schweißstromes; dieses Anwachsen kann mit Hilfe von Maximalschaltern bei einem gewissen Höhepunkt für die Ausschaltung benutzt werden. Hierbei bleibt jedoch unberücksichtigt, daß infolge ungleicher Materialoberflächen wechselnde Bedingungen auch einen verschiedenartigen Verlauf der Schweißstromkurve ergeben. Trotzdem also die Ausschaltung in einem gewissen Punkt der Schweißstromkurve erfolgt, ist die der Schweißstelle zugeführte Gesamtenergie verschieden und damit auch das Schweißergebnis. Bei diesem wie bei dem ersten Zeitprinzipvorgang ist es für die Verbindung gleichgültig, ob während dieser Zeit eine genügende Stromstärke die Verbindung bewerkstelligt hat oder nicht. Die Fehlermöglichkeiten bei diesen Konstruktionen sind also noch immer vorhanden, so daß eine vollkommene Lösung des Problems nur unter Berücksichtigung noch einiger Faktoren erzielt werden kann. Eine Verbesserung der Stromgrößen- und Zeitgrößenmethode kann durch eine Kombination beider Methoden erzielt werden. Die in jedem einzelnen Schweißpunkt nutzbar gemachte Wärme setzt sich aus dem Produkt der zustandekommenden mittleren Schweißstromstärke und der Zeitdauer des gesamten Stromflusses zusammen. Ändert sich eine dieser beiden Größen, so muß sich das Schweißresultat auch ändern. Ein Beispiel diene zur besseren Veranschaulichung des Vorganges.

Wird an einem Stück Zunderblech ein einzelner Punkt geschweißt, und zwar an einer Stelle, die stark verzundert ist, so kommt für eine Schweißdauer von 2 Sekunden ein gewisser Schweißstrom zustande, der die Erhitzung des Bleches herbeiführt und eine gute Schweißung erzeugt. Das Produkt der mittleren Schweißstärke und der gesamten Schweißdauer erreicht somit die Größe $\tau \cdot J_2$. Wird daneben ein zweiter Schweißpunkt gesetzt und ist zufällig der Zunder an dieser Stelle abgesprungen, und erhöht sich durch den kleineren Widerstand der Schweißstrom um das Doppelte, so würde bei einer Schweißdauer von 2 Sekunden das Produkt die doppelte Größe erreichen, praktisch heißt das, die Schweißstelle verbrennt. Soll auch hier eine gute Schweißung erzielt werden, so muß die Schweißdauer selbsttätig auf die Hälfte verkürzt werden, um das Produkt der Zeit und mittleren Stromstärke gleich zu machen und damit die erzielte Schweißhitze mit der im ersten Falle erreichten in Übereinstimmung zu bringen.

Die drei Verfahren können schaubildlich wie folgt dargestellt werden:

Abb. 174 zeigt drei Schweißpunkte bei konstanter Zeit.

Abb. 175 zeigt das Ausschalten bei gleichbleibendem Maximalstrom.

Abb. 176 zeigt die Kombination, wobei die Flächeninhalte, die proportional der Energie sind, gleiche Größe haben; nach theoretischen Erwägungen unter Annahme gleicher Drossel-, Abkühlungs-, Strahlungsumstände ergeben die beiden Punkte gleiche Güte.

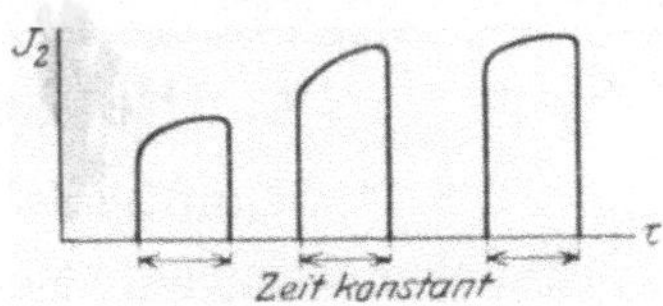

Abb. 174. Diagramm des Verfahrens mit konstanter Zeit.

Die Zeitregelung wird durch eine mechanisch angetriebene Vorrichtung bewerkstelligt. Die elektrische Stromsteuerung kann primär- und sekundärseitig abgenommen werden. In Abb. 177 ist ein derartiger Kontroller,

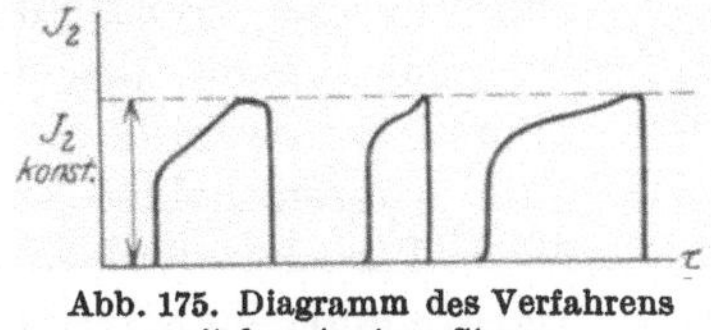

Abb. 175. Diagramm des Verfahrens mit konstantem Strom.

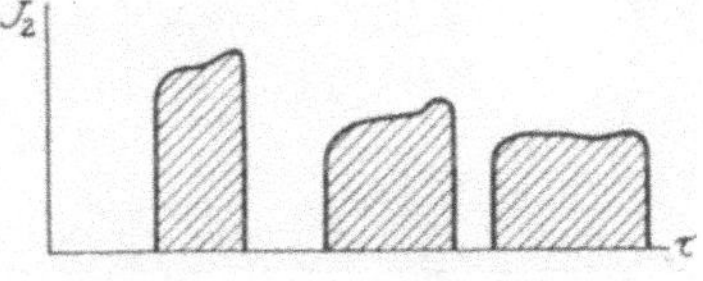

Abb. 176. Diagramm des Verfahrens mit konstanter Leistung.

welcher nach dem ersten Prinzip arbeitet, abgebildet. Er nimmt den durchfließenden Strom des Oberarmes mit Hilfe eines kleinen Eisenkerns auf, welcher von diesem magnetisiert wird. An diesem Kern befinden sich einige Windungen mit Anzapfungen, in welchen der Reglerstrom induziert zu den Relaisspulen fließt. Mit erhöhter Windungszahl erhöht sich die Regelspannung, wodurch eine stufenweise Einstellung des Auslösens erfolgt. Aus der vorher besprochenen Abbildung 165 ist die innere Anordnung und Schaltung des Zeitstromschalters ersichtlich. Da sich die Sekundärströme wie Primärströme verhalten, so kann der Primärstrom in genau derselben Weise zur Steuerung dienen.

Abb. 177. Zeitstromschalter.

Durch diese Schalter ist es möglich geworden, Schweißzeiten von $^1/_{100}$ Sekunde zu erzielen, eine Schaltzeit, welche insbesondere bei den gut leitenden Metallen die Güte der Verbindung und Verhinderung des Elektrodenverschleißes begünstigt hat. Die Versorgung der Schweißstelle mit Strom nach dem Schweißen ist auch eine Energievergeudung, welche bei den ohne Schalter arbeitenden Punktschweißmaschinen sehr häufig vorkommt. So wird durch Anbringung dieser Schalter nicht nur die gleiche Qualität erreicht, sondern es wird auch Strom gespart.

Was den äußeren Aufbau dieser Automatschalter anbetrifft, so sind fast sämtliche vollkommen geschlossen und ohne weiteres an jede beliebige Schweißmaschine anzubringen, und nur die Einstellung, welche die Zeit sowie die Stromorgane steuert, muß von Fall zu Fall vorgenommen werden.

X. Die Nahtschweißmaschinen.

1. Handbetätigte Nahtschweißmaschinen.

Durch Anbringung von Rollenpaaren an einer gewöhnlichen Punktschweißmaschine kann man diese Maschine in eine Nahtschweißmaschine verwandeln. Die Nähte werden so geschweißt, daß entweder die Rollen oder aber das Werkstück bewegt wird. Die charakteristischen Merkmale beschränken sich also in der Hauptsache auf die Ausbildung der Bewegung und der stromführenden Teile. Nach der Ausbildung der stromführenden Teile unterscheidet man Zweirollenschweißungen und Dorn- und Rollenschweißungen. Die Zweirollenschweißung war das naheliegendste, zugleich auch die erste Verwendung der Nahtschweißung.

Abb. 178. Handbetätigte Nahtschweißmaschine.

Der Unterarm an der Punktschweißmaschine wurde mit einer Rolle versehen, welche drehbar und stromführend durch die bewegte Oberrolle mitbewegt wurde. Die obere Rolle erhielt zu diesem Zweck einen Drehhebel und wurde von Hand betätigt (Abb. 178). In dieser Gestalt eignet sich die Maschine zum Schweißen von kürzeren Nähten. Die stromführenden Rollen müssen mit besonderer Sorgfalt in den Armen gelagert werden, da sie während der Bewegung ihren Strom aufnehmen, und bei Unebenheit der Flächen dadurch leicht die Kontaktstelle zerstört wird. Diese Maschinen werden auch längere Zeit beansprucht als die gewöhnlichen Punktschweißmaschinen, infolgedessen liegt es nahe, eine größere Type zu wählen, als sie für Punktschweißung in Frage kommen würde.

Die Kühlung der Elektrodenrolle ist aus Abb. 179 ersichtlich. Das durchfließende Wasser wird durch eine Scheidewand bis an den äußersten Umfang der Rolle längs den Wandungen geleitet und fließt dann in der mittleren Achse ab. Die untere Rolle sitzt mit ihrem halben Umfang im Wasserbad, wobei durch die Öffnung ebensoviel Wasser zufließt, wie an der unteren Öffnung abfließen kann. Diese Kühlungsart wird auch bei den später zu besprechenden Nahtschweißmaschinen mit mechanischem Antrieb verwendet.

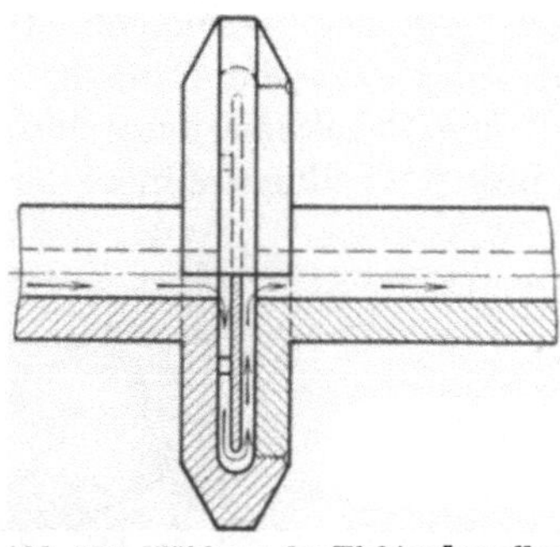

Abb. 179. Kühlung der Elektrodenrollen.

Eine zweite Ausführung ohne mechanischen Antrieb für die Schweißung von Längsnähten an Blechzylindern, insbesondere für Taschenlampenbatterien, ist aus der Abb. 180 ersichtlich. Die untere Elektrodenrolle hat hier eine dornförmige Gestalt und bildet zugleich das Kaliber für die Hülsen. Der Dorn ist auf einem beweglichen Schlitten montiert, der unten eine Zahnstange besitzt. Der seitlich angebrachte Hebel greift mit einem Zahnrad in diese Zahnstange und ermöglicht das Bewegen des Dornschlittens. In Abb. 181 ist eine ähnliche Maschine abgebildet, jedoch mit rechtwinkliger Elektrodenstellung, wodurch die

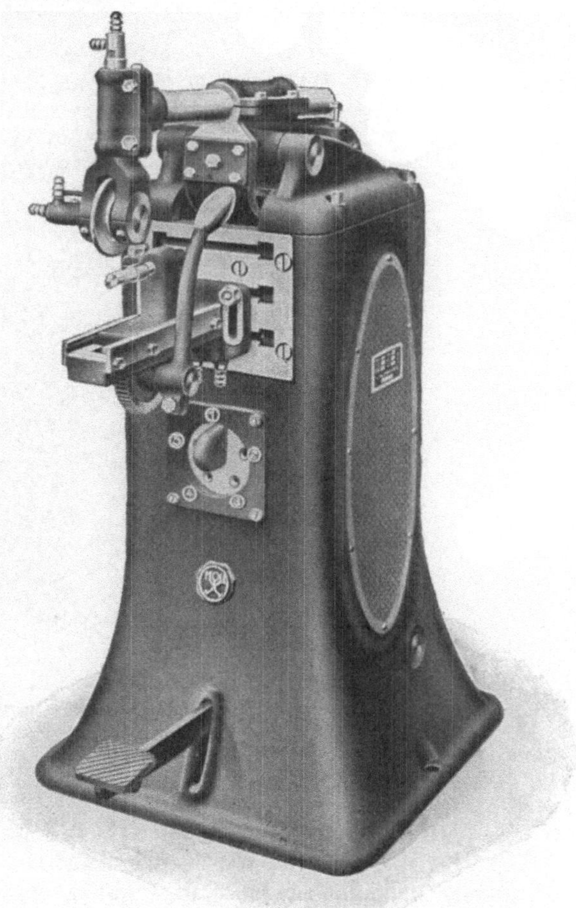

Abb. 180. Handbetätigte Dornnahtschweißmaschine für lange Nähte mit Querarm.

Schweißlänge wesentlich größer ist. Die Betätigung dieser Maschine geschieht folgendermaßen:

Die Druckbewegung durch den Fußhebel erfolgt ebenso wie bei den Punktschweißmaschinen derart, daß der Strom erst nach Erreichung

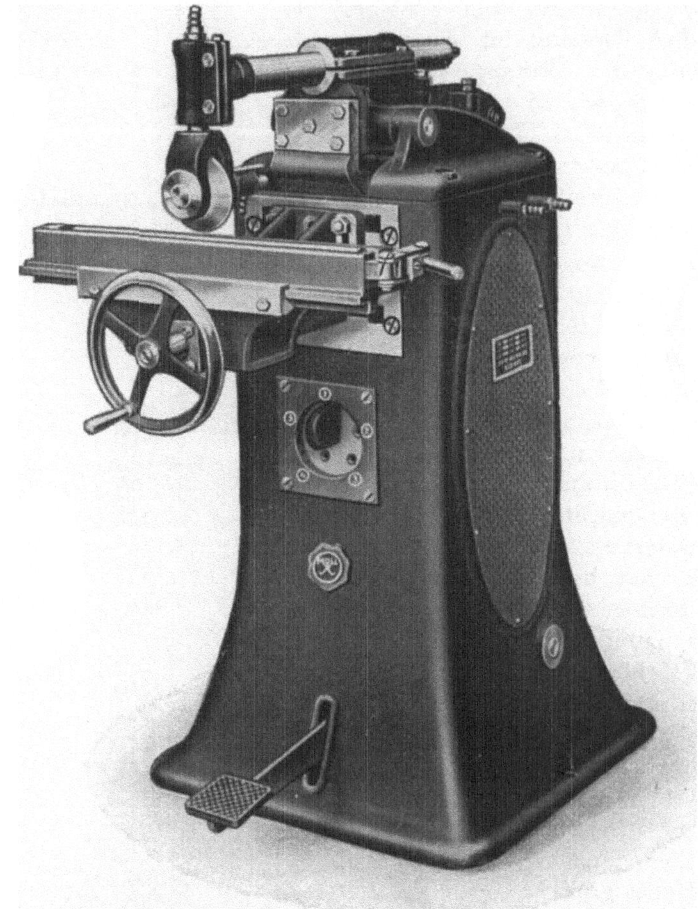

Abb. 181. Schweißmaschine mit Spezial-Quernahtschlitten.

eines bestimmten Druckes eingeschaltet wird, und dann die Bewegung der Rollen oder des Dornes erfolgt.

2. Nahtschweißmaschinen mit mechanischem Antrieb für Längsnähte.

Weiter gehende Anforderungen haben Nahtschweißmaschinen mit mechanischem Antrieb hervorgebracht. Hierzu wurden die Rollen mit Antrieb versehen. Im allgemeinen werden für diesen mechanischen Antrieb bei Längsnahtmaschinen die oberen Rollen, bei Rund- und Quernahtmaschinen die unteren Rollen verwendet. Die erste Ausführung, welche sehr einfach und mit sehr geringen Anschaffungskosten verbunden war, besaß Kettenantrieb (Abb. 182). Hierbei erhielt die verlängerte Welle der oberen Elektrode ein kleines Kettenrad, und am Maschinengehäuse wurde ebenfalls ein Rad in entsprechendem Übersetzungsverhältnis aufmontiert. Die Kette ermöglichte eine gute Kraftübertragung bei Verstellbarkeit des Oberarmes und folgte der drehenden Bewegung beim Niedertreten des Elektrodenarmes. Um die Schweißstücke nicht vorher heften zu müssen, wurde eine Kupplung vorgesehen, welche dann beim Nahtschweißen von Hand eingerückt wurde. Die erforderlichen Geschwindigkeiten mußten bei diesen Rollen so bemessen sein, daß die Schweißrolle bei den entsprechenden Blechen die in der Tabelle für Nahtgeschwindigkeiten enthaltene Umfangsgeschwindigkeit besaß.

Abb. 182. Nahtschweißmaschine mit Kettenantrieb.

Eine zweite Ausführung des mechanischen Antriebs bei kontinuierlich drehenden Rollen ist der Kegelräderantrieb oder der Antrieb durch biegsame Wellen. Eine mit Kardangelenk und Schneckenübersetzung angetriebene Maschine ist aus der Abb. 183 ersichtlich, wobei die Maschine, um die Geschwindigkeiten veränderlich zu gestalten, mit Stufenscheibe versehen wurde.

Abb. 183. Längsnahtschweißmaschine.

3. Nahtschweißmaschinen für Längs- und Rundnähte.

Fast jede Nahtschweißmaschine, die für Längsnähte eingerichtet ist, kann mit entsprechendem, in Abb. 184 dargestelltem Bodenarm für

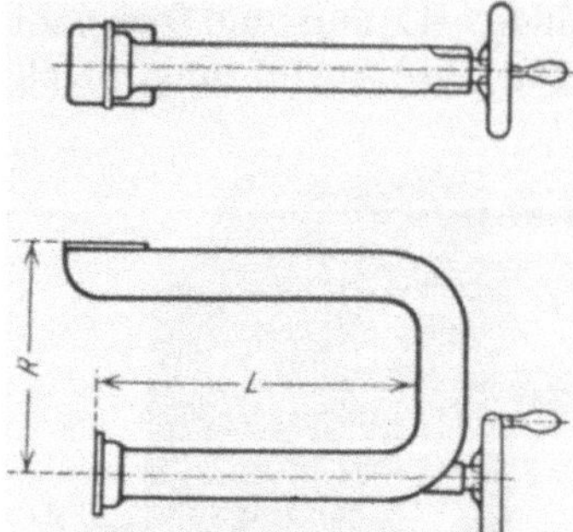

Abb. 184. Bodennahtarmatur für Nahtschweißmaschinen.

Rund- und Quernähte verwendet werden. Diese Anordnung eignet sich für kleinere Betriebe, bei denen sich der Anschaffungspreis für eine besondere Maschine nicht lohnen würde. Der Stromweg vergrößert sich, dadurch fällt die Leistung etwas ab.

Eine zweite Maschine, die mit sogenanntem Ideal-Rollenkopf sowohl für Längs- wie auch für Rundnähte eingerichtet ist, zeigt Abb. 185. Durch Auswechslung des Unterarmes und Verdrehen

Abb. 185. Kombinierte Nahtschweißmaschine für Längs- und Rundnähte.

der Oberrolle arbeitet diese Maschine einmal als Längsnahtmaschine, das andere Mal als Rundnahtmaschine. Die Übersetzung für die Nahtgeschwindigkeiten wird durch Stufenscheiben sowie durch Schraubenräder herbeigeführt. Die Stromregulierung bei dieser Maschine erfolgt durch Stecker, welche eine 25fache Veränderung des Schweißstromes und der Schweißspannung ermöglichen. Der Transformator ist vollständig im Gehäuse eingebaut und primärseitig luftgekühlt. Sekundärseitig ist die Maschine mit der mehrfach erwähnten Umlaufkühlung versehen.

Der Oberarm wird mittels Fußhebels oder auch durch Einbau automatischer Huborgane betätigt. Diese Maschinen dienen zum Schweißen möglichst blanker Bleche, wobei weder die Transportbewegung noch der Schweißstrom unterbrochen werden. Die Schweißung, welche durch diese Maschine ausgeführt wird, ist bei dünnen Blechen sehr brauchbar und wirtschaftlich.

4. Stromunterbrecher.

Das zweite Verfahren mit ständig drehender Rolle, jedoch mit Stromunterbrechung, erforderte keine besonderen Maschinenveränderungen, sondern nur in dem Stromkreis liegende Schalter, welche mittels mechanischen Antriebes den Strom entsprechend den Erfordernissen zu- und abschalten. Wie schon erwähnt, bestehen diese Schalter aus Klopfschaltern, welche sich hier hervorragend bewährt haben, und zwar bedürfen dieselben bei einer Stromstärke von über 100 Ampere noch separater Funkenlöscher. In Abb. 186 ist ein derartiger Schalter veranschaulicht. Die Betätigung der Klopfschalter erfolgt durch eine Zugstange, welche aus Isolationsmaterial besteht. An der Exzenterscheibe, welche diese Stange bewegt, erfolgt die Bewegung durch die Übertragung von einer Planscheibe, an welcher die Reibscheibe beweglich mit dem Nutenkeil angebracht wird, so daß durch die Entfernung vom Mittelpunkt eine schnellere Unterbrechung hervorgerufen wird.

Abb. 186. Unterbrecher.

Diese Arbeitsweise hat sich bei den Nahtschweißmaschinen bewährt, weil die Abnutzung der Kontakte infolge der kleinen Hubbewegung eine geringe ist. Es ist auch möglich, den Strom durch dieselbe Vorrichtung von einer Phase auf zwei Maschinen zu verteilen oder einen Dreiphasenstrom in einer Phase arbeiten zu lassen. Diese Stromverteilung ist aus der nebenstehenden Abb. 187 ersichtlich. Die Schweißmaschinen haben die gleiche Gestalt wie vorher, und diese Stromverteilungs-Schalter können an beliebige Maschinen, entweder dicht an der Maschine oder in beliebiger Entfernung davon angebracht werden.

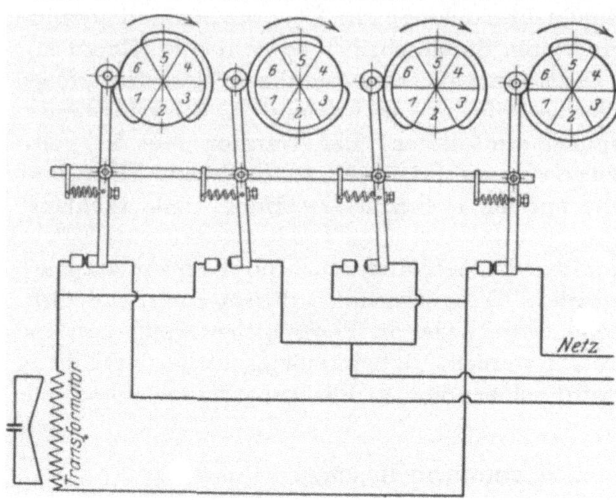

Abb. 187. Stromverteiler auf eine Maschine bei 3 Phasen.

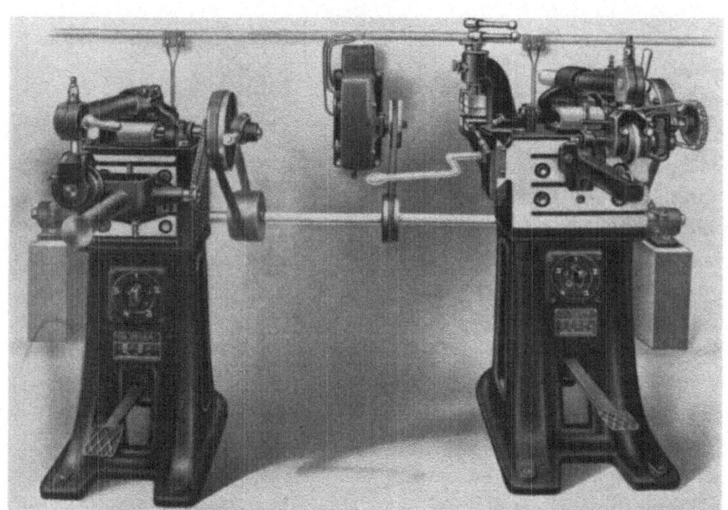

Abb. 188. Doppelsparschalter bei zwei Nahtschweißmaschinen.

5. Doppelsparschalter.

Die Unterbrechung kann sowohl durch mechanische wie auch elektrische Betätigung herbeigeführt werden. Eine sehr bewährte Methode ist die, daß man den Strom durch das Unterbrechen auf zwei Maschinen verteilt. Eine derartige Anordnung ist aus der Abb. 188 ersichtlich, wobei die eine Maschine die Längsnähte, die andere die Rundnähte schweißt; beide Maschinen werden durch eine gemeinsame Welle angetrieben, und der für den Schalter nötige Antrieb wird durch einen Riemen übertragen.

Der Schalter ermöglicht infolge seiner Exzentersteuerung, den Strom der Umdrehungszahl entsprechend zu unterbrechen, wobei während einer Umdrehung die beiden Maschinen wechselseitig mit Strom versorgt werden. Durch diese Anordnung ist es möglich, zwei Maschinen

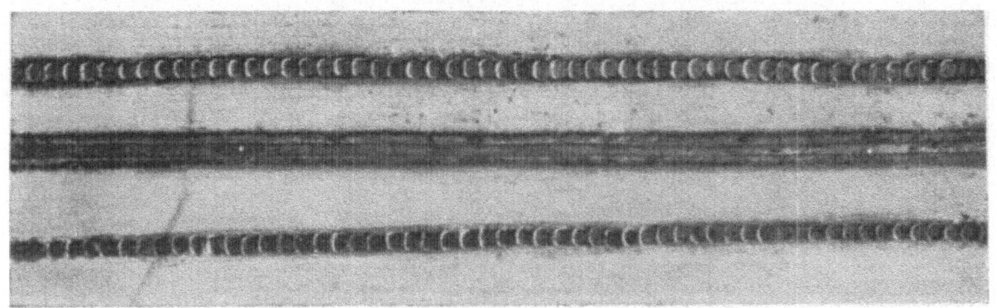

Abb. 189. Nähte mit Unterbrechung geschweißt.

von derselben Leitung zu speisen und die Zuleitung nur für eine zu dimensionieren.

In der obenstehenden Abb. 189 sind Nähte abgebildet, welche mit unterbrochenem Strom auf den dargestellten Maschinen erzielt wurden. Wir sehen, daß man es in der Hand hat, die Schweißpunkte in einiger Entfernung von dem Schweißpunktdurchmesser zu einer Naht zu vereinigen, wie auch dieselben ganz überlappt auszuführen.

6. Die nach dem Rollenschrittverfahren arbeitenden Nahtschweißmaschinen.

Die nach dem Prinzip „Stromunterbrechung unter gleichzeitiger Bewegung“ oder aber „Stromzuführung unter stehender Rolle“ arbeitenden Maschinen haben eine große Anzahl von Typen entstehen lassen, welche, um diesem Zweck zu entsprechen, mechanisch angetrieben werden müssen. Die Stromunterbrechung erfordert Schalter, welche mit dem mechanischen Teil so gekuppelt werden, daß in dem Augenblick, in dem die Bewegung aussetzt, die Stromeinschaltung erfolgt; die Ausschaltung geschieht gerade noch unter der stehenden Rolle, darauf setzt die Bewegungsperiode ein. Nach dieser beginnt der Vorgang von neuem. Die Schalter werden zu diesem Zweck durch Nocken betätigt. Aus der Abb. 190 ist ersichtlich, daß die Nocken *A* für die Transportbewegung und *B* für die Schaltbewegung auf derselben Welle sitzen; sie sind aber unter einem bestimmten Winkel gegeneinander verstellt. Die erste Nocke arbeitet auf einem Hebel, welcher, in einem drehbaren Gelenk gelagert, die Antriebsstange für die obere Rolle trägt. Die Nocke drückt das auf

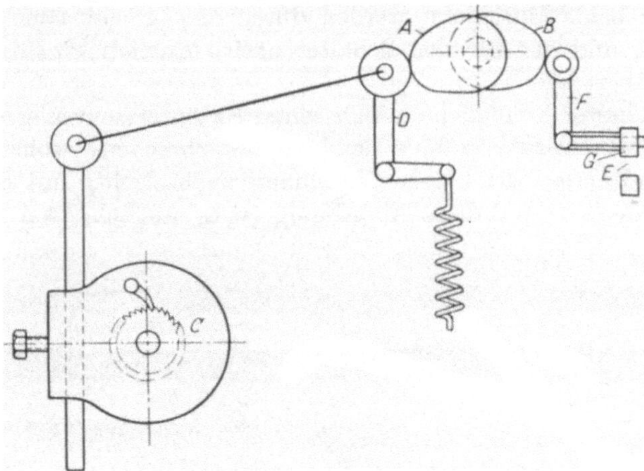

Abb. 190. Schema der Rollenschrittbewegung.

diesem Hebel befestigte Rädchen fort, wodurch die Zugstange die Rolle C um diesen Winkel bewegt. Nach dieser Bewegung zieht die rückwärts angebrachte Feder die Antriebsstange zurück, so daß bei der nächsten Umdrehung das Spiel von neuem beginnen kann. Die mitnehmende Kupplung, welche durch die Stangenbewegung betätigt wird, muß natürlich in ihrer Bewegung mit rückwärts schreitender Stange gehemmt werden, was durch eine Klinke oder ein Bremsband geschieht. Durch Änderung der Hebelgelenke ist es möglich, die Schrittbewegung einzu-

Abb. 191. Längsnahtrollenschrittmaschine 12 kVA.

stellen, und zwar sowohl am rückwärtigen Hebel, indem man mittels der Anschlagschraube die Rolle nicht ganz auf dem Nocken aufsitzen läßt, wie auch durch Verlängerung oder Verkürzung des Kupplungshebels. Die untere Rolle erhält bei den Längsnahtmaschinen keinen Antrieb, sondern wird durch die obere Rolle mitgenommen. Die Lagerung beider Rollen ist, um leichtes Nachstellen der abgenutzten Kontaktflächen zu ermöglichen, in einem trapezförmigen Keil (Abb. 191) vorgesehen. Die Druckgebung wird während der ganzen Länge konstant gehalten und fördert den Stromübergang an den Elektrodenlagern. Das Größenverhältnis der beiden Elektrodenrollen ist wegen der Verschiedenheiten der Aufliegeflächen zu beachten. Eine ganz kleine Rolle führt auch bei diesem Verfahren zum Verschmoren. Deswegen ist es vorteilhaft, die Rollen fast in gleichem Durchmesser auszuführen.

Abb. 192. Rundnahtmaschine 12 kVA.

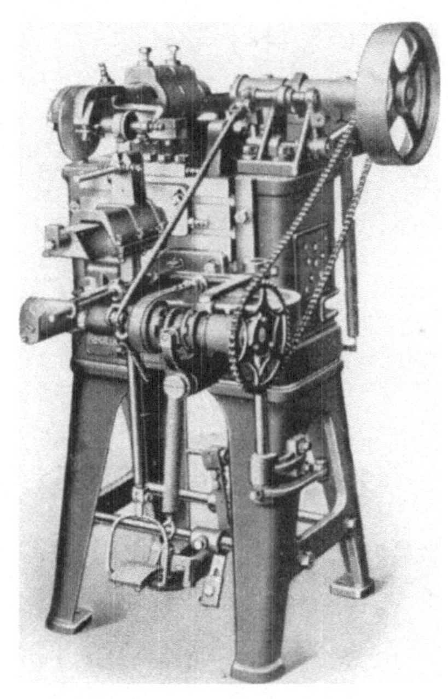

Abb. 193. Dornlängsnahtmaschine.

Eine für Rund- und Quernähte bestimmte Maschine, nach dem Rollenschrittverfahren arbeitend, zeigt die Abb. 192. Der Antrieb erfolgt in genau derselben Weise wie bei der früher besprochenen Längsnahtmaschine, mit dem Unterschiede, daß die hier bewegte Rolle untere Elektrode wird. Die vorher hin- und rückbewegte Kupplungsstange arbeitet hier auf eine Mitnehmerklinke, welche auf einer Welle ein Sperrrad und eine Sperrklinke trägt. Diese Welle greift dann mittels eines Kegelrädchens in die Rolle.

Eine spezielle Konstruktion zur Schweißung von Längsnähten an engen, rohrförmigen, kleineren Gegenständen bildet die in Abb. 193 dargestellte Dornlängsnahtmaschine, ebenfalls nach dem Rollenschrittverfahren arbeitend. An dem oberen Deckel ist der schon besprochene Schrittnocken gelagert, welcher den unteren Schlitten mittels Gestänge ruckweise bewegt. Durch ein Kettenrad von der oberen Welle und eine Kupplung, welche durch Feder beim Abheben des Fußhebels in die Rückzugslage gebracht wird, wird der Schlitten in beschleunigter Weise in seine ursprüngliche Stellung geführt. Der kleine Dorn, welcher am Schlitten sitzt, dient zum Kalibrieren und ist leicht austauschbar. Mit dieser Maschine lassen sich erfolgreich Konservendosen aus Weißblech schweißen. In diesem Falle wird statt der schmalen Oberrolle ein ungefähr 200 mm breiter Zylinder in schräge Richtung gestellt, wodurch sich die Schweißnähte an diesem spiralförmig abwickeln. Auf diese Weise wird eine sehr große Lebensdauer der Elektrode erreicht, und da dieselbe infolge ihrer größeren Abmessungen kalt bleibt und überdies gute Kühlung besitzt, fallen die Nähte besonders sauber aus.

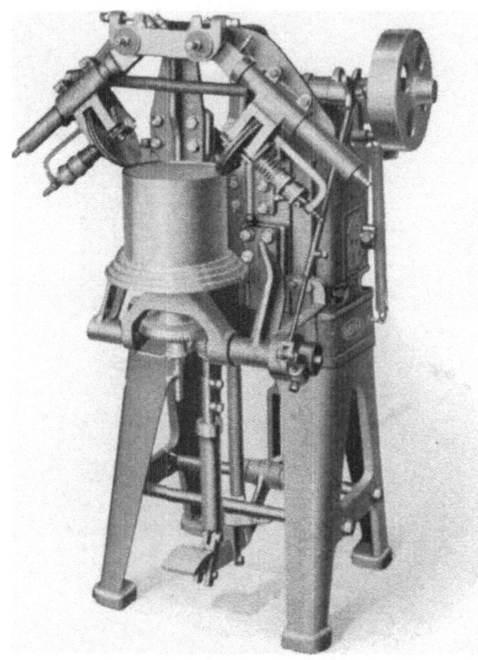

Abb. 194. Bodenschließ-Schweißmaschine nach dem Rollenschrittverfahren arbeitend.

Eine Spezialmaschine, welche zum Schließen der Bodennähte nach dem Rollenschrittverfahren arbeitet, ist aus der obigen Abb. 194 ersichtlich. Dieselbe besitzt zwei unter spitzem Winkel stehende stromführende Elektroden, welche das Werkstück schließen und es zugleich mit dem als runde Scheibe ausgeschnittenen Boden verschweißen. Der Stromdurchgang vollzieht sich also nicht direkt zwischen den beiden Elektroden, sondern zwischen Elektroden und kupfernem Kurzschließer, welcher gleichzeitig als Kaliber ausgebildet ist.

Dieselbe Arbeitsweise, jedoch an einer gewöhnlichen Quernahtmaschine, ist aus der folgenden Abb. 195 ersichtlich. Die untere Elektrode besitzt den für die Gefäße zugepaßten Kaliberdorn, wobei der Anschlag in Form einer abgestuften Scheibe verstellbar ist.

Eine andere Spezialmaschine nach dem Rollenschrittverfahren zum Einschweißen von Ausgüssen an Teekannen, Kaffeekannen usw. ist in der untenstehenden Abb. 196 dargestellt. Die Maschine liefert eine Schweißnaht mit runder Übergangskante zwischen Körper und Ausguß. Sie ist deshalb besonders vorteilhaft für Emaillierwaren. Der mit dem Ausguß versehene Gegenstand ruht während der Schweißung auf der unteren Kopfelektrode, während die obere in Segmentform ausgebildet den Ausguß an der Basis umfährt. Die obere Elektrode wird ebenfalls durch das vorher besprochene Gestänge schrittweise bewegt.

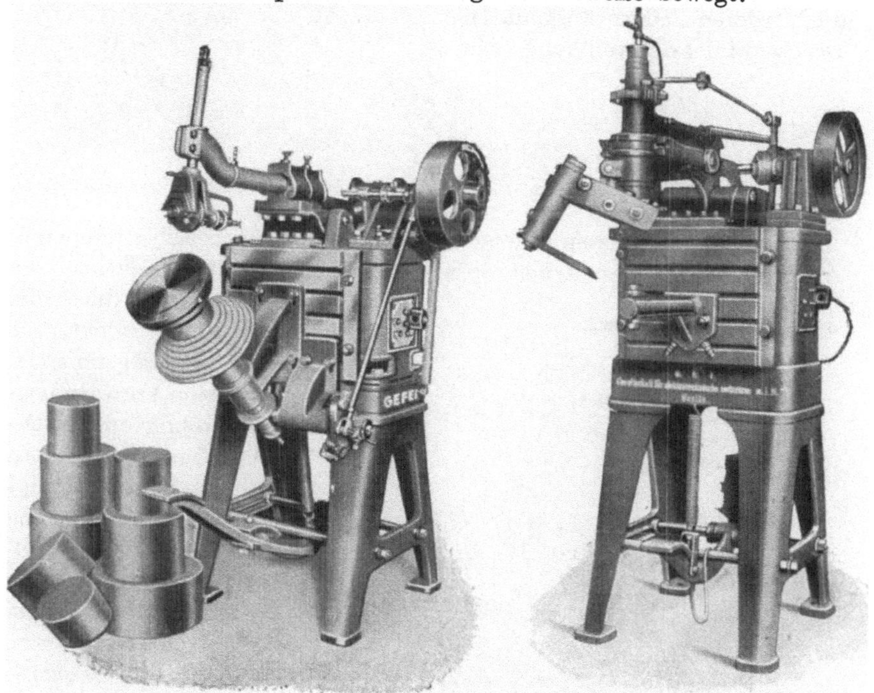

Abb. 195. Bodenschweißmaschine. Abb. 196. Ausgußschweißmaschine.

In derselben Weise werden auch nach dem Rollenschrittverfahren arbeitende Maschinen für das Einschweißen von Spundflanschen bei Eisenfässern gebaut.

Für die Eisenfaßfabrikation bedient man sich der Längsnahtschweißung entweder nach dem Rollen- oder aber nach dem Dornverfahren. Für Rundnähte kommen Rundnahtmaschinen in Betracht. Da solche Nähte meistens eine erhebliche Länge besitzen, kam man auf den Gedanken, Maschinen mit drei hintereinander arbeitenden Elektroden zu bauen sowohl für Längs- als auch für Rundnähte. Durch Verwendung von drei Elektroden wird auch ermöglicht, das Drehstromnetz gleichmäßig zu belasten, was bei diesen größeren Leistungen von Vorteil ist. Da die Arbeit durch drei Rollen ausgeführt wird, beträgt die aufzuwendende Zeit nur $^1/_3$, was selbstverständlich einen wirtschaftlichen Vorteil bedeutet, da die Maschine nur von einem Mann bedient wird.

In Abb. 198 ist eine Längsnahtmaschine, ebenfalls nach dem Rollenschrittverfahren arbeitend, dargestellt. Bei dieser Maschine wird das Faß schrittweise auf einer Schienenführung bewegt. Die drei Elektrodenrollen ruhen mit dem durch die vorderen Federn ausgeübten Druck auf der Schweißnaht. Die Schweißpunkte müssen so eingestellt werden, daß sie sich summieren. Aus Abb. 197 ist diese Arbeitsweise mit drei Elektroden ersichtlich. Es entsteht also durch die drei Rollen nicht, wie vielfach angenommen wird, eine Vorwärmung, Schweißung und Nachschweißung, sondern jede Elektrode erzeugt einen Schweißpunkt, zu welchem dann je ein weiterer von der zweiten und dritten Elektrode hinzukommt. Hierdurch wird bedingt, daß die Schrittlänge höchstens die dreifache Schweißpunktgröße betragen kann.

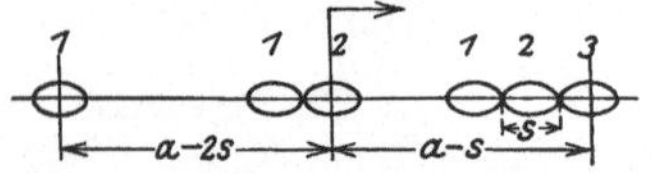

Abb. 197. Dreirollenverfahren.

Abb. 198. Längsnahtmaschine für Eisenfässer.

Abb. 199. Faßbodenschweißmaschine.

Für Rundnähte kommt die in Abb. 199 abgebildete Maschine in Betracht. Dieselbe besitzt drei Transformatoren, welche als Einphasentransformatoren ausgeführt hängend auf einem Eisenkonstruktionsständer angebracht werden. Die Druckbewegung der Elektroden, welche unter einem Winkel von 120° angebracht werden, erfolgt durch Hebelübersetzung. Diese Maschine arbeitet also im Gegensatz zu der früheren mit einem einfachen Schritt, so daß sich nach Zurücklegung einer drittel Umdrehung die Nähte summieren. Die Schrittbewegung erfolgt durch den Drehtisch, welcher zugleich gehoben oder gesenkt werden kann. Die Geschwindigkeitsregulierung geschieht durch einen Räderkasten, der in dem unteren Gestell der Maschine gekapselt ist.

7. Nahtschweißmaschinen mit wandernder Rolle und stehendem Werkstück.

Bei den vorherigen Maschinen mußte das Werkstück zwischen den beiden Rollen weiterbewegt werden. Dies ist nur solange betriebstechnisch möglich, als die Stücke kein erhebliches Gewicht besitzen. Fällt das

Abb. 200. Wanderrollenschweißmaschine.

Stück jedoch schwerer aus als die Rolle samt Lagerung, so ist die Verwendung von Wanderrollenschweißmaschinen von Vorteil. Eine für lange Längsnähte bestimmte Maschine nach diesem Prinzip ist aus der Abb. 200 ersichtlich. Die Schweißung vollzieht sich zwischen der Rolle und dem Dorn, und zwar so, daß die Rolle aus ihrer tiefsten Lage nach vorn schrittweise bewegt wird. Der Dorn oder auch Unterarm besteht aus Kupferrohr, welches auf einen Stahldorn gelagert und so angeordnet ist, daß das Kühlwasser an dem Rohr entlang läuft. Außerdem sind die Wandungen so bemessen, daß das Rohr nach längerer Inbetriebnahme abgedreht werden kann. Durch Lösen der Muttern am Unterflansch kann der Dorn gedreht werden, so daß er nach und nach auf seiner ganzen Umfangsfläche benutzt wird.

Die Geschwindigkeit ist bei dieser Schweißung genau dieselbe wie bei der Rollenschweißung. Infolgedessen muß die Riemenscheibe ungefähr mit 200 Umdrehungen pro Minute angetrieben werden. Der mechanische Antrieb ist dem Zwecke entsprechend mit schrittweiser Vorwärts- und beschleunigter Rückbewegung ausgebildet. Die Anbringung dieser Vorrichtung ist aus der Detailabb. 201 ersichtlich. Der durch die Kurvenscheibe E bewegte Hebel H bewegt das Klinkhebelsystem K und dreht dadurch die das Schraubenrad S tragende Welle schrittweise. Dieses Rad wirkt auf ein Gegenrad S_2. Das andere Schraubenrad R dreht sich mit der Hauptwelle gleichförmig und wirkt auf ein auf der gleichen Welle wie S_2 sitzendes Gegenrad. Die Feder F, welche als Blattfeder ausgebildet ist, kuppelt nun je nach ihrer Stellung eine Kupplung mit dem Gegenrad von S oder R. Demnach wird der Schlitten, welcher die Schweißrolle L (Abb. 202) trägt, entweder schrittweise vor oder beschleunigt zurückgeführt. Die Feder F ist mit dem Druckgestänge 2, 3, 4, 5 gekuppelt und legt deshalb die von ihr gesteuerte Kupplung bei nach unten gedrückter Rolle L auf Rücklauf. Die an der Fortsetzung der Stange 1 befindlichen Anschläge begrenzen die Fahrtlänge derart, daß die Bewegung nach Erreichung der Anschläge selbsttätig abschaltet. Die Schrittlänge kann durch Verstellen der Koppelstange wie bei den Rollenmaschinen verändert werden. Die Druckbetätigung und Hubbewegung erfolgen bei diesen Maschinen durch mechanischen Druckschalter (siehe Abb. 155 S. 108). Derselbe ist ein Umlaufräderbetrieb, welcher durch zwei Bremsbänder gesteuert wird. Die beiden Bremsbänder werden wieder durch eine nach je einer halben Umdrehung auf einem Nocken auflaufende Schaltwalze betätigt. Je nachdem, ob die Walze auf dem einen oder anderen Nocken aufläuft, wird die Kurbel im untersten oder obersten toten Punkt stehen bleiben. Die Schaltwalze wird mittels des Fußhebels durch einen Bowdenzug betätigt. Der Unterarm muß in solcher Höhe an der Stirnplatte der Maschine befestigt werden, daß bei

Abb. 201. Detailfigur.

niedergedrücktem Fußhebel die Rolle auch bei nahezu entspannter Feder dem Unterarm mit Druck aufliegt. Die Druckerhöhung erfolgt dann je nach der Blechbeschaffenheit. Der Schrittschalter bei diesen Maschinen hat die Aufgabe, den Strom vor jedem neuen Schritt der Rolle zu unterbrechen und, sobald die Elektrode still steht, wieder einzuschalten. Die Unterbrechung kann, wie schon erwähnt, da der Transformator einen induktiven Stromkreis darstellt, nicht ganz funkenfrei erfolgen; deswegen werden die beiden Kupferkontakte 6 und 7 nach und nach aufgebraucht und sind, um die Abnutzung auszugleichen, verstellbar angeordnet. Die Verstellung kann auch dazu dienen, um die Schlußzeit, d.h. die Zeit, in welcher der Strom geschlossen bleibt, in engerem Maße zu regeln.

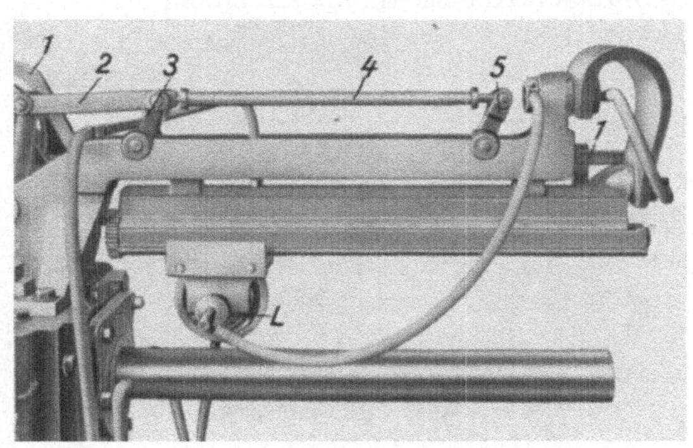

Abb. 202. Konstante Stromweglänge.

Die Stromversorgung dieser Maschinen erfolgt durch Stufenregelung, und zwar nach dem schon besprochenen Prinzip der Streuregulierung. Sehr beachtenswert ist die Konstanthaltung der Stromweglängen, da der Strom nicht direkt auf den Arm, sondern wie aus der Abb. 202 ersichtlich, auf das Armende durch eine Stromfeder übertragen wird, so daß die Rolle den oberen Stromweg um so viel verlängert, als der untere verkürzt wird. Um insbesondere bei stärkeren Materialien den Strom nicht an einer beliebigen Stelle, sondern nur unter der Rolle passieren zu lassen, kann der Arm eine leichte Wölbung erhalten. Durch den Anpressungsdruck wird die Schweißkante immer tangential aufliegen. Sehr beachtenswert ist noch bei diesen Maschinen der Umstand, daß sich bei größeren Eisenmassen die Leistung infolge der magnetischen Ströme verringert. Um hier Abhilfe zu schaffen, wird an dem Ober- oder Unterarm ein Drosselpaket angebracht; dieses Streupaket wird dann bei rückwärtsschreitender Rolle, wenn sich die Magnetisierung verringert, geöffnet. Durch das Öffnen erhöht sich die Stromgebung und führt einen Ausgleich herbei, welcher von der Magnetisierung des ganzen zu schweißenden Körpers herrührt. Der Verlustausgleich kann auch bei Maschinen, die von eigenen Generatoren oder Transformatoren gespeist werden, dadurch erreicht werden, daß man die fortschreitende Bewegung der Rolle durch Gestängeführung auf den Erreger überträgt, also der Maschine keine konstante Spannung zuführt, sondern diese entsprechend der magnetischen Leistungsabnahme erhöht.

8. Hohlkörperschweißung.

Eine besondere Art der Nahtschweißung, welche sich beim Verschweißen von Hohlgriffen, Ausgußtüllen und Türklinken bewährt hat, ist das sogenannte Hohlkörperschweißverfahren. Die zu verschweißenden Teile werden zu diesem Zwecke in ein zweiteiliges Elektrodenfutter eingebettet und auf einem Tisch bewegt. Die Elektrodenfutter sind so in einem Werkzeug gehalten, daß die Schnittflächen genau aufeinander passen. Das Einspannwerkzeug wird durch mäßiges Andrücken von Hand an die Schweißrolle gedrückt, welche sich dann auf der Naht abwälzt. Um eine bessere Führung und gleichmäßige Bewegung zu ermöglichen, kann auch das Werkzeugfutter mit einer Verzahnung und die Elektrode mit einem

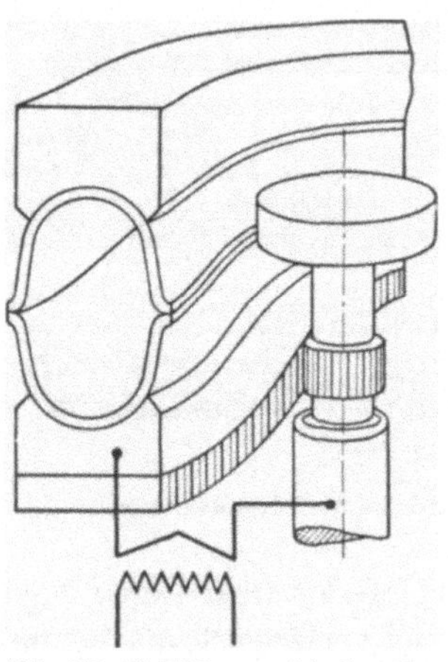

Abb. 203. Hohlkörpernahtschweißung.

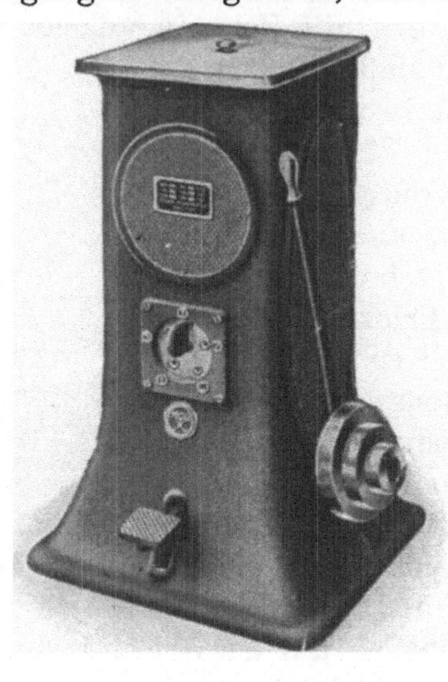

Abb. 204. Hohlkörperschweißmaschine.

kleinen Zahnrade versehen werden. Der Schweißstrom fließt von dem einen Pol des Transformators in den Schweißtisch, von diesem durch die Schweißstelle nach dem Schweißfutter und durch den Gegenpol zurück. Aus der Abb. 203 ist ersichtlich, daß die Schweißrolle in ihrer Größe der Werkstückform angepaßt werden muß. So erfordern Schweißstücke wie Kaffeekannentüllen kleine Elektrodendurchmesser. Eine Hohlkörpermaschine besitzt also den Antrieb, wie aus der Abb. 204 ersichtlich, unter dem Schweißtisch, und da sich die Geschwindigkeiten dem Werkstück anpassen müssen, wird hier die Regulierung durch Stufenscheiben oder Rädervorgelege bewerkstelligt. Die Kühlung erfolgt nur am Elektrodenkopf, da dieser der größten Abnutzung unterworfen ist. Das Einspannfutter wird bei längerer Arbeitsdauer einfach durch Eintauchen in einen Wassertopf abgekühlt. Die nach diesem Verfahren hergestellten Nähte ergeben keine besondere Festigkeit, sind aber für die in Betracht kommenden Zwecke vollkommen ausreichend.

Ähnlich wie bei den Hohlkörperschweißungen werden auch Schweißungen an Rohren vorgenommen, eine Arbeitsweise, die durch ihre ausschlaggebende Wichtigkeit in der Rohrwarenindustrie ausführlicher unter Rohrschweißung behandelt werden soll.

9. Elektrische Rohrschweißmaschinen.

Man hat natürlich auch daran gedacht, das elektrische Schweißverfahren nicht nur zur Vereinigung von Rohrstücken, sondern auch zur Herstellung von Rohren zu verwenden. Man kann Rohre aus Blechstreifen herstellen, welche auf Biegemaschinen rund gebogen werden, und deren zusammenstoßende Kanten mittels elektrischer Nahtschweißung zusammenschweißen. Ein zweites Verfahren zielt darauf ab, Rohre spiralförmig geschweißt aus Bandeisen herzustellen. Von diesem zweiten

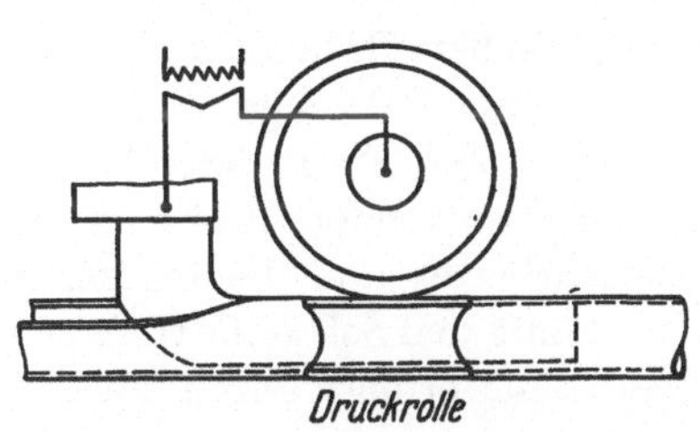

Abb. 205. Dornrohrschweißung.

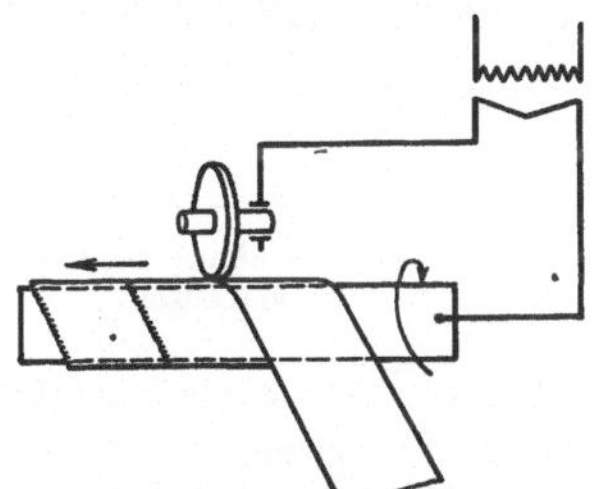
Abb. 206. Spiraldornverfahren.

Verfahren ist mit Ausnahme einiger in Schweißlaboratorien hergestellten Maschinen bisher nichts in die Öffentlichkeit gedrungen. Dagegen sind nach dem ersten Verfahren schon Maschinen verschiedener Gestalt und verschiedenen Prinzips gebaut worden. Grundsätzlich kann man unterscheiden: dorngeschweißte Rohre und nach dem Hohlkörperverfahren geschweißte Rohre. Die ersteren werden, wie der Name auch sagt, über einem Dorn geschweißt, welcher in das Rohr bis zur Schweißstelle eingreift (Abb. 205). Das Rohr schließt sich mittels Druckrollen in der Führung unter der Schweißrolle. Mit der kontinuierlich drehenden Rolle konnte dieses Verfahren erst durch Stromunterbrechung oder aber bei Wechselstrom durch niedrige Periodenzahlen unter 32 praktische Resultate ergeben.

Die Dornschweißung kann mit schmaler Überlappung oder auch stumpf ausgeführt werden. Die Wandstärke ist bei diesen Rohren möglichst gering, da das Schließen des Rohres bei der kurzen Dornlänge Schwierigkeiten bereitet. Auch konnte dieses Verfahren nur bei größerem lichten Durchmesser über 1″ Verwendung finden. Da es sich hier um Dornschweißungen handelt, soll auch das Verfahren mittels spiralförmig gewundenen Bandeisens bildlich wiedergegeben werden (Abb. 206). Hierbei müssen der größeren Kraft wegen der Dorn sowie der lichte Durchmesser größer gehalten werden. Bei dem ersten Verfahren bewegt sich der Dorn meistens unter der Rolle, bei dem zweiten Verfahren dreht er sich so, daß sich die Rolle sowohl am einen wie auch am anderen Ende an der Schweißstelle abwälzt.

Die nach dem Hohlkörperverfahren hergestellten Rohre erfordern eine entsprechende Vorbiegung, und zwar so, daß die Kanten, wie aus Abb. 207 ersichtlich, durch eine Stauchbewegung der Rolle in die runde Form gebracht werden. Ein zweites Verfahren besteht darin, daß die Rollen das Rohr nur bis zur Schweißhitze erwärmen und die Stauchung sowie Verschweißung in einem Kaliber erfolgen. Es gibt außer diesen beiden noch verschiedene andere Verfahren, die sich mehr oder weniger in der Praxis eingeführt haben.

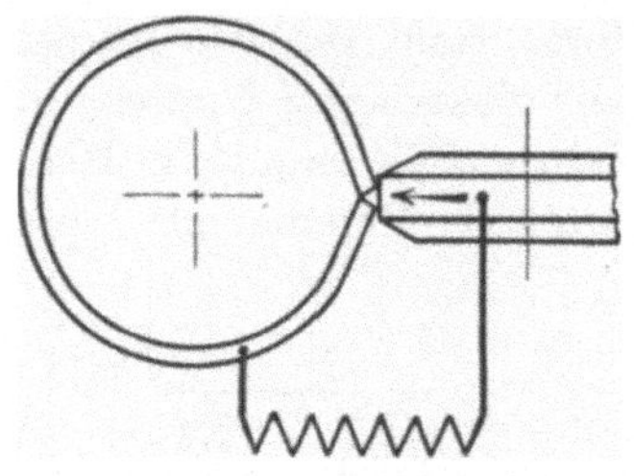

Abb. 207. Rohrschweißung nach dem Hohlkörperverfahren.

Die elektrischen Rohrschweißmaschinen arbeiten mit Führungs- und Stromgebungsrollen. Die Führungsrollen sind dem zu verschweißenden Profil entsprechend ausgearbeitet und dienen zugleich dazu, das Rohr zusammenzupressen und somit den Schweißdruck zu erzeugen. Die Stromzuführung zur Schweißstelle erfolgt durch eine, zwei oder mehr Rollen, welche je nach Art der Stromzufuhr an den beiden Seiten der Naht (Abb. 208) oder entlang der Naht sich abwälzen (Abb. 210).

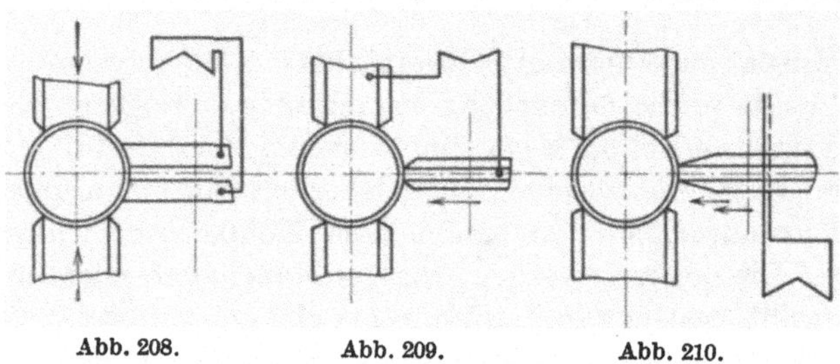

Abb. 208. Abb. 209. Abb. 210.

Abb. 208 - 210. Stromzuführungen.

Es gibt noch andere Stromzuführungsarten, und zwar können die Druckrollen stromführend gestaltet werden, wie aus der obenstehenden Skizze 209 ersichtlich ist. Gibt man bei dieser Stromzuführung dem Rohr schon beim Walzen oder durch geeignete Kalibrierung die Form wie in Abb. 207, so kann die Rolle mit größerem Kontaktdruck die runde Form auswirken.

Eine Rohrschweißmaschine zur Herstellung von Fahrradrohren, Bettstellenrohren u. dgl. ist aus nebenstehender Abb. 211 ersichtlich. Die Maschine arbeitet nach dem Rollenschrittverfahren und hat dreiphasigen Anschluß. Das vorgebogene Rohr wird der auf der linken Seite befindlichen, schrittweise bewegten Zuführungsrolle zugeführt. Diese Rolle ruht unter federnder Anpressung am Rohr und führt dasselbe mit der Schlitzöffnung noch vorn dem Führungsmesser zu. Nach diesem gelangt das Rohr zwischen die angetriebenen drei Führungsrollen, von denen die untere stromführend in einem Wasserkasten zugleich eine Strombrücke bildet. Die oberen und unteren Transportrollen sind durch eine Klink-Kupplungsstange mit der Antriebswelle gekuppelt, an welcher die Nocken für die Unterbrecherschalter angebracht sind. Die Elektrodenrollen sind auf der Vorderseite der Maschine gelagert und in ihren Höhen, wie auch seitlich verstellbar angeordnet. Der Druck wird mittels Knebelschrauben durch Federn bewerkstelligt. Die Elektroden sind nicht angetrieben, sondern werden durch Reibungskraft mitgenommen. Das so geschweißte Rohr wird, da es sich durch die Wärme verzieht, durch einen Richtbock geführt und gerade gerichtet. Der Transformator befindet sich unter der Maschine, und zwar so, daß die Elektroden in die Transformatortöpfe hineinragen. Zwecks sicherer Kontaktgebung tauchen die Elektrodenschäfte in das im Topf befindliche Quecksilber hinein, welches mit Wasser überdeckt einen sicheren Kontakt ermöglicht, ohne die Umgebung durch Entstehung von Quecksilberdampf zu gefährden (Abb. 212). Die drei Transformatoren besitzen an der Vorderseite sehr fein abgestufte Reguliervorrichtungen und sind wasser-, eventuell auch ölgekühlt.

Abb. 211. Rohrschweißmaschine.

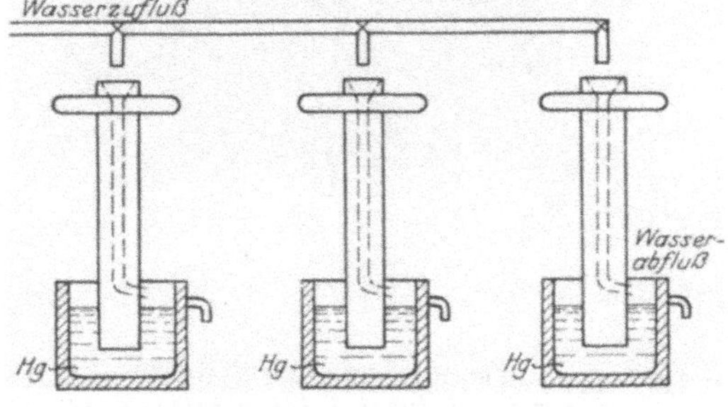

Abb. 212. Kontaktgebung bei der Rohrschweißmaschine nach dem Rollenschrittverfahren.

10. Kombinierte Universalmaschinen.

Die Massenfabrikation kleinerer Gegenstände bedingt häufig Maschinen universeller Art. Eine derartige Maschine, die gleichzeitig Punkt- und Stumpfschweißmaschine ist, ist aus der Abb. 213 ersichtlich. Zu diesem Zweck wird die Sekundäre nach der einen oder anderen Arbeitsseite geführt, und zwar möglichst so, daß dadurch keine erheblichen Konstruktionsmehrkosten entstehen. Die Maschine besitzt auf beiden Seiten je einen Fußhebel, ersterer bildet den Betätigungshebel für die Punktschweißmaschine, der zweite, in der Abbildung nach vorn liegende, den für die Stromzuschaltung auf der Stumpfschweißmaschinenseite. Die Arbeitsorgane für die Schweißmaschine, wie Druckfeder und zwangläufiger Schalter, sind in gleicher Weise angebracht wie bei den gewöhnlichen Bauarten. Die Stauchbewegung erfolgt mittels eines Kniehebels, welcher sich auf der rechten Seite der Maschine befindet. Die Einspannung der Werkstücke geschieht durch ein Backenpaar, das durch Gegenräderspindel angetrieben an Führungsleisten bewegt werden kann. Die Sekundärspannung des Transformators richtet sich nach dem hauptsächlichen Verwendungszweck und ermöglicht durch eine 5stufige Regelung eine gute Anpassung der Stromstärke.

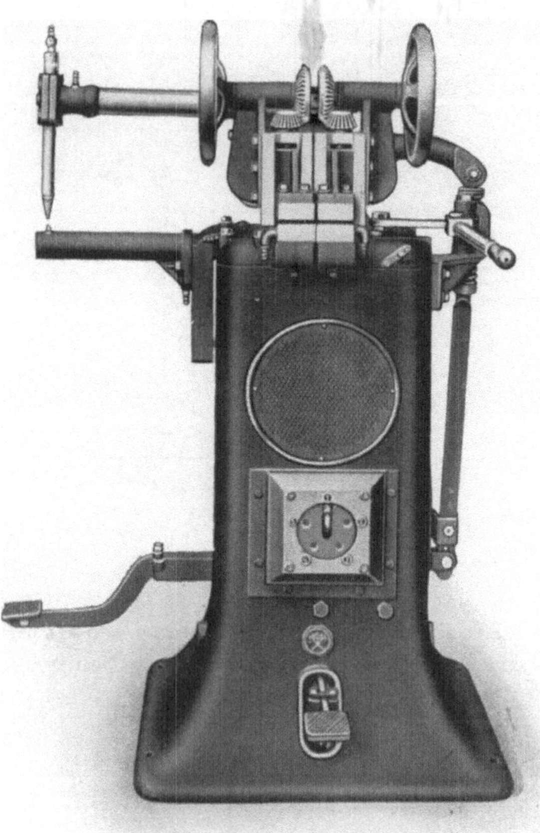

Abb. 213. Kombinierte Punkt- und Stumpfschweißmaschine.

Die Verwendung von kombinierten Punkt-Nahtschweißmaschinen ist ohne weiteres möglich; eine Punktschweißung kann auch mit Rollen so vorgenommen werden, daß diese vom Antrieb aus entkuppelt werden.

Eine sehr interessante Kombination elektrischer Punkt- und Stumpfschweißung ist die in Abb. 214 dargestellte Bauart. Diese Maschine gestattet außerdem noch eine Stromabnahme für Lichtbogenschweißung und erhält dadurch universellen Wert. Der Transformator wird in eine Blechtonne eingebaut, und zwar so, daß dieselbe drehbar auf ein Untergestell gelagert werden kann. Die Sekundärwindung endet in einer Nutenplatte, auf welcher der eine feste Arm angebracht wird. Das andere Sekundärende wird zum beweglichen Arm geführt, welcher durch eine Zahnstange und Zahnrad mittels Hebelübersetzung bewegt werden kann. Auf diese beiden Pole können dann die verschiedenen Werkzeuge zum Fassen von Schweißstücken angebracht werden. In den Schraubstöcken lassen sich ebenfalls Elektroden zum Punktschweißen oder zu Schraubstockschweißungen unterbringen. Die beiden Flächen des Schraubstockes können festgespannt als Elektroden zur Erwärmung von einzelnen Nieten benutzt werden. Die Verstellung bis zu den äußeren Kanten der beiden Schraubstöcke ermöglicht die Erwärmung längerer Eisen, Bolzen und Rohre.

Abb. 214. Universalmaschine.

Die Regulierung der Maschine muß der Arbeitsweise entsprechend in ziemlich großem Bereich erfolgen.

Außer den fünf Stufen ist noch eine im Kapitel „Transformatorenbau" beschriebene Stromregelung vorgesehen. Infolge ihrer beweglichen Spule ist diese Regelung hauptsächlich für die Lichtbogenseite der Maschine geeignet.

11. Rauch- und Siederohrschweißmaschinen.

Das Vorschuhen oder Ansetzen von Siede- und Rauchrohren bei Rohrreparaturen der Eisenbahn kann mit dem Widerstandsverfahren sehr erfolgreich durchgeführt werden. Die hierzu verwendeten Maschinen können entweder nach dem Stumpfschweißprinzip oder nach dem Nahtschweißprinzip arbeiten. Der Bedarf an Rohrreparaturen des deutschen Lokomotivparkes ist so erheblich gewachsen, daß im Schweißmaschinenbau einige Firmen schon lange damit beschäftigt waren, für diese Reparaturen brauchbare Verfahren auszuarbeiten. Es wurden hier zwei Wege verfolgt, von welchen die erste Art sich in der Praxis sehr bewährt hat. Das Unbrauchbarwerden der Heizrohre ist hauptsächlich auf Verwendung schlechter Kohle sowie auf die chemische Zusammensetzung des die Rohre umspülenden Speisewassers zurückzuführen. Bekanntlich wird das der Feuerkiste zunächst liegende Rohr, welches die größte Wärme aufnimmt, zuerst unbrauchbar, während der größere Teil noch ganz unbeschädigt bleibt. Defekte Heizrohre werden beim Ausbau so behandelt, daß die Rohrenden abgeschnitten und durch Ansetzen neuer Stücke wieder gebrauchsfähig gemacht werden. Dieser Arbeitsvorgang wird mit Vorschuhen oder Ansetzen bezeichnet und wurde durch Feuerschweißung mit Dorn, Rolle oder auch Gesenk nach dem Eckardt- und Pikallverfahren bewerkstelligt. Die Wirtschaftlichkeit dieser Arbeitsmethode war, ganz abgesehen von der unrentablen Wärmebehandlung, eine sehr geringe, da die Arbeitsvorgänge mit sehr erheblicher Zeitvergeudung verbunden waren.

Die elektrische Widerstandschweißung hat das Problem zuerst mittels der Stumpfschweißung gelöst. Bei dieser werden die Stücke einfach abgeschnitten, in beiderseitig stromführende Backen gespannt und unter Verwendung der Abschmelzschweißung zusammengeschweißt. Dieses Verfahren beschränkte sich auf geringe Vorarbeit, die darin bestand, daß man das Rohr, das vielleicht unrund war, wieder in eine runde Form bringen und die Stoßflächen gerade schneiden mußte. Es ergibt sich bei diesem Verfahren ein perliger gerader Stauchgrat an den inneren wie auch an den äußeren Rohrwandungen, dessen Beseitigung sorgfältige Nacharbeit erfordert. Um insbesondere den inneren Stauchgrat zu entfernen, wurden Dorne und Abgratringe, wie aus Abb. 215 ersichtlich, hergestellt. Mitunter bildet die vollkommene Entfernung gewisse Schwierigkeiten, da der Fräser leicht zu Beschädigung und Schwächung des Materialquerschnittes führen kann.

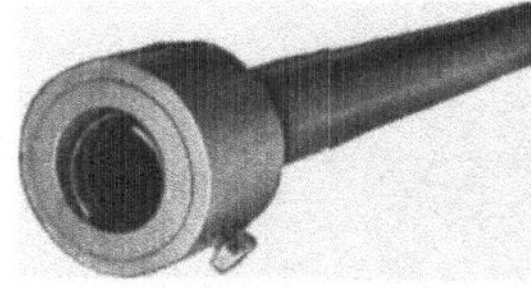

Abb. 215. Abgratdorn für Rohrschweißung.

Eine zweite Arbeitsmethode bildet das Nahtschweißverfahren, und zwar das Rollenschrittverfahren. Dieses ermöglicht das Zusammenschweißen von Rauch- und Siederohren, so daß sowohl die innere wie äußere Wand des Rohres vollständig eben bleibt, und ergibt Festigkeiten, welche dem vorherigen Verfahren in keiner Weise nachstehen. Hierzu müssen die Rohre ganz ähnlich wie beim Pikallverfahren vorgearbeitet werden. Das eine Rohrende wird also hohl, das andere als Außenkonus gleichmäßig angefräst. Beide Konusse erhalten hierbei eine Länge von 40—50 mm, werden ineinander geschoben und zwischen einer im Rohrinnern und an dem äußeren Umfang laufenden Rollenelektrode schrittweise durch Ringnaht verschweißt. Gewöhnlich legt man zwei Ringnähte in eine Konusbreite und erzielt damit eine so hohe Sicherheit, wie wenn nur eine Ringnaht vorhanden wäre. In Abb. 216 sind vorbearbeitete, nach diesem Verfahren geschweißte Rohrenden dargestellt. Die erforderlichen elektrischen Leistungen sind hier einfach der Materialdicke anzupassen und schwanken zwischen 30—50 kVA.

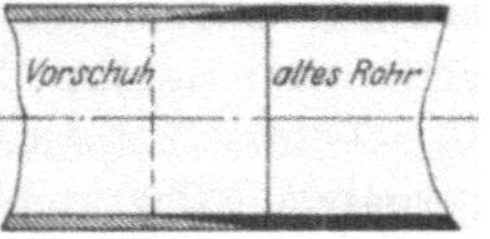

Abb. 216. Vorbearbeitete Rohre für das Nahtschweißverfahren.

Bekanntlich müssen die Rohrenden auch aufgeweitet und eingezogen werden, wozu allgemein ein Schmiedefeuer benutzt wird. Bei den Stumpfschweißmaschinen erreicht man dies durch Erwärmen auf größere Distanz mittels Hilfselektroden.

Die Ringnahtschweißung ermöglicht eine weitere Ausführung nach dem Nahtschweißverfahren, und zwar derart, daß die beiden Rohrenden durch eine Kerbe, wie aus Abb. 217 ersichtlich, mittels zwischengelegten Drahtes verschweißt werden. Für dieses Verfahren wurde eine besondere Maschine, die aus der schematischen Abb. 218 ersichtlich ist, auf den Markt gebracht. Die Vorbearbeitung erfolgt mittels Kreismesser, so daß die Rohre ebene Schnittflächen zeigen, die jedoch infolge des Messerkeilwinkels eine Neigung von 5—15° aufweisen. Der

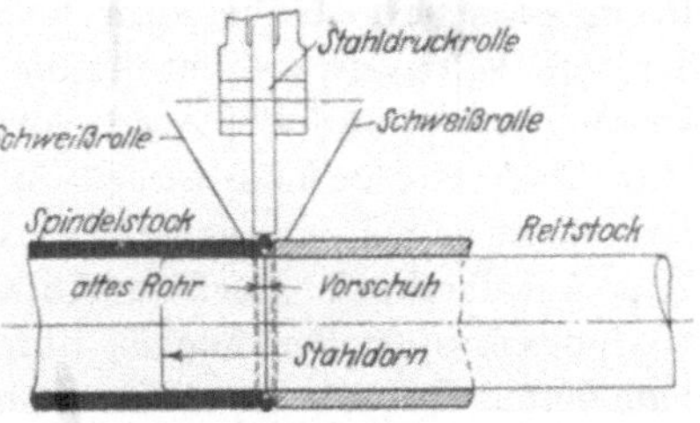

Abb. 217. Rohre mit Kerbe für Drahtschweißung vorbearbeitet.

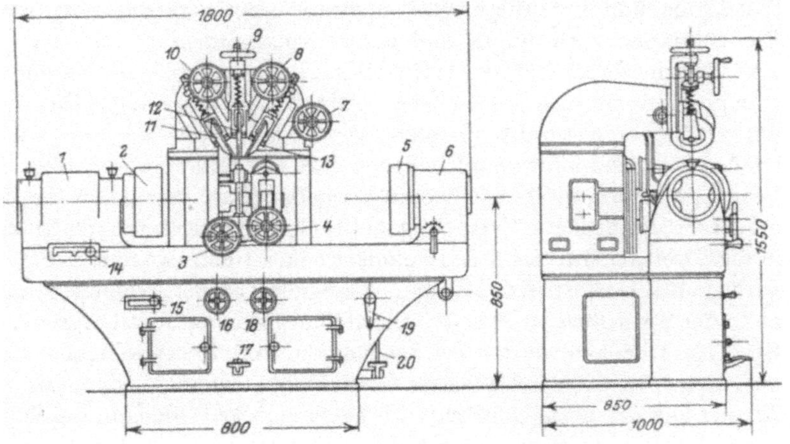

Abb. 218. Rauch- und Siederohr-Spezialmaschine.

Rohrstoß zweier auf solche Weise beschnittener Rohrenden verläuft also nicht flächenplan zueinander, sondern die Enden bilden eine am Rohrende gleichmäßig verlaufende Ringkerbe. Das Einspannen und der Schweißvorgang folgen einander unmittelbar. Ferner besitzt die Maschine eine Vorrichtung zum Aufweiten und Einziehen vermittels besonderer Werkzeuge. Nach Abb. 218 wird in den auf der rechten Seite befindlichen Reitstock 6 durch das Futter 5 der sich dem Rohrkaliber anpassende Stahldorn mit aufgezogenem Vorschuh eingespannt. Das andere verwendungsfähige Rohrende wird im Spindelstock durch das Futter 2 durch Verstellen des Reitstockfutters nach links ebenfalls festgespannt. Mittels Handhebel 19 nähert man die Rohrenden soweit, bis sich ein gleichmäßig über den Umfang erstreckender Rohrstoß ergibt. In die entstandene Ringkerbe wird ein Drahtring gelegt, und durch Betätigung des Handrades 7 der Rollenkopf soweit gesenkt, daß die Schweiß- und Druckrollen 11, 12 und 13 in passender Höhe zum Schweißgut stehen. Die rollenförmigen Schweißelektroden greifen unmittelbar der Nahtzone benachbart schräg an und laufen während des Schweißvorganges infolge der Reibung leer mit. Die erforderliche Druck- und Kontaktgabe an der Schweißzone bzw. zu ihren Seiten geschieht durch Handeinstellung der Räder 8, 9 und 10 am Rollenkopf. Der Transformator führt die beiden Sekundärenden zu den Schweißrollen und ist hinter der Maschine in einem Gußgehäuse eingebaut. Der Strom wird mit dem Fußschalter 17 eingeschaltet, das Triebwerk mit dem Fußhebel 20. Die Zusammenfassung dieser Steuervorgänge bewirkt schrittweise drehende Rohre, parallel zueinander, unter gleichzeitiger Erhitzung des Rohrstoßes und der Drahteinlage, die beiderseits unter Druck im teigigen Zustand zwischen außen angreifender Druckrolle und innenliegendem Stahldorn innig verschweißt werden. Die Nahtzone wird innen und außen vollkommen glatt. Gegenüber dem Rohrmaterial ist die Festigkeit und Dichte noch im wesentlichen von geeignetem Material für die Drahteinlage abhängig. Die so verschweißten aufgeschuhten Rohre werden am Ende den weiteren Arbeitsgängen, und zwar dem Einziehen und Aufweiten unterworfen. Diese Vorgänge erfordern ebenfalls eine Vorbehandlung durch Wärme, wofür der Transformator zur Verfügung steht. Das einzuschnürende Rohr wird in das Dreibackenfutter 2 des Spindelstockes 1 eingespannt, andererseits wird ein Kaliberdorn in den Reitstock eingebracht, der an einem Sekundärende des Transformators liegt. Die stromführenden vertikal gesteuerten Spezialrohrbacken werden auf das Rohr mit dem nötigen Kontaktdruck aufgesetzt, und die Erwärmung durch Fußbetätigung eingeleitet. Nach Erreichung der nötigen Wärme wird das Material bildsam, die kontaktgebenden Backen werden abgehoben und mittels des Fußhebels wird das Dreibackenfutter mit dem Rohr langsam in gleichförmige Drehung versetzt. Währenddessen werden die Druckrollen durch Einstellung des Handrades 4 radial gegen die Rohrwand gepreßt, dieses so weit einziehend, wie es der einstellbare Anschlag bestimmt. Mit Öffnen des Futters und

Rückzug des Kontaktdornes ist auch dieser Arbeitsvorgang abgeschlossen. Der nächstfolgende Schritt ist das Aufweiten für den Einzug in die Rauchkammerwand. Zu diesem Vorgang wird ebenfalls die elektrische Erwärmung herangezogen. Das aufzuweitende Rohr wird wieder in dasselbe Spannfutter gebracht, wobei in das andere Futter der Dorn stromführend eingespannt wird. Als Gegenpol wird wiederum die Kontaktvorrichtung durch die Handsteuerung 3 herangebracht, wobei die durch beide Pole bestimmte Rohrlänge durch Einschalten des Hebels erwärmt wird. Mit Erreichen der nötigen Temperatur wird mittels Fußhebels 20 ein Kurbeltrieb durch Kupplung eingerückt, der den Aufweitdorn in das Rohr treibt und dieses entsprechend seinem Kaliber aufweitet (Abb. 219). Die am Dorn übergreifend angeordnete Ringarmatur kalibriert mit dem Rückgang desselben den äußeren Umfang sachgemäß und macht somit ein Nachschlichten überflüssig. Die Schweißzeit beträgt bei diesem Arbeitsgang ungefähr $^1/_2$ Minute, der Stromverbrauch für die Schweißzeit etwa 5 Watt, das Erhitzen für Einziehen und Aufweiten ungefähr $^1/_{10}$ kWh, die Erhitzdauer etwa 10—30 Sekunden, die Einzieh- und Aufweitdauer insgesamt etwa 25 Sekunden. Aus diesen Daten ist die Rentabilität des Verfahrens zu ersehen. Weitere Vorteile erwachsen durch Wegfall an Arbeitsleistung, Transportkosten, Wartung, Brennmaterialien, Feuerungsrückständen und Leerlauf, bei weitaus höherer Produktion und hygienischen Vorteilen.

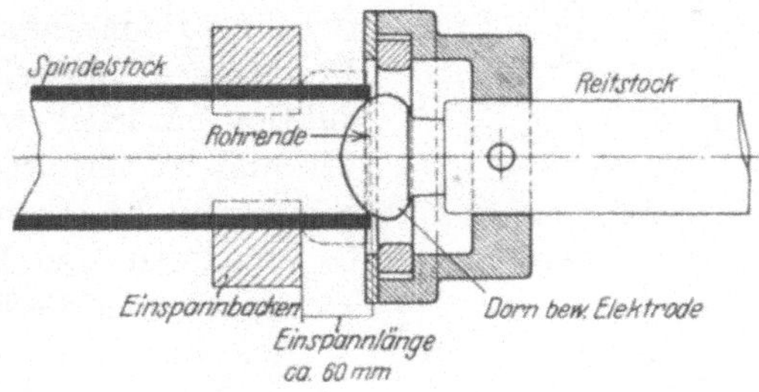

Abb. 219. Stahldorn zum Aufweiten der Rohre.

Wie sich das Verfahren, das erst kürzlich zur Einführung gelangt ist, in der Praxis bewährt, ist noch abzuwarten. Nach den Versuchen und, soweit man den Vorgang beurteilen kann, wird durch dieses Verfahren die Wirtschaftlichkeit der Rohrschmiede in Lokomotivreparaturwerkstätten stark erhöht.

XI. Vorrichtungsbau.

Die Zuführung des Schweißgutes bei der Massenfabrikation mittels elektrischer Punktschweißung erfolgt meistens durch Handbetrieb. Diese Arbeit ist bei eingestellter Maschine so einfach, daß sie von einem Mädchen oder ungelernten Arbeiter ausgeführt werden kann. Nachdem der Arbeiter das Schweißstück zwischen die Elektroden gelegt hat, braucht er nur den Fußhebel zu betätigen, worauf die Schweißung erfolgt. Zu dieser Arbeit werden die kleinen Massenartikel in Körben zur rechten

Seite der Maschine in solcher Höhe angebracht, daß sie der Arbeiter bequem erreichen, schweißen und dann auf die linke Seite als fertig geschweißtes Produkt legen kann. Bei manchen Massenartikeln wird eine zwangläufige Fließarbeit eingerichtet, derart, daß die Schweißstücke auf ein Band gelegt werden und automatisch bis zur Punktschweißelektrode vorrücken. Hier erfolgt dann die Schweißung, worauf bei Abheben der Elektrode das Transportband weiter vorrückt und die nächste Schweißstelle unter die Elektrode gelangt. Diese Vorrichtung findet man vielfach bei Messergriffen, Pinzetten, Schlüsseln usw., sie erhöht die Produktion natürlich wesentlich. Um eine Drosselwirkung zu verhüten, sind die Transportbänder geteilt und bestehen meistens aus Riemen oder Gewebe. An den Elektroden sitzt ein kleiner Tisch, auf dem die Stücke abgelagert werden.

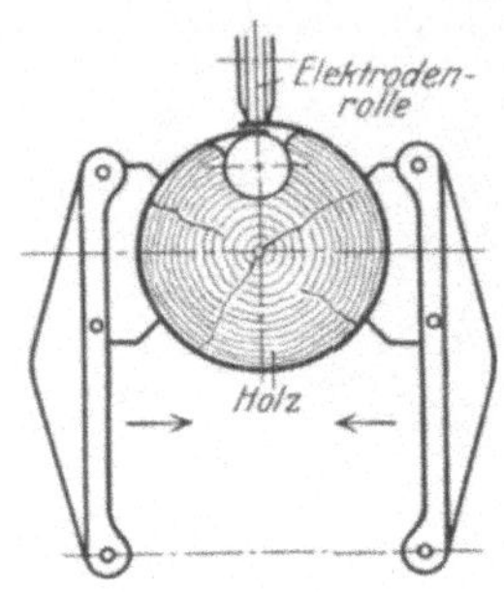

Abb. 220. Kaliber und Spannvorrichtung für Längsnahtmaschinen.

Bei den Nahtschweißmaschinen sind die Schweißgegenstände gewöhnlich etwas größer und werden mittels Kerns zugeführt, allerdings nicht in den Mengen wie bei der Punktschweißung. Immerhin dauert auch die Vollendung der eigentlichen Nahtschweißung längere Zeit, so daß die Handgriffe, die der Arbeiter machen muß, bevor er die Schweißung vornimmt, nicht allzu zahlreich sind.

Die Arbeiten erfordern jedoch bei zylindrischen Gefäßen die Einhaltung des inneren Durchmessers. Deswegen wurden Längsnahtschweiß-

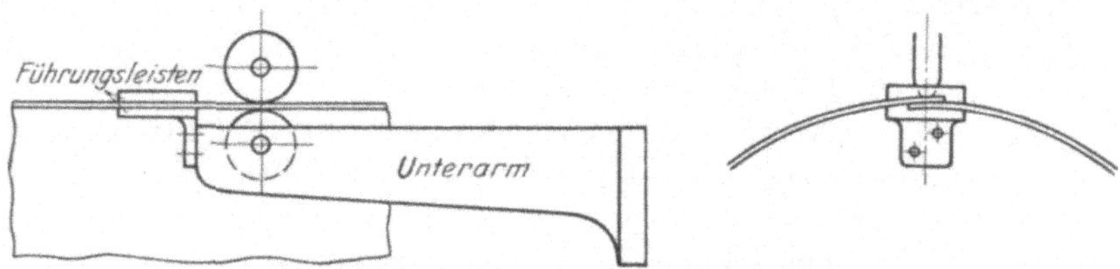

Abb. 221. Spannvorrichtung bei Dornmaschinen.

maschinen mit Kalibern ausgeführt, welche zwangläufig das Werkstück vor dem Schweißen in die richtige Lage bringen. Aus Abb. 220 ist eine derartige Vorrichtung für zylindrische Gefäße ersichtlich. Die Vorrichtung ist hier an einem Sekundärdorn gezeigt. Über diesem sitzt ein hölzerner, mit Eisenbeschlag versehener Zylinder, welcher den gewünschten Durchmesser erhält. Der Sekundärdorn ist exzentrisch so angebracht, daß eine Kante, die als Schweißkante benutzt wird, noch aus dem Zylinder hinausragt. Die beiden Backen werden durch den Fußhebel oder einen separaten Hebel betätigt und ermöglichen ein Zusammenschließen des Blechzylinders vor dem Schweißen. Eine ebenfalls für Langnähte verwendete Vorrichtung zeigt Abb. 221. Bei den Nahtschweißmaschinen, bei denen sich das Werkstück bewegt, benutzt man Führungsleisten, die der Drehrichtung entsprechend kurz vor oder kurz hinter der Elektrode angebracht sind. Bei diesen wird der innere Durchmesser dadurch eingehalten, daß die Überlappungsbreite bei gleichlang abgeschnittenen Eisenblechen immer dieselbe bleibt. Bei den Rundnahtschweißmaschinen können einfache Anschläge durch Aufsetzen von Anschlagscheiben aus Holz verwendet werden. Die Vorrichtung muß so gebaut werden, daß, wenn der Stromdurchgang einen geschlossenen Leiter bildet, der Rahmen keine Drosselwirkung ausübt, infolgedessen darf derselbe keinen geschlossenen magnetischen Stromkreis besitzen. Die Vorrichtung ist in Abb. 222 wiedergegeben; bei dieser Anordnung muß der Arbeiter das Werkstück nach vorheriger Heftung gegendrücken, um auf der Naht zu fahren. Die Vorrichtung kann aber auch zwangläufig gestaltet werden, wobei in diesem Falle der Druck des Arbeiters durch eine Feder ersetzt wird. Um die Schweißung von schwereren Stücken vorzunehmen, können Arbeitstische so ausgebildet werden, daß sie schwenkbar und drehbar, wie aus der Abb. 223 ersichtlich ist, nach der Maschine zu gebaut werden, das Gewicht aufnehmen und infolgedessen eine bequemere Arbeitsweise ermöglichen.

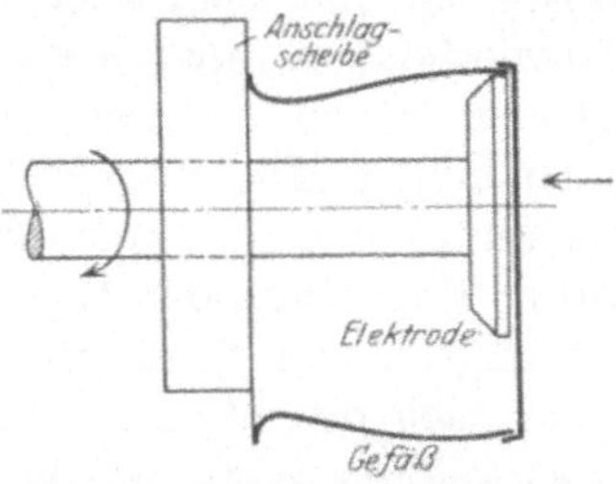

Abb. 222. Anschlagvorrichtung bei der Rundnahtschweißung.

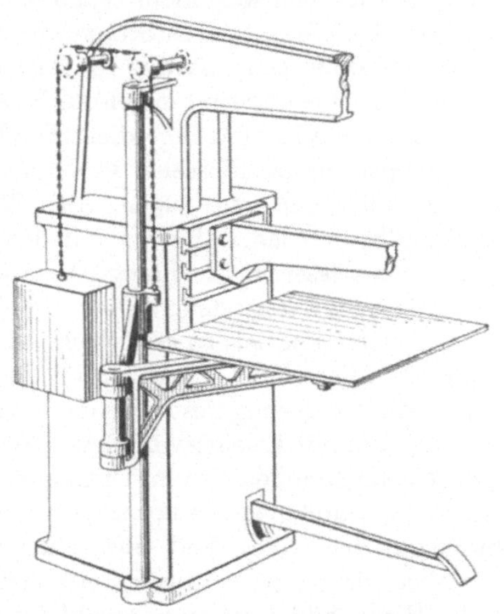
Abb. 223. Tisch zur Aufnahme des Gefäßgewichtes.

Der Vorrichtungsbau ist hier ebenso wie bei den Werkzeugmaschinen von Wichtigkeit, und je mehr man die Vorrichtungen der Arbeitsweise anpaßt, um so rationeller fällt die Produktion aus. Bei allen derartigen Vorrichtungen ist darauf zu achten, daß durch deren Anbringung keine Nebensekundäre, sowie keine Eisendrossel entsteht. Man darf also nicht die Sekundäre mit einem geschlossenen Eisenring umgeben, weil dadurch die Schweißleistung beeinträchtigt werden würde.

XII. Emaillierung geschweißter Rohware.

Die Emaillierwerke haben das Aufkommen der Nahtschweißmaschinen mit besonderem Interesse begrüßt. Man wollte die ganze Rohware nicht mehr stanzen oder ziehen, sondern die Teile elektrisch zusammenschweißen. So ideal auch der Vorgang erscheint, stieß man bald auf Schwierigkeiten, und heute hört man oft noch Emaillierwerke Klage darüber führen, daß sich beim Emaillieren an geschweißten Teilen Bläschen bilden. Die Blasenbildung beim Emaillieren ist noch nicht ganz bekämpft, weil die Entstehungsursachen noch nicht völlig geklärt sind. Unter Beachtung der Eigenart des Schweißens kann man die Blasenbildung auf ein Mindestmaß reduzieren, indem man die Emaillierung nicht nach den alten Methoden ausführt, sondern sie der Eigenart der geschweißten Ware anpaßt.

Die Ursache der Blasenbildung kann folgendermaßen erklärt werden[1]):

Wenn man versuchsweise geschweißte Ware mitverarbeitet und diese zusammen mit dick verzunderter Stanzware 1—2 Stunden in der Beize badet, so wird sich jede kleinste Pore voll Eisenchlor setzen. Dabei ist es schon ein Fehler, selbst Stanzware 2 Stunden zu beizen, denn jede Beize besteht aus einer Lösung von Eisenchlorür in Salzsäure und Wasser und in dieser Lösung sind ungelöste Eisenoxydteilchen suspendiert. Bei der langen Beizdauer dringt diese Salzlösung in alle Fugen, unter Beschlaglappen, in geschlossene Bördel, in Falzfugen und auch in die feinsten Schweißporen und -fugen. Das Wässern kann gar nicht so lange durchgeführt werden, daß sich die in den Fugen befindlichen Salze wieder lösen, denn wässert man zu lange, so beschlagen die Flächen. Wird dann noch mit Sodawasser neutralisiert und ist das Kochwasser eisenhaltig, was meist der Fall ist, so setzt sich aus dem Wasser ausfallendes Eisen in kleinen Flocken besonders an die Ränder der Beschlaglappen und an andere die Salzlösung festhaltende Stellen. Der Grundauftrag kommt dann hier auf mit Eisenoxydhydrat bedeckte Stellen. Da das Eisenoxydhydrat beim Brennen sich im Grundemail löst und dessen Schmelzpunkt herabsetzt, entstehen die bekannten kleinen braunen Flecken, die auch durch gut deckendes Weiß immer wieder durchschlagen. Noch schlimmer aber wirken die geringen Eisenchlorürreste. Dieses Salz verdampft in der Hitze, bildet, wenn es aus kleinen Poren stammt, erst nur kleine, im fertigen Grundbrand noch nicht erkennbare Bläschen. Beim zweiten oder dritten Brand treten diese Blasen, die sich bei jedem Brand vergrößern, hervor und verursachen Ausschuß. Bei zu langer Beizdauer treten diese Fehler sogar mitten auf der Blechfläche auf. Gewöhnlich wird dann noch gründlicher, d. h. noch länger gebeizt, es tritt das be-

[1]) Schröder, Gefei-Monatshefte.

kannte Experimentieren mit verschiedenen Grundrezepten oder dergleichen auf, oder es heißt, der Grundofen geht zu kalt usw.

Verwendet man aber gefalzte oder gar geschweißte Ware, so ist natürlich das Falzen und Schweißen schuld. Die Klempnerei wird beschuldigt, die Falze zu locker zu machen, aufgefalzte Böden sind dann angeblich nicht dicht und die geschweißte Ware ist dann nicht emaillierfähig.

Und doch ist es einfach, solche Ware mindestens so sauber zu emaillieren wie irgendeine andere.

Ist die Ware durch elektrische Schweißung aus Abwicklungen aufgebaut, so hat sie keinen dicke Zunderschichten erzeugenden Glühprozeß durchgemacht. Einfachere Formen können bei sauberer Behandlung in der Rohherstellung auch ohne das sonst zum Abbrennen von Fett usw. nötige leichte Glühen direkt in 10—15 Minuten gebeizt werden. Auch kann ganz ohne Beizen aus gut dekapiertem Blech erzeugte Ware verarbeitet werden. Diese Ersparnisse sind hierbei so groß, daß es sich durchaus lohnt, die nötige Sorgfalt in der Behandlung der Rohware anzuwenden. Aber auf keinen Fall sollte man aus Teilen zusammengesetzte Waren länger als 15—30 Minuten in der Beize lassen. Muß undekapiertes Blech verarbeitet werden und erfordert dies eine längere Beizdauer, so ist es viel billiger, die Teile vor dem Zusammensetzen vorzubeizen, als fertige, viel Beizraum verbrauchende Ware stundenlang im Beizbad zu lassen. Aller Ausschuß, der bei Gefäßformen, wie Kessel, Kannen usw. durch Luftblasen, durch falsche Lage in der Beize oder im Wasser entsteht, verschwindet damit, und der gleiche Beizraum kann so das Dreifache aufnehmen. Eine derartige Arbeitsweise sollte eigentlich selbstverständlich sein, aber meistens wird dagegen eingewendet, daß nicht im gleichen Tempo, wie die Beize arbeitet, die Ware fertig wird, und dann beschlägt. Ein solcher Einwand aber ist doch nur das Eingeständnis einer schlechten Organisation der Arbeitsgänge. Allerdings ist das meist zum Neutralisieren gebrauchte heiße Sodabad das schlechteste Mittel, um die gebeizten Flächen gegen Beschlag zu schützen. Viel besser erfüllt Kalklösung diesen Zweck, und ihre Verwendung ist nicht nur billiger als Soda, sondern sie ermöglicht ohne weiteres eine Enteisenung des Wassers. Die Beize ist die Quelle für einen großen, manchmal den größten Teil der Emailfehler. Bei dem meist eisenhaltigen Wasser ist es gerade das immer noch gebrauchte Sodawasser, das kochend angewandt, die Säurereste neutralisieren soll, jedoch infolge des Eisengehaltes des Wassers noch weitere Emailfehler verursacht. Die Abhilfe ist einfach: Man fülle das für den nächsten Tag benötigte Kochwasser in einen genügend großen Behälter, setze auf etwa 1 cbm Wasser etwa 1 kg frisch gelöschten Kalk zu, rühre durch und lasse das Wasser dann 24 Stunden stehen. Brauche dann das klare Wasser ohne jeden Zusatz, weder Kalk noch Soda. Beim

Nachlassen des Neutralisationsvermögens ist ein Teil des Kochwassers durch neues zu ersetzen. Bei dieser Arbeitsweise arbeitet man auch, wenn man den besten aus Marmor gebrannten Kalk verwendet, bedeutend billiger als mit Soda, aber vor allem verschwinden alle durch Eisenflocken verursachten Emailfehler, wie zu stark durchscheinende Kanten, Zehrflecken (Stippen) usw. Man suche auch nicht immer, wenn Fehler wie Ausspritzen, Reißen usw. auftreten, nach neuen Rezepten. Es sollte eigentlich kein gewissenhafter Emailmeister Feldspat verwenden, dessen Analyse ihm unbekannt ist, denn manche Emails enthalten 30—40 vH Feldspat im Gemisch. Der Kieselsäuregehalt der Feldspate schwankt oft um 3 bis 5 vH, d. h. man hat im geschmolzenen Fluß Differenzen von 2—4 vH im Kieselsäuregehalt. Was würde man in der Mischkammer wohl sagen, wenn man dahinter käme, daß beim Abwiegen von Quarz Fehler von 3—4 vH gemacht wären? Dabei schwankt nicht nur der Kieselsäuregehalt, sondern auch der an Alkali und Tonerde beim Feldspat. Enthält nun der Grundsatz wenig, das Weiß viel Feldspat, so wird natürlich bei wachsendem Kieselsäuregehalt im Feldspat das Weiß schließlich zu hart für den Grund. Die Folgen sind Haarrisse und abplatzende Ränder und starke Neigung zur Blasenbildung an Fugen und Spalten.

Aber auch der Schmelzofen ändert den sorgfältig und oft auf Viertelkilo abgewogenen Satz ganz willkürlich. Geht der Schmelzofen bei scharfem Zug heiß, so geht ein bedeutend größerer Anteil an Alkali in den Schornstein als bei mäßigem Zug, während bei schlechtem Zug die Lösung der Komponenten schlecht ist und infolgedessen beim Mahlen das Mahlwasser viel Alkali löst. Mit verschiedener Schmelzdauer und mit verschieden heißem Ofengang geschmolzene Emails können im Fluß um mehrere Prozente voneinander abweichen.

Es ist wichtig bei der Ausführung einer Schweißnaht, Fugenbildung nach Möglichkeit zu vermeiden. Also Schweißen mit schmaler Überlappung, mit nicht zu großer Stromstärke oder noch besser Schweißen mit stumpfem Stoß, also ohne Überlappung. Großen Einfluß auf die Sauberkeit des Aussehens hat auch die Art der Nachbehandlung der Schweißnähte. Eine Nachbearbeitung der Nähte erleichtert aber das Erzeugen glatt aussehender Ware. Man kann nun die Nähte kalt durch Nachwalzen glätten. Bei schmal überlappten oder stumpfgeschweißten Nähten macht dies keine nennenswerte Mühe. Für Längsnähte kann man Maschinen nach Art der Längsfalzzudrückmaschinen verwenden, für Rundnähte eine entsprechend kräftige Sickenmaschine. Wird die Ware nach dem Schweißen planiert, so wird bei dieser Nacharbeit die Naht sowieso geglättet.

Ganz besonders vorteilhaft ist aber das Nachwalzen der Nähte mit der Warmwalze. Das ist eine mit Stahlwalzen arbeitende elektrische Maschine, in welcher die Stahlwalzen ähnlich den Elektroden einer Nahtschweißmaschine mit gleichförmig laufenden Elektroden wirken. Die

Maschine wird aber hierbei so eingestellt, daß das Material zwischen den Walzen während des Walzens nur Rotwärme oder helle Rotwärme erreicht. Der notwendige Walzdruck ist infolgedessen bei dieser Maschine klein und die Arbeitsgeschwindigkeit groß. Trotzdem erhält man eine vollkommen glatte Naht. Man erzielt infolgedessen sehr große Nahtgeschwindigkeiten und bekommt doch, weil die Warmwalze die Naht durch ihren Druck ganz schließt (zuwalzt) und gleichzeitig glättet, eine tadellos glatte Naht, so daß die erzeugte Ware oft schon im rohen Zustande kaum von nahtlos erzeugter zu unterscheiden ist.

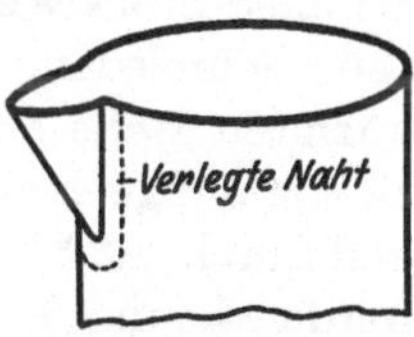

Abb. 224. Verlegung der Naht aus der Kante zur Verhütung der Bläschenbildung.

Auch durch Abänderung und Verlegung der Schweißnaht kann man die Bläschenbildung heruntersetzen. So z. B. sollen Ausgüsse bei Kannen nicht an der scharfen Kante, sondern wie es die Abb. 224 zeigt, mit einem kleinen Ansatz, welcher in die Abwicklung paßt, eingepunktet werden. Ähnliche Behelfe lassen sich noch anderswo anwenden und ermöglichen, den Prozentsatz der Ausschußware auf ein Mindestmaß zu reduzieren.

XIII. Prinzip der elektrischen Erwärmung.

1. Die elektrische Erwärmung.

Die Anziehungskraft der Moleküle ist eine Funktion der Wärme, daher wird die Umformung der Metalle, insbesondere dort, wo es sich um größere Stücke handelt, stets in warmem teigigem Zustand vorgenommen. Die Kohäsionskraft kann durch Erhitzen bis zum Auseinanderfallen (Verflüssigung) des Schweißgutes vermindert werden. Eine Erwärmung wird auch dort angewendet, wo unsere gewöhnlichen Kräfte nicht reichen, das Material in eine andere Gestalt zu bringen, und auch dort, wo die Formänderung im kalten Zustande dem Werkstoff nachteilige Eigenschaften verleihen könnte. Die Wärmeerzeugung durch elektrischen Strom bietet soviel Vorteile, daß man schon heute, obwohl das Gebiet noch lange nicht ausgebaut ist, mit Recht behaupten kann, daß der elektrischen Erwärmung der unbedingte Vorrang gebührt. Die Erwärmung erfolgt nach demselben Prinzip wie bei der Stumpfschweißung, indem man den zu erhitzenden Teil oder das zu erhitzende Werkstück selbst in einen Stromkreis von niedriggespanntem Wechselstrom einschaltet. Die Erwärmung wird durch den inneren Widerstand verursacht, erfolgt also von innen nach außen, so daß elektrisch erwärmte Gegenstände eine gleichmäßigere Erwärmung erfahren als im Kohlenfeuer. Die elektrische Erwärmung kennt keine Verunreinigung. Das Metall bleibt rein, es ändert seine chemische Zusammensetzung nicht, die Erwärmung erfolgt rauchlos, ohne Leerlaufverluste, ohne vorheriges Anheizen mit sofortiger Betriebsbereitschaft und ist durch einen viel kürzeren Zeitaufwand und Fortfall jeden Brennstofftransportes gekennzeichnet. Die Beschränkung der Wärmezufuhr auf den zu erwärmenden Teil des Schmiedestückes ermöglicht große Sparsamkeit und bessere Handlichkeit beim Schmieden, weil das Werkstück in kurzer Entfernung von der erwärmten Stelle kalt ist. Ebenso ermöglicht die elektrische Erwärmung eine ständige Kontrolle der Erhitzung, da das Stück gut zu sehen ist und durch die Stromregulierung auf jede beliebige Temperatur gebracht werden kann. Es ist weiter festgestellt, daß die elektrisch erwärmten Schmiedestücke die Hitze, die sich von innen nach außen entwickelt, viel länger halten als im Kohlenfeuer erwärmte, so daß mit der elektrischen Erhitzung Stücke, welche im Feuer zweimal erwärmt werden müssen, nach einmaligem Erwärmen fertig geschmiedet werden können. In der Gesenkschmiede bedeutet die elektrische Erwärmung auch noch eine wesentliche Schonung der Gesenke infolge der bedeutend geringeren Verzunderung. Die elektrische Erwärmung von Rund-, Quadrat- und Profileisen jeder Art für Biegearbeiten bewährt sich vorzüglich, da die Erwärmung ganz örtlich gerade auf den zu biegenden Teil beschränkt werden kann, während bei solchen Arbeiten in der offenen Schmiedeesse auch die anschließenden Teile unnütz und für Biegearbeiten hindernd miterwärmt werden.

2. Der thermische Vorgang.

Die zum Erwärmen erforderliche theoretische Wärmemenge für ein beliebiges Eisenstück ergibt sich mit $Q = G \cdot t \cdot C_m$. Diese Wärmemenge muß dem Stück zugeführt werden, da es die Temperatur von t^0 C aufnehmen soll. Bei der gewöhnlichen Erwärmung im Schmiedefeuer wird diese Wärmemenge durch die Wandungen vom Stück aufgenommen, und es bedarf einer bestimmten Zeit, bis das Stück an jeder Stelle dieselbe Temperatur angenommen hat. Der Ausgleich der Temperatur entlang des Stückes hängt im wesentlichen von der Leitfähigkeit des Materials und von der Erwärmungszeit ab. Bei der elektrischen Erwärmung wird die Hitzeentwicklung nicht durch Berührung und Fortpflanzung dem Stück zugeleitet, sondern entsteht durch den Widerstand, welcher den Strom in Wärme umwandelt. Die Umwandlung von Strom in Wärme vollzieht sich bei diesem Vorgang fast ohne Verluste. Die Verluste sind vielmehr Ableitungsverluste, da die umhüllende Luft ebenso wie die Strombacken einen Teil der erzeugten Wärme ableiten. Es findet auch eine Strahlung, insbesondere bei höheren Temperaturen, vom Werkstück statt. Hieraus ist ersichtlich, daß, um das Stück auf die gewünschte Temperatur zu bringen, eine größere Wärmemenge geliefert werden muß als die theoretisch ermittelte. Der Übersichtlichkeit halber können diese Verluste nach ihren Eigenschaften als 1. Berührungsverluste, 2. Ableitungsverluste, 3. Strahlungsverluste betrachtet werden. Die Berührungsverluste hängen von der Zeitdauer der Erwärmung sowie von der Oberfläche, Größe und Beschaffenheit des zu erwärmenden Körpers ab. Da wir letztere nicht ändern können, muß unser Bestreben dahin gehen, die Zeitdauer so kurz wie möglich zu gestalten. Die Ableitungsverluste, die einen Teil der Wärme zu den Backen führen, können nicht vermieden werden, da an dieser Stelle die Kontaktgebung erfolgt. Die Strahlungsverluste hängen ebenfalls von der Zeitdauer ab. Um diese Verluste auf einen zu ermittelnden Wert zu bringen, kann man eine kleine kalorimetrische Untersuchung vornehmen, indem man ein Stück, welches soeben die gewünschte Temperatur erreicht hat, in einem Wasserbecken abkühlen läßt und den Wärmegehalt des Stückes durch Messung der Temperatur bei bekannter Wassermenge errechnet. Der so ermittelte Wert bedarf noch einiger Korrektionen, und zwar auf Grund der Verbreitung der Wärme im Wasserbehälter, an der Luft usw., was aber hier unberücksichtigt bleiben kann. Wenn man jetzt den Vorgang sich mittels Strom abspielen läßt und die verbrauchte elektrische Energie in Wärme umrechnet, so ergibt das Produkt dieser beiden Werte den Gesamtwirkungsgrad für die elektrische Erwärmung. Man kann also den Vorgang so schematisieren, daß man die theoretische Wärmemenge unter Zugrundelegung einer mittleren spezifischen Wärme für einen bestimmten Fall errechnet. Für den gleichen Fall kann man dann die aufgenommene Primärleistung mittels Zähler fixieren und zwischen diesen Werten, welche den Gesamtwirkungsgrad charakterisieren, die einzelnen Verluste näher betrachten. Es kommen elektrische und thermische Verluste zum Vorschein. Die elektrischen Verluste ergeben sich aus den primärseitigen Transformatorverlusten, den Sekundärverlusten, welche in Wärme umgesetzt werden, und aus den sekundären Kontaktverlusten. Die Wärmeverluste ergeben sich aus den Ableitungsverlusten, Strahlungsverlusten und Berührungsverlusten. Die Ableitungsverluste nach den Backen können durch die Temperaturerhöhung des Kühlwassers im Mittel festgestellt werden.

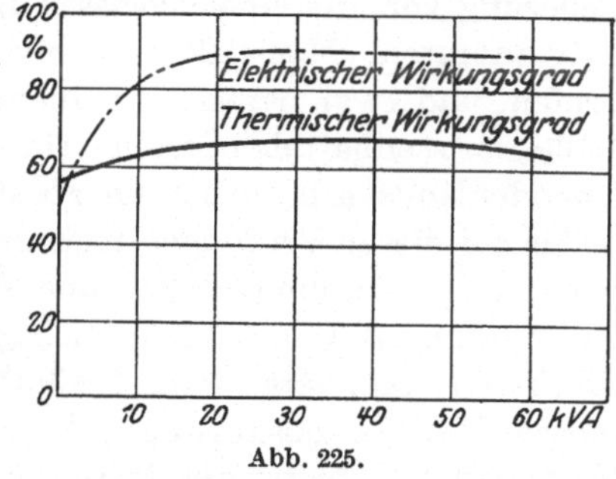

Abb. 225.

In einigen Fällen gibt Abb. 225 eine Übersicht über die Wirkungsgrade. Die aufgenommenen Werte sind hierbei in einer dem Stück angepaßten Erwärmungszeit von 15 Sekunden ermittelt. Im Falle man die Erwärmungszeit niedriger hält, werden auch die Verluste durch Ableitung, Strahlung und Berührung geringer. Die Transformatorverluste sowie die Kontaktverluste im Sekundärstromkreis können als konstant angesehen werden, da dieselben von der Bauart und Leerlaufamperezahl abhängig sind. Eine scharfe Trennung der Wärmeverluste ist schwer möglich. Einige können dadurch ermittelt werden, daß man das Material in Wärmeisolationsstoff einbettet und dann mittels eines Pyrometers die Temperatur und die aufgenommene Leistung mißt.

3. Wirtschaftlichkeit.

Um zahlenmäßig über den Verbrauch an Energie ein Bild zu gewinnen, sollen die Betrachtungen durch ein Beispiel erläutert werden. Bei diesen zahlenmäßigen Ermittlungen wird aber vielfach der große Vorteil der Elektrowärme in bezug auf größere Wärmematerialersparnis und Kraftersparnis der Schmiedemaschinen nicht berücksichtigt. Manchmal kommen auch Vergleichsversuche zwischen Elektrowärme und direkter Feuerung vor, die einer gewissen Komik nicht entbehren und oft recht naiv anmuten. Man läßt z. B. einen elektrischen Nietwärmer elektrisch prüfen, und zwar parallel zu einem Nietfeuer, und man mißt in diesem Falle gewissenhaft den Stromverbrauch und andererseits den reinen Kohlen- oder Koksverbrauch in einer bestimmten Zeit. Das wichtigste wird aber leider bei diesen Prüfungen meistens vergessen, weil der Prüfer gewöhnlich nur die Ablesung der Zeit und Meßinstrumente vornimmt und andere Aufwendungen nicht berücksichtigt, welche sich durch verbrannten Werkstoff, Ofenverschleiß, Preßluftverbrauch, Zeitverbrauch beim Anfeuern, Ventilationsaufwand, Aufwand für die Reinigung und Minderleistung von Arbeiter und Maschine infolge der schädlichen Einflüsse des Abwärmestaubes und -rauches usw. ergeben.

Alle diese Sonderverluste bei Anwendung von Feuererwärmung kosten oft soviel, daß man auch bei billigen Brennstoffen nicht auf gleiche Kosten wie bei der Elektrowärme kommt.

Wärmewirtschaftlichkeit: Heute ist die Elektrowärme auch dem hochentwickelten Generativhochofen gleich oder überlegen, denn wenn der Ofen für 100 kg Eisen auch mit 12—18 kg Kohlen arbeiten kann, so entspricht das bei Vergasung im Generator einer Erzeugung von 24—35 kWh mittels Gasdynamo, und diese Energie genügt zur Elektroerwärmung der gleichen Arbeitsmenge. Aber der Ofen verbrennt außerdem noch 3—5 kg Eisen, was in Geldwert wieder 30—40 kg Kohle entspricht, während die Elektroerwärmung einen ganz minimalen Abbrand aufweist.

Die Elektroerwärmung von kleineren Gegenständen wie Nieten, bei welchen keine Möglichkeit besteht, die Öfen mit einer besonderen Wirtschaftlichkeit auszurüsten, hat zuerst die Überlegenheit der Elektrowärme bewiesen. Um den Beweis hierfür zu liefern, sei die nachstehende Berechnung, die eine die Verhältnisse des praktischen Betriebes tatsächlich voll erfassende Aufstellung ergibt, vorgenommen. Für die Aufstellung gelten folgende Preisgrundlagen:

Preis für

1 t Kohle . . .	Mk. 22.—	frei Arbeitsort
1 t Koks . . .	„ 32.—	
1 t Teeröl. . .	„ 100.—	
1 t Nieten. . .	„ 230.—	
1000 kWh . . .	„ 100.—	

1 Arbeitsstunde einschließlich Unkosten Mk. 2.—

Der Vergleich gilt für 100 kg Nieten entsprechend etwa 600 Stück Nieten von 20 mm Durchmesser, 50 mm Länge, oder etwa 900 Stück Nieten von 16 mm Durchmesser, 50 mm Länge. Von Nieten 16 × 50 mm sollen pro Stunde etwa 225 Stück geschlagen werden, so daß 900 Nieten für eine halbe Schicht reichen. Es kostet dann die Erwärmung von 100 kg Nieten:

Elektrisch		Mit Koks		Mit Öl	
35—36 kWh .	Mk. 3.80	70 kg Koks . .	Mk. 2.24	30 kg Öl . . .	Mk. 3.—
1 kg Ausschuß-Nieten . . .	„ 0.23	1 verlorene Stunde . . .	„ 2.—	1 Stunde Verlust.	„ 2.—
		4 kg Ausschuß-Nieten . . .	„ 0.92	3 kg Ausschuß-Nieten . . .	„ 0.69
		1 kWh Ventilatorluft. . .	„ 0.10	2 kWh Gebläseluft.	„ 0.20
	Mk. 4.03		Mk. 5.26		Mk. 5.89

Zu den vorstehend genannten Beträgen kommen bei Koks- und Ölfeuerung noch die Kosten für Raumventilation hinzu. Diese richten sich nach den Raumverhältnissen und können durchschnittlich mit dem Gegenwert von $^1/_2$ Arbeitsstunde per halbe Schicht einer Nietkolonne, also mit 1 Mark für je 100 kg Nieten angesetzt werden.

In der Aufstellung fehlen zunächst auch noch die Kosten für Erneuerung der Feuerungen bei Koks- und Ölfeuer. Diese Kosten sind stark schwankend, sind aber immer drei- bis viermal so hoch wie die Unterhaltungskosten eines elektrischen Nietwärmers.

Auch der auf die ganze Belegschaft arbeitsfördernd wirkende Einfluß der Verbesserung der hygienischen Verhältnisse durch Verwendung von Elektrowärme für die Nietarbeit an Stelle des lästigen Koks- oder Ölfeuers ist ganz beträchtlich, wenn er sich auch zahlenmäßig nur schwer erfassen läßt.

Als verlorene Zeit beim Koks- und Ölfeuer ist eine Stunde angenommen. Dabei ist mit einer einzigen Arbeitspause pro halbe Schicht gerechnet. Die aus vier Mann bestehende Nietkolonne verliert nach jeder Unterbrechung gewöhnlich eine Viertelstunde, bis das erste Niet wieder warm wird. Das gibt für die ganze Kolonne auf die halbe Schicht eine volle Stunde als Zeitverlust. Sind die Unterbrechungen häufiger als zweimal pro Tag, so wird die Zahl der verlorenen Stunden noch höher. Beim elektrischen Nietwärmer gibt es solche Verlustzeiten nicht.

Die Werte von 70 kg Koks und 30 kg Öl sind Erfahrungswerte. Koks wird oft mehr als 100 kg verbraucht, während Öl bei sehr guter Bedienung einen Verbrauch von 25—27 kg erreichen kann. Häufig aber steigt der Ölverbrauch auch auf weit mehr als 30 kg. Wird Koksfeuer mit Preßluft angeblasen, so wird der Energieverbrauch für Gebläseluft bedeutend höher.

In der Aufstellung wurde bei Koksfeuer mit 4, bei Ölfeuer mit 3, bei Elektrowärme mit 1 vH verbrannter Nieten gerechnet. Bei häufigen Arbeitspausen werden bei Koks und Öl oft bis zu 7 bzw. 6 vH Nieten verbrannt, während bei Elektrowärme der Satz von 1 vH eigentlich nie erreicht wird. Versuche ergaben 0,4 vH. Der Vergleich kann also mit Recht auch wie folgt gestellt werden:

	Elektrowärme	Koks	Öl
Verbrauchsziffern lt. obiger Aufstellung	Mk. 4.03	Mk. 5.26	Mk. 5.89
Raumventilation	„ —	„ 1.—	„ 1.—
Nicht faßbare Nachteile .	„ —	„ 1—2.—	„ 1—2.—
	Mk. 4.03	Mk. 7.26—8.26	Mk. 7.89—8.89

Auch diese Aufstellung läßt noch unberücksichtigt, daß elektrisch erhitzte Nieten infolge guter und gleichmäßiger Durchwärmung von innen nach außen sich besser schlagen lassen und gleichzeitig infolge geringer Verzunderung wenig Stemmarbeit bei Dichtnietung erfordern.

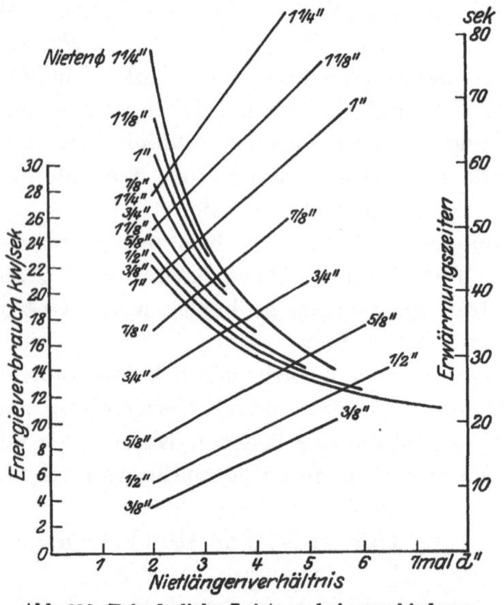

Abb. 226. Erforderliche Leistung bei verschiedenen Nieten.

Der Vergleich kann auch nach der Richtung gezogen werden, daß man untersucht, welche Menge elektrischer Energie aus den für 100 kg erhitzter Nieten erforderlichen Koks- bzw. Ölmengen erzeugt werden kann und welche Nietmengen man mit dieser elektrischen Energie warm erhält. Bekanntlich benötigt man für die elektrische Erhitzung von Nieten etwa 35—40 KWh für je 100 kg Nietmaterial. Erzeugt man die elektrische Energie im Gasmotor, so kann man aus den 70 kg Koks 110 bis 120 KWh gewinnen. Ebenso kann man im Ölmotor aus 30 kg Öl 110 bis 120 KWh erzeugen. Mit dieser Energiemenge aber vermag man 300 kg Nieten zu erhitzen, also die dreifache Menge der bei direkter Verfeuerung dieses Materials erhitzbaren Nieten. Auf dieser Basis verglichen, ergeben sich also noch weit günstigere Werte als beim direkten Vergleich zwischen elektrischem Nietwärmer, Koksfeuer und Ölfeuer.

Die Erwärmungszeiten für verschiedene Nietdurchmesser und Längen ändern sich mit dem Energieverbrauch. In dem Diagramm Abb. 226 sind für verschiedene Nietlängen die angepaßten Leistungen dargestellt. Auch können die Erhitzungskosten von verschiedenen Nietdurchmessern und die dazugehörigen Leistungen daraus entnommen werden. Die Erhitzdauer für ein Niet, sowie der dazugehörige Energieverbrauch ist ebenfalls aus dem Diagramm ersichtlich.

XIV. Elektrische Widerstand-Lötmaschinen.

Die elektrische Lötung, insbesondere die Weichlötung, erfolgt mit elektrischen Lötkolben, welche zwar nach dem Widerstandverfahren arbeiten, jedoch ohne Herabtransformierung der Spannung. Die Hart-

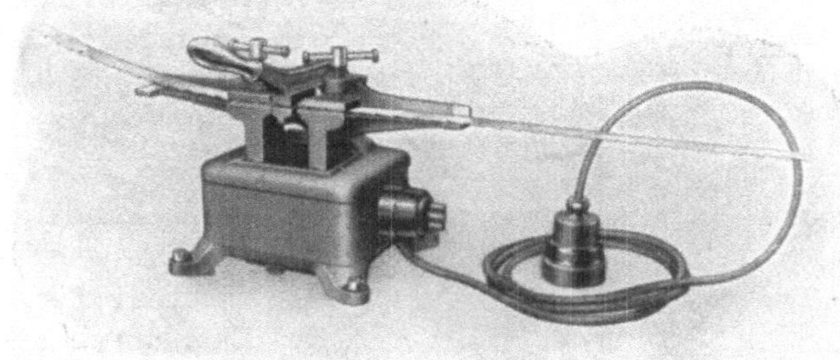

Abb. 227. Sägeblatt-Lötmaschine.

lötung mittels elektrischer Schweißmaschinen wird vielfach angewendet, und zwar derart, daß zwischen den beiden Stücken das Lot ebenfalls durch elektrischen Strom miterwärmt wird. Hierfür hat man eine Menge verschiedener Werkzeuge, welche das Lot einfließen lassen, insbesondere in der Fahrradfabrikation, ausgebildet. Einen ausgesprochenen elektrischen Lötapparat hat man für Sägeblätter auf den Markt gebracht, da bei diesen die Schweißung infolge ihrer größeren Starrheit keine genügende Sicherheit gegen Härterisse bot. Aus der Abb. 227 ist eine derartige kleine Maschine ersichtlich. Der Apparat besteht aus einem Transformator, dessen Primärspule unter Benutzung eines Schalters an die Leitung angeschlossen wird und dessen Sekundärspule den Halter der beiden Sägeenden darstellt. Ungefähr eine Bandbreite lang werden die zu lötenden Sägeenden konisch angefeilt und dann so mit dem Halter fest eingespannt, daß die Bandenden ein wenig überlappt sind. Zwischen die überlappten Enden wird ein dünnes Messingblech geschoben und die Lötstelle mit Boraxlösung oder mit einem anderen Spezialflußmittel

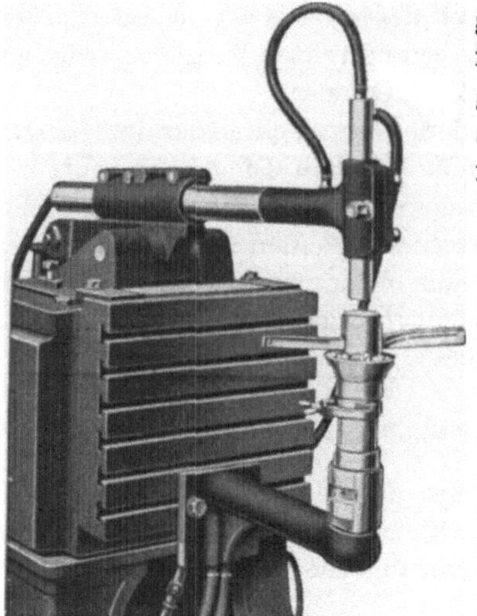

Abb. 228. Punktschweißmaschine mit Schmelzvorrichtung.

gut überstrichen. Der Strom wird nun mittels des Drehschalters eingeschaltet, welcher außer der Nullstelle noch eine dreistellige Regulierung ermöglicht. Dadurch kann die Erhitzung der Lötstelle verstärkt oder vermindert werden. Mit der Zange wird dann die Lötstelle zusammengedrückt und ihr zugleich soviel Wärme entzogen, daß das Lot durch das Abschrecken weich gehalten wird. Der Apparat kann auf einem Tisch befestigt werden und die Stromentnahme aus der Lichtleitung erfolgen. Da zum Löten der Sägeblätter bis 50 mm Breite nicht mehr als 100—150 Watt benötigt werden, können pro kWh 100 Lötungen erzielt werden.

Abb. 229. Stumpfschweißmaschine mit Schmelztiegel.

In ähnlicher Weise werden Widerstandmaschinen so ausgebildet, daß die Sekundäre in einem topfförmigen Gefäß endet, welches zur Aufnahme von Zinn oder Metallegierungen zum Ausgießen von Lagern usw. benutzt wird. Ebenso kann man eine Punktschweißmaschine, wie aus der Abb. 228 hervorgeht, mit einer Sondervorrichtung zum Ausgießen von Weißmetallagern und zum Schmelzen von Metallen ausführen. In diesem Falle ist die vordere Stromregulierung sehr zweckdienlich, um das Metall ständig auf konstanter Temperatur zu halten. Eine ähnliche Vorrichtung mit einem Schmelztiegel für Lagermetalle ist aus der nächsten

Abb. 229 ersichtlich und kann zwischen die Backen einer gewöhnlichen Stumpfschweißmaschine eingepaßt werden. Der Hilfstiegel ist drehbar angebracht, besteht aus Stahlguß und ist für eine Aufnahme von 20 kg Lagermetall bestimmt.

XV. Elektrische Signierapparate.

Nach dem Widerstandsprinzip ist es gelungen, die Wärme an einer stark lokalisierten Stelle so zu konzentrieren, daß die Anlauffarben zur Bezeichnung von Gegenständen benutzt werden können. Zu diesem Zweck wurden elektrische Signierapparate gebaut, welche aus einem kleinen Transformator bestehen, wobei das eine Ende der Sekundäre in einen schreibstiftförmigen Pol ausläuft und das andere Ende in einer

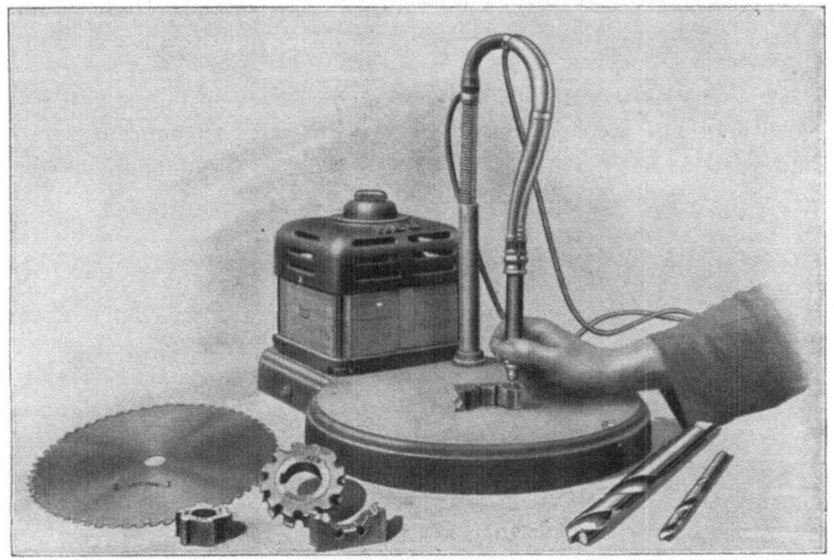

Abb. 230. Signierapparat.

Grundplatte eingebettet ist. Durch die Konzentrierung des Stromes entsteht an der Spitze eine örtliche Wärmeentwicklung, welche in Eisen, Stahl, Aluminium, Messing und fast allen anderen Metallen ein Signieren ermöglicht. Die Werkzeuge, welche zum Schutz gegen Diebstahl signiert werden, werden auf den Tisch gebracht und auf sie mit dem Signierstift von Hand die nötigen Zeichen eingebrannt (Abb. 230). Für Massenbezeichnungen kann eine solche Maschine mit einem Schreibapparat kombiniert werden, wie er bei der Gewehr- und Schreibmaschinenfabrikation zum Bezeichnen kleiner Maschinenteile verwendet wird. Dieser Apparat hat, wie aus der Abb. 231 ersichtlich, eine

Storchschnabelführung und ist mit Schreibschablonen versehen, welche dann in entsprechender Verkleinerung die zwangmäßige Bewegung längs der Buchstaben auf das Werkstück übertragen. Diese Schrift ist leicht ausführbar.

Der elektrische Verbrauch solcher Apparate ist minimal und beträgt ungefähr 400 Watt. Die erforderliche Sekundärspannung hat ungefähr die Größe bis zu 1 Volt.

Abb. 231. Schablonensignierapparat.

Die Anschlußmöglichkeit eines solchen Signierapparates ist ebenso wie bei allen anderen Schweißmaschinen nur bei vorhandenem Wechsel- oder Drehstromnetz möglich, wobei dann der Apparat an eine für die Lichtleitung dienende Schaltdose mit Stecker angeschlossen wird. Hierbei spielen Materialeigenschaften keine erhebliche Rolle. Man kann Stahl, Guß, Schmiedeeisen sowie jedes andere Metall beschreiben.

XVI. Elektrische Nietwärmer.

Die elektrischen Nietwärmer dienen zur Erhitzung von Nieten, Pinnen, Bolzen zwecks weiterer Verarbeitung als Einzel- oder Massenerzeugnis, wie solche bisher auf äußerst umständliche und kostspielige Weise im Kohlenfeuer oder Glühofen erhitzt wurden. Diese Maschinen müssen in ihrer Bauart einem ziemlich rauhen Betriebe gewachsen sein und werden aus diesem Grunde vielfach ohne Verwendung von Gußteilen in Blechkonstruktion geliefert. Um leichten Transport zu erzielen, wird dann die ganze Maschine beweglich gestaltet und mit Laufrädern versehen. Gemeinsam sind bei sämtlichen Konstruktionen die nieterfassenden Backen, die Betätigung derselben und der angewandte Kontaktdruck. Fast alle Nieterwärmer werden von Fuß aus betätigt, und zwar so, daß bei Heruntertreten des Fußhebels die Kontakte geöffnet und die Niete zwischengelegt werden. Durch Abheben des Fußes vom Hebel wird das Niet an die Kontaktstelle gedrückt, wobei dieser Druck durch eine Feder oder das eigene Gewicht der oberen Kontakte herbeigeführt wird.

Das Gewicht oder die Feder bewirkt ein schlagartiges Aufsetzen der Kontakte, wobei die Zunderschicht durchschlagen wird und das Niet Strom aufnehmen kann.

Die Regelung des Stromes muß bei den elektrischen Nieterhitzmaschinen in ziemlich weiten Grenzen ausführbar sein. Sie erfolgt durch

Reguliersteckschalter oder auch Schaltwalzen. Da die Maschinen ständig belastet werden, erfordert hier die Ausbildung der Kühlung besondere Sorgfalt. Kleinere Nietwärmer und auch diejenigen, welche noch für Schlagarbeit bestimmt sind, können Luftkühlung erhalten. Sämtliche anderen, also die dauernd arbeitenden, erhalten Wasserkühlung, und zwar durch Anschluß an eine normale Druckwasserleitung, oder bei Maschinen, welche außerhalb der Werkstatt, also auf Montage oder Bauplätzen verwendet werden, mittels Umlaufwasserkühlung oder Siedekühlung.

Das Druckwasser wird mittels Gummischlauchs oder Rohrleitung zu den Schlauchstutzen der Maschine geführt, und zwar so, daß die heißesten Stellen, also die Backen, zuerst mit dem kalten Wasser in Berührung kommen. Ein Schlauchstutzen wird also immer als Wassereintritt, der nächste als Wasseraustritt verwendet. Die Umlaufwasserkühlung erfordert ein Reservoir, welches in der Nähe der Maschine oder an dieser befestigt werden kann. Der Umlauf wird dann durch eine kleine Pumpe mit Antriebsmotor so angeordnet, daß 2—3 Liter frisches Wasser ständig durch die Maschine laufen. Es ist empfehlenswert, das Wasserreservoir mit Kühlrippen zu versehen, um eine intensivere Abkühlung des Wassers herbeizuführen. Für den Umlauf des Kühlwassers hat man Maschinen auch mit der Thermosyphonkühlung versehen, jedoch bewirkt diese Wasserzirkulation kein so intensives Kühlen der Elektroden wie die durch Pumpe betätigte Umlaufkühlung. Eine sehr einfache Kühlungsart ist die Siedekühlung. Es ist bekannt, daß die Verdampfungswärme des Wassers große Wärmemengen erfordert. Ferner besteht das physikalische Gesetz, daß in der gewöhnlichen Atmosphäre das Wasser nie eine höhere Temperatur als die Siedetemperatur erreichen kann. Dieser Gedanke wurde bei den Nieterhitzmaschinen erfolgreich angewendet. Die Elektroden und die stromführenden Teile werden nämlich bis auf eine Temperatur von 100° erwärmt, können jedoch keine höhere Erwärmung erfahren, solange das Wasser verdampfen kann.

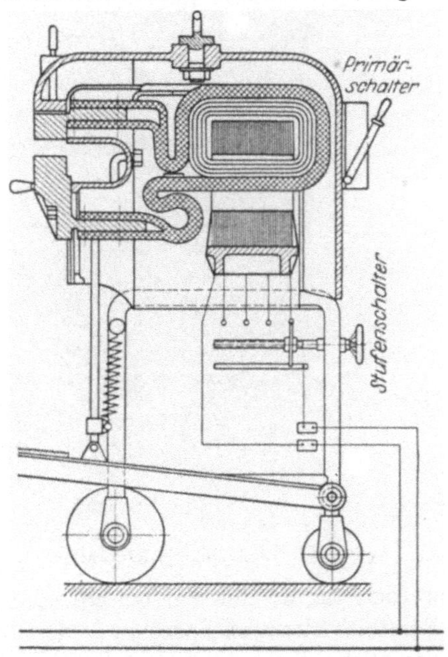

Abb. 232. Schematischer Aufbau eines Nietwärmers.

Infolge der Einfachheit dieser Anordnung eignen sich die mit Verdampfungskühlung ausgerüsteten Maschinen insbesondere für Montagearbeiten, wo keine Druckwasserleitung vorhanden ist. Die Bauart stellt sich auch durch den Wegfall einer Pumpe und des zugehörigen Antriebsmotors erheblich billiger.

Nach nebenstehender Abb. 233 umschließt den Erwärmungstransformator ein Gehäuse aus Blech, welches auf Rädern ruht, wodurch ein bequemer Transport des Apparates nach der Nietstelle ermöglicht ist. Die Deckplatte ist mit einer Öse versehen, so daß der Transport auch mittels Krans vorgenommen werden kann. Die Abbildung zeigt zwei Wärmstellen, von denen jede durch eigenes Kabel mit der rohrförmigen Sekundäre verbunden ist. Die vorderen Enden des Kabels tragen ein Kopfstück, welches mit einem Hebel versehen ist, der in der hinteren Wand des Gehäuses drehbar gelagert ist. Die unteren Kopfstücke sind ebenfalls durch Bandkabel mit der Sekundären verbunden und vermittels Rundeisen oder Rohr in zwei Schlaufen gelagert; sie werden durch eine Knebelschraube gehalten. Damit ist eine bequeme Verstellbarkeit entsprechend den verschiedenen Nietlängen gegeben. Sämtliche Teile des Sekundärleiters sind mit Kanälen versehen, durch die das Kühlwasser zirkuliert und eine übermäßige Erwärmung, vor allem auch der Elektroden, verhindert. An der linken Seite des Gehäuses ist eine Steckerplatte angebaut, mit deren Hilfe man Primärwindungen an- oder abschalten kann, um dadurch für die verschiedenen Nietdurchmesser und Längen verschiedene Sekundärspannungen und Stromstärken zu erzielen. Zum Einsetzen der Niete wird die obere Elektrode durch den Fußhebel, der durch Gestänge mit dem oberen drehbar gelagerten Hebel verbunden ist, gehoben. Das Niet wird auf die untere Elektrode aufgestellt und der Fußhebel freigegeben. Dabei setzt sich die obere Elektrode schlagartig auf das Niet und schafft sofort einen guten Kontakt, so daß der Strom das Niet durchfließen kann.

Abb. 233. Zweistelliger Nieterwärmer.

Die folgende Abb. 234 zeigt einen zweistelligen Nietwärmer mit Wasserkühlung für Drehstromanschluß, wie er für Betriebe mit Wasserleitung verwendet wird. Die oberen Elektroden sind hintereinander mit Wasserzuführung versehen. Die unteren Elektroden, welche beweglich gehalten sind, werden durch verstellbare Zugfedern an die Elektroden angedrückt, und zwar so, daß das Öffnen der Elektroden durch die unteren Fußhebel erfolgt. Die Verstellung der Nietlänge geschieht durch Stift und Löcher. Die Stufenregulierung ist seitlich angebracht. Um der Maschine bessere Beweglichkeit zu verleihen, sind die Räder an der vorderen Seite auch drehbar gelagert. Ebenso sind zwecks leichten Transports an dem oberen Teil zwei Kranösen angebracht.

Abb. 234. Zweistelliger Nieterwärmer.

Die nächste Abb. 235 zeigt einen dreistelligen Nietwärmer mit eingebauter Umlaufwasserkühlung und drei Nieteinspannstellen nebeneinander, geeignet zum direkten Anschluß an alle drei Phasen eines Drehstromnetzes. Die Bedienung geschieht ebenfalls durch Niedertreten eines Fußhebels, wobei die Druckfedern im Zuggestänge gespannt werden und gleichzeitig eine größere Maulöffnung zwischen den beiden Elektroden entsteht. Ist das Niet zwischen die Elektroden gebracht, so läßt man durch Freigeben des Fußhebels die untere Elektrode hochschnellen, so daß gleichzeitig ein guter Kontakt an den Berührungsstellen des Nietes erzielt wird. Die Einstellung verschiedener Nietlängen geschieht unten durch Verstellung der Länge des Gestänges. Die Elektroden werden mit Wasser gekühlt, und zwar befindet sich unter der Maschine, wie aus der Abb. 235 ersichtlich, ein größerer Wasserbehälter, von dem aus mittels der kleinen Pumpe der Wasserumlauf in den Elektroden bewerkstelligt wird. Oberhalb des Wasserbehälters, also ebenfalls an der Seite der Maschine, befinden sich die Stufenschalter für die Stromregelung sowie ein gemeinsamer Abschalter und eine Sicherung. Die Maschine ist ebenfalls leicht transportabel.

Die nach dem Siedekühlungsprinzip arbeitenden Maschinen sind dadurch gekennzeichnet, daß die Elektroden in Hohlkörper größeren Fassungsvermögens eingebettet sind. Aus nebenstehender Abb. 236 sind die die verdampfende Flüssigkeit aufnehmenden Töpfe sowie das untere Wasserbecken ersichtlich. Diese haben eine der Leistungsaufnahme des Nietwärmers entsprechende Größe, so daß das Wasser bei starker Inanspruchnahme erst in ungefähr 2—3 Stunden vollständig verdampft. Der Niederspannungstransformator, dessen Sekundärstrom von dem Ende der Sekundärspule durch entsprechende Armaturen bis zu den Elektroden geführt wird, ist in einem aus Blechkonstruktion her-

Abb. 235. Dreistelliger Nietwärmer mit Wasserreservoir und Pumpe.

gestellten Gestell eingebaut, und zwar so, daß nach oben hin eine gute Luftkühlung gesichert ist. Die Elektroden bestehen aus Kupfer und besitzen, wie aus der Abbildung ersichtlich, Einlegekonusse, welche eine gute Austauschmöglichkeit gewähren. Die Kühlung der durch die Erwärmungsleistung einer starken Erhitzung ausgesetzten Elektroden und Armaturen, die nach dem vorerwähnten Prinzip erfolgt, gewährleistet freie Beweglichkeit dieser Nietwärmer. Sowohl die oberen wie die unteren wassergefüllten Kühlgefäße bestehen aus Messing, um einerseits günstige Stromzuführung, andererseits gute Wärmeverteilung zu sichern. Die Elektroden sind demnach dauernd bis auf Siedetemperatur des Wassers gekühlt. Bei dieser Temperatur erreicht auch der auf den Nieten etwa haftende Zunder günstige stromleitende Eigenschaften, als deren wichtige Folge sich die bei der praktischen Verwendung dieser Nietwärmer stets beobachtete Tatsache ergibt, daß die durch längeres Lagern verunreinigten, an der Oberfläche verzunderten Nieten den Strom sofort aufnehmen. Die Anpassung an die verschiedenen Nietlängen erfolgt bei dem dargestellten Nietwärmer bis zu Differenzen von etwa 40 mm, während bei größeren Längendifferenzen die Stellung der oberen Elektrodengefäße zu verändern ist. Diese sind längs der Vertikalnähte leicht verstellbar und durch die am Kühltopf angebrachte Knebelschraube fixierbar. Eine Druckwirkung durch die Elektroden, wie die früher besprochene, findet bei diesem Apparat nicht statt. Die Elektroden lasten vielmehr nur mit ihrem Gewicht auf den Nieten und die leichte Schlagwirkung, mit welcher sie sich auf die Nietspitzen aufsetzen, unterstützt die schon durch die Siedetemperatur der Niete gegebene günstige Kontaktwirkung. Die Maschine ist ebenfalls sehr transportabel und besitzt auch Kranösen. An der vorderen Seite der Maschine befindet sich ein Kasten zur Aufnahme der Zureichungszangen.

Abb. 236. Nietwärmer mit Siedekühlung.

Die luftgekühlten elektrischen Nietwärmer besitzen stark vergrößerte Oberflächen an den Elektroden, welche durch Kühlrippen gebildet werden. Diese Kühlung eignet sich jedoch nicht für sehr starke Inanspruchnahme und gefährdet durch unvorsichtige Berührung die Bedienung. Die Nietwärmer können 1-, 2- und 3stellig geliefert werden. Nebenstehende Abb. 237 zeigt eine derartige Anordnung.

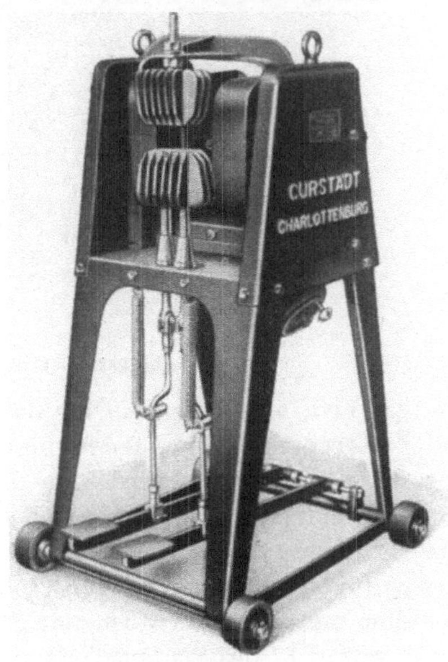

Abb. 237. Nietwärmer mit Luftkühlung.

XVII. Elektrische Schmiedeessen.

Die Erwärmung von kleineren Eisenstücken, welche in Schlosserei und Schmiede oder aber in Gesenkschmieden bearbeitet werden, kann durch die abgebildete Maschine erfolgen (Abb. 238). Das zu erwärmende Schmiedestück 9 wird in die Einspannbacken 10a und 10b gelegt und durch die Spannschraubstöcke festgespannt. Die zwischen den beiden Spannvorrichtungen vorhandene Länge entspricht jedesmal der erzielten Erwärmungslänge, die also immer genau einstellbar ist. Durch das Festspannen mittels der Handräder 11a und 11b werden die Spannvorrichtungen 10a und 10b gegen die rohrförmigen Elektrodenträger

Abb. 238. Elektrische Schmiedeesse.

11c und 11d, auf denen sie bis dahin leicht drehbar und verschiebbar sind, festgespannt. Je nachdem man das Werkstück 9 länger oder kürzer zu erwärmen wünscht, wird man die Spannvorrichtungen 10a und 10b auf den Elektrodenträgern 11c und 11d verschieben. Dies ist, wie soeben bemerkt, nur möglich, wenn durch Lösen der Handräder 11a und 11b die Spannvorrichtungen wieder lose auf den Rohren 11c und 11d sitzen. Nachdem man das zu erwärmende Stück fest eingespannt hat, stellt man das Handrad 12 des Stufenschalters mit der Nummer I in Höhe des am Schaltergehäuse 13 angebrachten Markierungspfeiles 14. Der Rastbolzen dient lediglich zur Begrenzung der einzelnen Schalterstellungen. Nachdem Handrad 13 in Stellung I steht, kann mittels Schalter 15 Strom gegeben werden. Das Amperemeter 5 ist hierbei zu beobachten, und nach und nach kann man durch Rechtsdrehung des Handrades 12 den Erwärmungsstrom verstärken. Das Amperemeter ist stets zu beobachten, damit man durch zu plötzliches Einschalten einer zu hohen Stromstärke die Maschine nicht unnötig überlastet. Hat man das Stück in der gewünschten Weise erhitzt, schaltet man den Hebelschalter 15 wieder ab, wodurch der Erhitzungsstrom unterbrochen wird. Hierauf dreht man Handrad 12 wieder in die Ausgangsstellung I zurück, und ein neuer Erhitzungsvorgang kann beginnen.

Will man beispielsweise ein Stück nur an einem Ende erwärmen, so wird man in Einspannvorrichtung 10b einen Kupferklotz einspannen, während man das zu erwärmende Stück in der Einspannvorrichtung 10a so festklemmt, daß das freie Ende an den Kupferklotz stößt. Damit aber nicht nur an der Einspannstelle, sondern auch am freien Ende, also am Kupferklotz, der nötige Kontaktdruck vorhanden ist, lassen sich die beiden rohrförmigen Backenträger durch Fußhebelbetätigung einige Zentimeter auseinanderziehen und werden durch Federkraft wieder in die Ausgangsstellung gezogen. Durch Heruntertreten des Fußhebels 16 wird der linke Elektrodenträger 11c nach links gezogen und dabei wird die Feder 17 gespannt, so daß diese bei Loslassen des Hebels 16 das fest eingespannte Werkstück mit der Einspannvorrichtung 10a gegen den Kupferklotz in der Einspannvorrichtung 10b drückt. Das Einschalten des Stromes sowie die Regulierung desselben geschieht in der vorher erwähnten Weise. Die Elektrodenträger 11c und 11d sind als Kupferrohre ausgebildet und werden mittels durchfließenden Wasser gekühlt.

Die Behälter 21 und 22 sind mit Wasser gefüllt, so daß die unteren Kupferteile der Einspannvorrichtungen 10a und 10b stets von Wasser umspült sind. Durch die weitgehende Verstellbarkeit der Einspannvorrichtungen können selbst komplizierte Schmiedestücke einwandfrei erwärmt werden. Mit der Maschine können auch Hartlötungen vorgenommen werden. Man verfährt dabei folgendermaßen: In die beiden Einspannvorrichtungen werden zwei Kupferstücke eingespannt. Durch Heruntertreten des Fußhebels 16 zieht man die beiden Einspannvorrichtungen voneinander und legt jetzt das hart zu lötende Teil zwischen die Kupferstücke. Bei Loslassen des Fußhebels wird das zu erwärmende Stück von beiden Einspannvorrichtungen festgehalten.

Das Einspannen und Regulieren geschieht auch hierbei in der schon beschriebenen Weise.

Mit der Maschine können jedoch auch Stumpfschweißungen ausgeführt werden. Dabei ist darauf zu achten, daß das Handrad 23 vollkommen rechts steht und die Feder 17 ungespannt ist. Dann nähert man die beiden Spannvorrichtungen einander so viel wie möglich, weil das Stumpfschweißen ein kurzes Einspannen erfordert. Einspannvorrichtung 10a wird nun zunächst durch Heruntertreten des Fußhebels 16 nach links gezogen. Dabei wird die Stange 24, die durch Elektrodenträger 11 d frei hindurchgeht, ebenfalls nach links gezogen und zieht das Schneckentriebrad 25, das auf dem Gewindeteil der Stange 24 sitzt, mit nach links. Die Feder 17 drückt den Lagerbock 26 nach rechts und damit auch das Handrad 23 mit daran befindlicher Schnecke und ebenfalls Zahnrad 25. Dadurch muß der Elektrodenträger 11 c und mit ihm die Einspannvorrichtung 10 a dauernd nach rechts gezogen werden. Nur durch Heruntertreten des Hebels 16 wird eine Linksbewegung des Elektrodenträgers 11 c herbeigeführt, oder durch Linksdrehung des Handrades 23. Bei niedergetretenem Fußhebel 16 spannt man die stumpf zu verschweißenden Enden in die Vorrichtungen 10 a und 10 b ein. Danach vergrößert man den Druck der gegeneinanderstoßenden Enden durch Rechtsdrehung des Handrades 23. Hierauf wird der Schweißstrom mittels Schalter 15 eingeschaltet und durch Handrad 12 reguliert. Bei Eintreten der Schweißhitze und Teigigwerden des Materials vergrößert man durch weitere Rechtsdrehung des Handrades 23 den Stauchdruck, um das Material stumpf zu verschweißen, und schaltet gleichzeitig mit Hebelschalter 15 den Strom aus, um ein Überhitzen des Materials an der Schweißstelle zu vermeiden.

Abb. 239. Elektroesse zum Dreiphasenanschluß.

Eine andere elektrische Schmiedeesse, welche dreiphasig arbeitet, ist aus der nebenstehenden Abb. 239 ersichtlich. Dieselbe ist zum direkten Anschluß an Drehstrom gebaut, weshalb sie einen Transformator, dessen Sekundäre in Stern geschaltet ist, erhält. Die drei Elektroden, welche in Form von Kupferkontakten in ihrer Lage sowohl in senkrechter wie auch in wagerechter Richtung verstellbar sind, ermöglichen, ganz unregelmäßige Schmiedestücke leicht zu erfassen. Die an der Vorderseite befindlichen Hebel dienen zur Stromein- und -ausschaltung. Die Kontaktstellen sind wassergekühlt und leicht auswechselbar.

XVIII. Elektrische Reifenwärmer.

Durch wagerechte Ausführung der erfassenden Backen wird es möglich, Reifen, welche zum Aufziehen auf Räder oder Behälter dienen, elektrisch zu erwärmen. Hierbei können die Maschinen, wie aus der Abb. 240 ersichtlich, für einphasigen Anschluß oder bei Drehstrom für dreiphasigen Anschluß gebaut werden. Da die Erwärmung auf eine ziemlich große Länge durchgeführt werden muß, ist zu beachten, daß sich die Reifen bei sehr kurzer Erwärmungsdauer nicht ganz gleichmäßig erwärmen. Man muß die Maschinen mithin so bemessen, daß die Wärme Zeit genug hat, sich gleichmäßig zu verteilen. Diese Erscheinung tritt besonders bei einphasigen Anschlüssen auf, bei dreiphasigen Anschlüssen ist die Gefahr ungleichmäßiger Wärmeverteilung etwas geringer, da die Wärme sich auf drei Stellen verteilt. Insbesondere zeigt sich auch bei der Erwärmung geschweißter Reifen, daß sich die Wärme an der Schweißstelle, falls daselbst

Abb. 240. Reifenwärmer.

eine Wulst oder ein Grat vorhanden ist, infolge des erhöhten oder erniedrigten Widerstandes ungleichmäßig entwickelt. Man muß also die Reifen für elektrische Erwärmung von vornherein so vorbereiten, daß kein Wärmeknotenpunkt entsteht. Diese Erwärmungsmaschinen sind besonders empfehlenswert in geschlossenen Hallen oder auf Baustellen, da keine offene Flamme vorhanden ist und infolgedessen keine Feuersgefahr besteht. Die Leistung der Maschine errechnet sich nach dem Querschnitt. Die Sekundärspannung muß naturgemäß einen höheren Wert haben als bei den Stumpfschweißmaschinen.

Die Regulierung erfolgt auch bei diesen Maschinen in gröberen Stufen, da durch Veränderung des Querschnitts auch eine Längenveränderung auftritt.

Eine zweite Art der Erwärmung von Reifen und Ringen, welche einen größeren Durchmesser als 150 mm besitzen, läßt sich durch elektrische Wärme unter Zuhilfenahme der Induktion ausführen. In diesem Falle bildet der geschlossene Eisenwinkel selbst die Sekundäre, und diese Arbeitsweise bedingt, daß der Kern geöffnet werden kann. In der schematischen Abb. 241 ist eine derartige Maschine ersichtlich. Auf dem einen Schenkel des Kernes sitzen die Primärwindungen, der andere Schenkel ist frei und dient zur Aufnahme des zu erwärmenden Ringes. Zu diesem Zwecke wird das schließende Joch verschiebbar oder, wie aus der Abbildung ersichtlich, drehbar angeordnet, wodurch gleichzeitig der Schalter ausgeschaltet wird. Das Ausgleichsgewicht dient zur leichten Bedienung der Maschine. Bei dünneren Querschnitten können auch mehrere Reifen zugleich erwärmt werden. Eine Spannungsregulierung muß bei diesen Maschinen in viel höherem Maßstabe als bei den Widerstand-Schweißmaschinen erfolgen, da die Längen verschieden sind und infolgedessen verschieden große Widerstände auftreten.

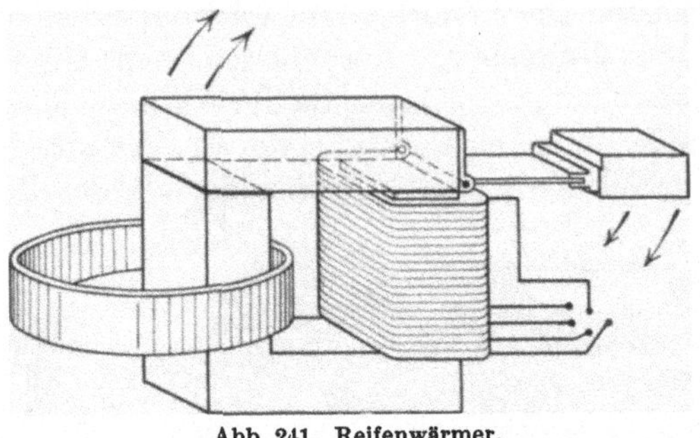

Abb. 241. Reifenwärmer.

XIX. Elektrotrennmaschinen[1]).

Das Schneidverfahren beruht auf einer neuartigen Anwendung des elektrischen Lichtbogens in Verbindung mit einer Metallsäge und verspricht, nach den bisherigen Schnittleistungen zu schließen, einen bedeutsamen Fortschritt auf dem Wege zur Verbilligung und Verbesserung der Arbeitsmethoden. Im folgenden soll die Elektrotrennmaschine und ihre Wirkungsweise beschrieben werden, obgleich dieselbe ebenso wie das Abschmelzverfahren nicht auf dem reinen Thomsonschen Prinzip basiert.

Das neue Schneidverfahren beruht auf dem Gedanken, eine nach Art der bekannten Schnellreibsägen mit etwa 120 m Umfangsgeschwindigkeit pro Sekunde umlaufende dünne Scheibe mit dem Pol einer elektrischen Stromquelle zu verbinden und zum Schneiden des den anderen Pol bildenden Werkstücks zu benutzen. Der Stromerzeuger muß hierbei je nach den Abmessungen des Werkstücks einen Strom bestimmter Stärke und Spannung liefern, so daß sich an der Eingriffsstelle der umlaufenden Trennscheibe im Werkstück ein elektrischer Lichtbogen aus-

[1]) Dr. W. Zimm, Hamburg.

bilden kann. In Abb. 242 ist die Anordnung einer Trennmaschine zum Schneiden schwerer Stabeisen und Profile schematisch dargestellt und in Abb. 243 die Aufnahme einer Versuchsmaschine wiedergegeben. Ein Elektromotor mit einer größten Leistung von 30 PS treibt durch Riemenübertragung die Trennscheibe, die in einem schweren Rahmen

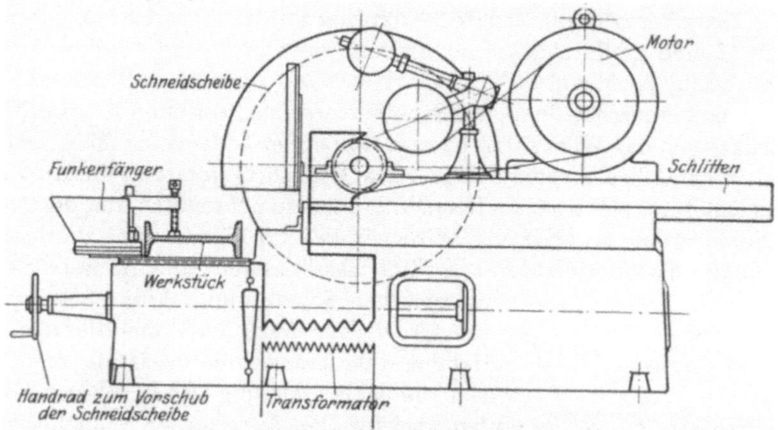

Abb. 242. Anordnung der Elektrotrennmaschine.

elektrisch isoliert und leicht verschiebbar über dem feststehenden Werkstück gelagert ist. Die aus weichem, zähem Stahl hergestellte Schneidscheibe hat 1100 mm Außendurchmesser und ist an dem schwach verbreiterten Ende mit einer feinen Zahnung versehen. Das zu schneidende Werkstück wird in einfachster Weise mit einer Druckschraube auf dem Tisch leicht aufgespannt, so daß es von der Scheibe etwa in der Mitte zwischen ihrer Drehachse und Unterkante getroffen wird. Der Schneidstrom wird bei der bisherigen Ausführung durch einen Transformator mit einer mittleren Leistung von 35 kW erzeugt, der unmittelbar neben der Schneidscheibe angeordnet ist. Die Stromzuführung zur Scheibe geschieht mit reichlich bemessenen Schleifbürsten über die Scheibenwelle; mit dem Werkstück ist der Transformator durch schwere Kabel und im Arbeitstisch verlegte Kupferschienen verbunden. Es ist auch in Aussicht genommen, Gleich-

Abb. 243. Die Elektrotrennmaschine im Betrieb.

strom zum Schneiden zu verwenden und diesen in einem mit der Schneidscheibe zusammengebauten Generator zu erzeugen.

Die Betriebsweise der Trennmaschine ist einfach und setzt wenig Übung voraus. Nachdem die Schneidscheibe auf volle Drehzahl gebracht ist, wird sie nach Einschaltung des den Schneidstrom liefernden Transformators in leichte Berührung mit dem Werkstück gebracht, worauf eine grelle elektrische Flamme an der Eingriffsstelle erscheint und heftig sprühende Funkengarben nach oben und unten aus der Flamme herausschießen. Die Scheibe wird nun fast ohne Kraftaufwand leicht gegen das Werkstück bewegt, wobei der bedienende Mann nur auf die gleichmäßige Stromaufnahme des Transformators und die Aufrechterhaltung der elektrischen Schneidflamme zu achten hat, um die größte Schnittleistung zu erzielen. Wird nämlich für eine gewisse Werkstückdicke der Vorschub zu groß gewählt, also im Grenzfall eine feste Berührung zwischen Scheibe und Werkstück herbeigeführt, so verschwindet die Schneidflamme vollständig und die Transformatorleistung steigt an, wobei die Schnittleistung trotz größeren Kraftaufwandes für den Antrieb der Schneidscheibe stark abnimmt. Die zweckmäßigste Schnittgeschwindigkeit ergibt sich somit nach oben ohne weiteres durch Beobachtung der normalen Stromaufnahme des Transformators und der gleichmäßigen Flammenbildung in der Eingriffsstelle. Bei diesen günstigsten Schneidverhältnissen zeigt die Scheibe selbst nach längster Schnittdauer keine nennenswerte Erwärmung, da naturgemäß durch die rasche Drehung an sich und durch den kräftigen nach außen fortgeschleuderten Luftstrom eine ununterbrochene Kühlung stattfindet. Zwischen den feinen Zähnen der Scheibe setzen sich nach längerer Betriebsdauer Abbrände des Werkstücks fest, die jedoch ohne Ausbau der Scheibe auf der Maschine mit einem geeigneten Werkzeug leicht herausgestoßen werden können. Bemerkenswerterweise tritt eine starke Erwärmung und Abnutzung der Schneidscheibe ein, wenn der Schneidstrom kurze Zeit ausgeschaltet wird, da dann eine mechanische Materialtrennung von der Scheibe verrichtet werden muß. Es ist ferner zu beachten, daß das Schneiden schwerer Profile, die der Scheibe eine stark wechselnde Eingriffsfläche bieten, einige Aufmerksamkeit erfordert. Beim plötzlichen Auftreffen auf einen größeren Querschnitt — z. B. der in Abb. 244 dargestellten Schiene — muß zur Unterhaltung der wirksamen Schneidflamme die Vorschubgeschwindigkeit verringert werden. Wie unten erläutert wird, erfordert das schnellste und billigste Schneiden eine gewisse Stromstärke, bezogen auf die Einheit des Schnittfugenquerschnitts. Daher läßt sich mit einem gegebenen Transformator nicht jeder belie-

Abb. 244. Gesamtschnitt.

big große Querschnitt gleich günstig schneiden. Es liegen bei dem Lichtbogenschneiden ähnliche Verhältnisse vor wie bei dem Autogenschneiden, wo je nach der Dicke des Werkstücks verschiedene Schneiddüsen und Sauerstoffdrucke Verwendung finden. Schwere Blöcke oder Profile können jedoch elektrisch, falls die Schneidstromenergie zu einem Gesamtschnitt nicht ausreicht, durch mehrere in wagerechter Richtung gelegte Teilschnitte geringer Tiefe geschnitten werden, etwa nach Abb. 245, wobei eine ebenso saubere Schnittfläche entsteht wie beim einmaligen Gesamtschnitt des Profils. Dieses Verfahren, das nur wenig geringere Schnittleistungen liefert als ein Gesamtschnitt, gibt der Elektrotrennmaschine eine außerordentlich vielseitige Anwendungsmöglichkeit, ohne besondere bauliche Umänderungen oder Einrichtungen zu erfordern.

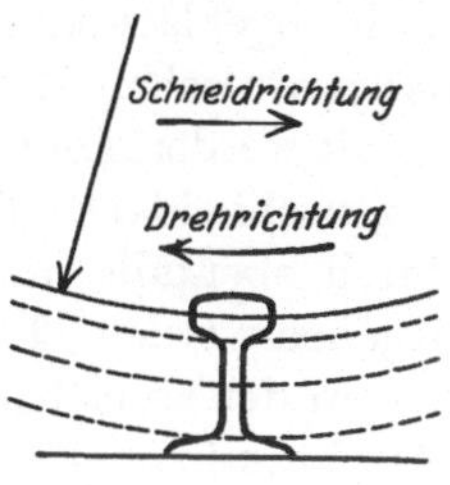

Abb. 245. Teilschnitt.

Die Wirkungsweise der Trennmaschine ergibt sich aus der Betrachtung der in der Schneidzone auftretenden Vorgänge und aus der Untersuchung der im Funkenregen fortgeschleuderten Teilchen, die sich teils als bräunlicher Staub, teils als zusammenbackende, verbrannte Eisentröpfchen niederschlagen. Die elektrische Schneidflamme in der Eingriffsstelle — siehe Abb. 246 — zeigt alle Merkmale des Davyschen Lichtbogens. Sie läßt sich durch einen Magneten ablenken und enthält, wie aus Spektraluntersuchungen hervorgeht, Metalldämpfe. Dennoch handelt es sich nicht um den bekannten stationären Lichtbogen, der z. B. zum Lichtbogenschweißen verwandt wird, sondern um eine neuartige Flammenerscheinung zwischen der feststehenden, bis zum Verdampfen erhitzten Werkstückelektrode und der äußerst rasch umlaufenden, fast kalten Scheibenelektrode. Auch diese Schneidflamme ist wie der stationäre Lichtbogen an eine gewisse spezifische Belastung des Eingriffsquerschnitts mit elektrischer Energie gebunden, weswegen mit einer gegebenen Schneidstromleistung nicht beliebig große Werkstücke mit einem Gesamtschnitt durchschnitten werden können. Die Ansatzzone der Flamme im Werkstück ist, wie die Untersuchung zeigt, im flüssigen Zustande und sendet neben Metalldämpfen auch einen Sprühregen feiner Metalltröpfchen aus. In diese brodelnde Masse schlägt die Zahnung der umlaufenden Scheibe und der von ihr mitgerissene Luftstrom ein und bewirkt eine Verbrennung und mechanische Ausräumung der Verbrennungsprodukte aus der Schnittfuge.

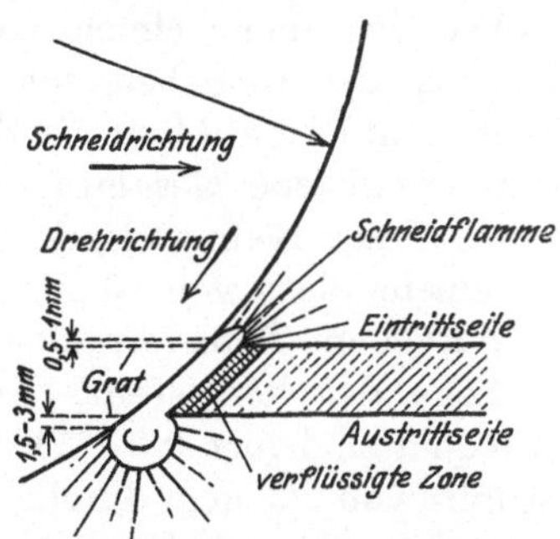

Abb. 246. Wirkungsweise der Maschine.

Leistungsfähigkeit und Wirtschaftlichkeit.

Ein endgültiges zahlenmäßiges Urteil über die Leistungsfähigkeit der Elektrotrennmaschine dürfte im gegenwärtigen Stadium der Entwicklung verfrüht sein, da dem Verfasser noch zu wenig planmäßige, unter praktischen Verhältnissen aufgenommene Untersuchungsergebnisse zur Verfügung stehen. Die im folgenden mitgeteilten Zahlenangaben sollen nur einen Anhalt für die Beurteilung ergeben, zumal Faktoren, die für die Schnittleistung von wesentlicher Bedeutung sein können, noch ungeklärt sind. Es ist sogar höchst wahrscheinlich, daß im Verlauf der praktischen Erprobung noch erheblich günstigere Schnittleistungen erzielt werden können. Wenn hier der naheliegende Vergleich des Lichtbogenschneidens mit dem Autogenschneiden gezogen wird, so soll dadurch ebenfalls nur ein Vergleichsmaßstab für eine erste Beurteilung gegeben werden. Es liegt auch auf der Hand, daß das Lichtbogenschneiden in der zunächst vorliegenden Ausführungsform mit einer ortsfesten Maschine in vielen Fällen als Ersatz des Autogenschneidens gar nicht in Frage kommt. Es handelt sich hier um eine Maschine im Gegensatz zum Schneidbrenner, der ein Handwerkzeug ist. Andererseits darf nicht verkannt werden, daß die Unabhängigkeit vom Sauerstoff und anderen Gasen betriebstechnisch eine große Rolle spielt und bei Arbeiten in der Werkstatt sehr ins Gewicht fällt.

Ein U-Eisen NP 26 wird im Mittel in 12 Sekunden durchschnitten, wobei der den Schneidstrom liefernde Transformator primärseitig 34 kVA, der Antriebsmotor der Scheibe 24 kVA aufnehmen. Bei einer Dicke von 10 und 14 mm in Steg und Flansch beträgt der mit 0,193 kWh durchschnittene Gesamtquerschnitt 48,3 qcm. Mit 1 kWh wird also unter diesen Bedingungen ein Querschnitt von 250 qcm durchschnitten. In einem Blech von 20 mm Dicke wird ein Schnitt von 1 m Länge mit 45,5 kVA im Transformator und 24 kVA im Motor in einer Zeit von 47 Sekunden hergestellt. Für den durchschnittenen Querschnitt von 200 qcm sind hier 0,9 kWh aufgewandt oder mit 1 kWh wird ein Querschnitt von 223 qcm durchschnitten. Diese geringe Erhöhung des Energieverbrauchs erklärt sich aus der verschiedenartigen Belastung des Eingriffsquerschnittes mit elektrischer Energie infolge der begrenzten Anpassungsfähigkeit des Transformators. Es dürfte hieraus zu folgern sein, daß die Schnittleistung auf die kWh bezogen bis zu einer gewissen Grenze um so günstiger wird, je stärker die spezifische Querschnittsbelastung ist, und es erscheint fraglich, ob mit dem obigen Wert von 250 qcm Schnittfläche für 1 kWh schon der günstigste praktisch mögliche Wert erreicht worden ist. Aus den obigen Erläuterungen zur Wirkungsweise der Maschine ergibt sich eine Bestätigung dieser Folgerung, da naturgemäß die Verbrennungsvorgänge in der Schneidflamme mit gesteigerter Stromstärke schneller und heftiger verlaufen. Als weiteres

Beispiel sei noch ein wagerechter Teilschnitt durch einen schweren Block nach dem in Abb. 245 dargestellten Arbeitsverfahren angeführt, das — wie oben erwähnt — auch bei begrenzter Schneidstromenergie ein Schneiden der schwersten Profile ermöglicht. Bei dieser Stellung des Werkstücks zur Schneidscheibe wird nur ein Teil der der Scheibe zugeführten elektrischen Energie im Sinne der Schneidrichtung Verbrennungsarbeit verrichten und ein anderer, nicht unbedeutender Teil im Grunde der Schneidfuge eine unvollkommen ausgenutzte Erwärmung hervorrufen. Je kürzer aber bei einer gegebenen Werkstückdicke der Eingriffskreis der Schneidscheibe ist, desto günstiger verläuft nach obigem der Schneidvorgang unter sonst gleichen Verhältnissen. Ein Einschnitt von 1 m Länge und 10 mm Tiefe erfordert bei 30 kVA im Transformator und 21 kVA im Motor eine Zeitdauer von 36 Sekunden. Zum Durchschneiden eines Querschnitts von 100 qcm sind unter diesen, durch den Sonderzweck gegebenen Arbeitsbedingungen 0,515 kWh erforderlich; mit 1 kWh ist also eine Fläche von 195 qcm durchschnitten. Es liegt auf der Hand, daß dieses Ergebnis erheblich verbessert würde, wenn zu dem vorliegenden Arbeitsgang unter sonst gleichen Umständen eine Schneidscheibe kleineren Durchmessers verwendet würde.

Zur Gegenüberstellung des Autogenschneidens seien aus diesen drei Beispielen die normaler Betriebsweise entsprechenden Werte für Gesamtschnitte herausgegriffen, ebenso wie die im Schrifttum verbreiteten Angaben über Sauerstoffverbrauch usw. sich auf die zweckmäßigsten Düsenquerschnitte, Drucke usw. beziehen. In einem Flußeisenblech von 20 mm Dicke erforderte eine Schnittlänge von 1 m einen Energieaufwand von 0,9 kWh. Legt man nach Schimpke[1]) für die Stromkosten je nach den örtlichen Verhältnissen als Grenze nach unten 0,05 M/kWh und nach oben 0,15 M/kWh zugrunde, so kostet die Schnittlänge von 1 m im Flußeisenblech von 20 mm Stärke an aufzuwendender elektrischer Energie zwischen 0,045 M. bis 0,135 M. Demgegenüber ist beim Autogenschneiden nach Schimpke mit einem Sauerstoffpreis zwischen 0,65 und 0,95 M/cbm und Azetylenpreis von 0,88 bis 1,28 M/cbm zu rechnen, je nach Transportkosten und Abnahme größerer oder kleinerer Mengen. Eine Schnittlänge von 1 m erfordert nach den allgemein gebrauchten Unterlagen im 20-mm-Blech 300 l Sauerstoff und 23 l Azetylen, also ingesamt an Gaskosten 0,21 bis 0,31 M. Der Lohnaufwand steht, wenn es sich um eine ständige Schneidarbeit handelt, im Verhältnis der Schnittzeiten, nämlich 47 Sekunden beim elektrischen Schneiden und 300 Sekunden beim Autogenschneiden. Betrachtet man das Schneiden des U-Eisens NP 26, so verschieben sich diese Verhältniszahlen noch weiter zuungunsten des Autogenschneidens. Das elektrische Schneiden

[1]) Dr.-Ing. Schimpke, Wirtschaftliche Vergleichsversuche zwischen autogener und elektrischer Blechschweißung. Schmelzschweißung 1925, S. 105.

erforderte bei 12 Sekunden Dauer 0,193 kWh oder zwischen 0,01 M. bis 0,03 M. an Stromkosten. Zum Autogenschneiden des Profils werden 75 l Sauerstoff und 14 l Azetylen, folglich an Gaskosten zwischen 0,1 M. bis 0,14 M. gebraucht bei einer Schnittdauer von 150 Sekunden. Zur besseren Übersicht seien diese Vergleichswerte der Energiekosten noch tabellarisch zusammengestellt.

Elektrisches Schneiden	Autogenschneiden
20-mm-Blech, Schnittlänge 1 m	
Stromkosten zwischen 0,045—0,135 M. Schnittdauer 47 Sekunden	Gaskosten zwischen 0,21—0,31 M. Schnittdauer 300 Sekunden
U-Eisen, NP 26	
Stromkosten zwischen 0,01—0,03 M. Schnittdauer 12 Sekunden	Gaskosten zwischen 0,1—0,14 M. Schnittdauer 150 Sekunden

Es sei nochmals bemerkt, daß die Angaben über das elektrische Schneiden nicht als Paradewerte angesehen werden dürfen, sondern nur als mittlere Betriebswerte. Eine Verbesserung der Werte ist mit hoher Wahrscheinlichkeit zu erwarten. Dazu ist noch zu erwähnen, daß die Elektrotrennmaschine nach den bisher vorliegenden Versuchen auch hochgekohlte und legierte Stähle ohne Anstand schneidet. Ferner lassen sich Bronzen und Gußeisensorten schneiden, obwohl im letzteren Falle noch die Verschmutzung der Schneidscheibe durch Abbrände störend wirkt. Die Abnutzung der Schneidscheibe hält sich dabei in sehr geringen Grenzen und dürfte etwa der einer Schnellreibsäge entsprechen. Von einem zahlenmäßigen Vergleich der Elektrotrennmaschine mit einer Schnellreibsäge soll an dieser Stelle abgesehen werden, da die Schnellreibsäge nur ein beschränktes Anwendungsgebiet besitzt und unsaubere Schnitte liefert, die mit den Elektrotrennschnitten nicht in Parallele gestellt werden dürfen.

Zusammenfassend ist über die Elektrotrennmaschine folgendes zu sagen: Die hier zum ersten Male praktisch gelöste gleichzeitige Verwendung von elektrothermischen und mechanischen Hilfsmitteln zur Bearbeitung technischer Werkstoffe erweist sich als ein hochwirtschaftliches und leistungsfähiges Verfahren. Es wird der bekannte Vorzug der elektrischen Energie, sich örtlich konzentriert in Wärme umsetzen zu lassen, ausgenutzt, um die mechanische Arbeit der eigentlichen Schneidscheibe auf einen Mindestwert zu beschränken und sie in der Hauptsache zur Erzeugung scharfer, sauberer Schnittflächen zu benutzen. Als Mittel zur Umsetzung der elektrischen Energie in Wärme dient der Lichtbogen zwischen der rasch umlaufenden Schneidscheibe und dem feststehenden Werkstück. Die planmäßige Unterhaltung des Lichtbogens, der hier sinngemäß als elektrische Schneidflamme zu bezeichnen wäre, erfordert bei geeignetem Strom- und Spannungsverhältnis keine besondere Handfertigkeit oder Geschicklichkeit wie beim Lichtbogenschweißen, sondern lediglich eine Anpassung des Schneidscheibenvorschubs an die Abbrand- und Ausräumgeschwindigkeit im Werkstück. Am wirtschaftlichsten ist ein Gesamtschnitt durch das Werkstück, wozu je nach der Größe des Querschnitts eine bestimmte Energiemenge zur Verfügung stehen muß. Es lassen sich jedoch bei begrenzter elektrischer Leistung auch Teilschnitte vornehmen, die beliebig große Stücke zu schneiden gestatten. Beide Ausführungsarten geben einen sauberen, scharfen Schnitt, der weder die gefährlichen Kaltdeformationen des Scherenschnitts noch die Überhitzungserscheinungen des Autogenschnittes aufweist. Eine schwache Gratbildung und Furchung der Schnittflächen, die von einem Wandern und Schwingen der Schneidscheibe herrührt, dürfte sich bei verbesserter Konstruktion der Maschine vermeiden lassen. Die Tiefenwirkung des Elektrotrennschnitts im Flußeisen reicht kaum 0,1 mm tief und besteht in einem leichten Ausglühen des Werkstoffs bis auf Umwandlungstemperatur. Es lassen sich nach den bisherigen Erfahrungen hochgekohlte und legierte Stähle ebenso sicher schneiden wie Flußeisensorten, da die elektrische Verflüssigung und Verbrennung des Werkstoffs die Schneidscheibe größerer mechanischer Schneidarbeit enthebt. Aus den bisherigen Schneidversuchen mit einer konstruktiv noch verbesserungsfähigen Trennmaschine ergeben sich ganz außerordentliche Ersparnisse gegenüber dem etwa gleichwertige Schnitte liefernden Autogenschneiden. Die Abnutzung der aus billigem, zähem Flußeisen hergestellten Schneidscheibe ist geringfügig und spielt neben den Betriebskosten kaum eine Rolle. Das neue Verfahren dürfte daher auf Grund seiner vollkommeneren Wirkungsweise berufen sein, andere ortsfeste Schneideinrichtungen, die auf rein chemischen oder mechanischen Wirkungen beruhen oder die arbeitsparende Erwärmung des Werkstücks in einem besonderen Ofen vornehmen, zu ersetzen.

XX. Anschluß elektrischer Widerstandschweißmaschinen.

Die elektrischen Widerstandschweißmaschinen arbeiten fast ausnahmslos mit einphasigem Wechselstrom, und ihr Anschluß wird heute fast durchweg von jedem Elektrizitätswerk gestattet. Die Befürchtung einer Netzstörung durch den niedrigen Leistungsfaktor der Maschinen war, wie Versuche in verschiedenen Elektrizitätswerken bestätigt haben, unbegründet. Größere Maschinen erhalten ihre eigenen Transformatoren, welche hochspannungsseitig die plötzlichen Einschaltstöße der Sekundärseite nicht übertragen. Diese Transformatoren sind meistens für Drehstrom gebaut und haben in der Primärseite entweder Stern- oder Dreieckschaltung. Auf der Niederspannungsseite, an der der Anschlußstrom entnommen wird, werden diese Transformatoren, um keine schädlichen

Spannungsabfälle zu erhalten, vielfach in Zickzackschaltung oder aber auch in V-Schaltung ausgeführt. Beide Schaltungen ermöglichen eine günstige Stromabnahme ohne besonderen Spannungsabfall. Der so erhaltene Wechselstrom oder Einphasenstrom wird dann der Maschine zugeführt, und zwar zuerst den Sicherungen, welche der Stromstärke entsprechend dimensioniert sind. Dieser Anschluß erfordert zwei Zuleitungen, welche den Ortsverhältnissen entsprechend auch beweglich sein können.

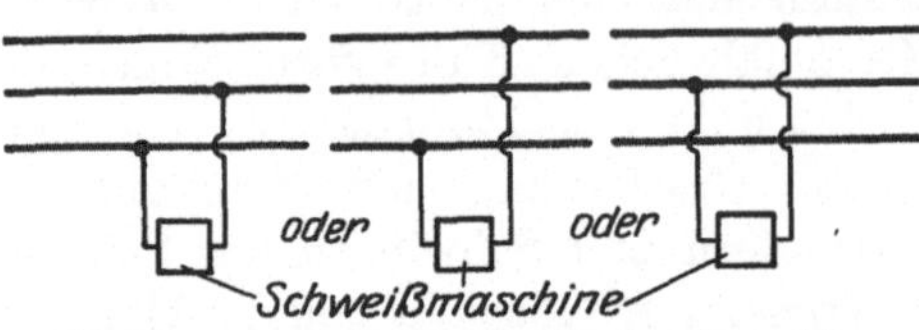

Abb. 247. Anschluß einer Punktschweißmaschine.

Der erforderliche Querschnitt ergibt sich, bei nicht allzu großer Entfernung von der Transformatorstelle, durch Division der primär aufgenommenen Höchstamperezahl durch die zulässige Beanspruchung pro qmm. Man kann bei intermittierender Belastung hierfür etwa 4 Ampere annehmen. Somit ergeben sich für die Anschlußleitung einer 12 kVA-Punktschweißmaschine bei einer Spannung von 220 Volt 55 Ampere mit 16 qmm Kupfer.

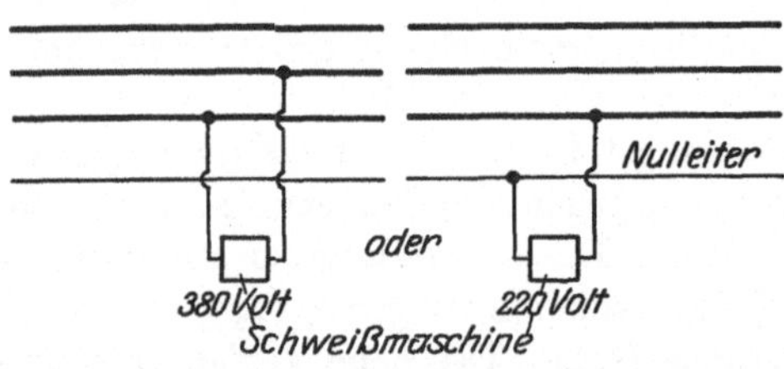

Abb. 248. Anschluß bei Drehstrom und Nulleiter.

Arbeitet die Maschine ständig unter Vollast, so wird der so dimensionierte Leiter zu warm und verursacht auch Spannungsabfall. In diesem Falle muß die pro qmm zugelassene Stromstärke für den Leiter weniger als 3 Ampere betragen. Besonderer Wert ist auch darauf zu legen, daß stets die volle Netzspannung herrscht, denn nur in diesem Falle erreicht man die Höchstleistungen, für welche die Maschinen angeschafft wurden.

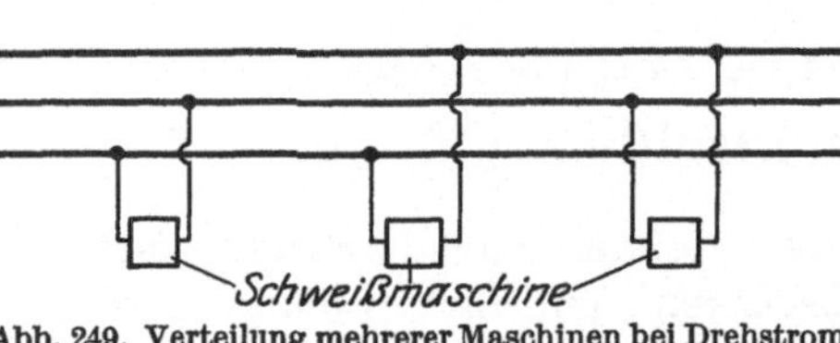

Abb. 249. Verteilung mehrerer Maschinen bei Drehstrom.

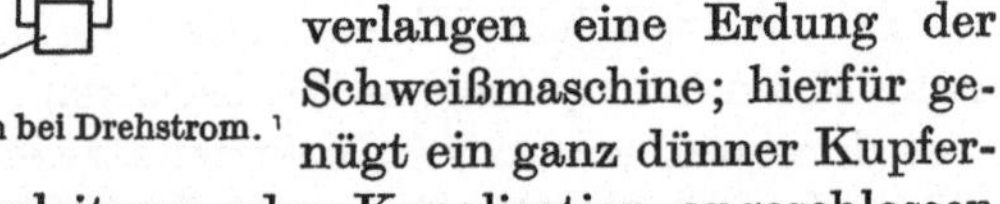

Die Vorschriften des VDE verlangen eine Erdung der Schweißmaschine; hierfür genügt ein ganz dünner Kupferleiter, welcher an die Wasserleitung oder Kanalisation angeschlossen wird. Sind mehrere Maschinen anzuschließen, und wird der Strom nicht von einem eigenen Transformator geliefert, sondern erhält man ihn vom städtischen Netz, so ist es am besten, wenn man die Maschine auf jede der Phasen verteilt. In Abb. 247 ist der Anschluß einer gewöhnlichen Punktschweißmaschine schematisch dargestellt. Abb. 248 zeigt eine Anordnung bei Drehstromnetz, wobei der Nulleiter ausgeführt ist. Abb. 249 zeigt die Verteilung mehrerer Schweißmaschinen auf ein Drehstromnetz.

Falls mechanische Kraft vorhanden ist, kann diese in Wechselstromgeneratoren umgeformt werden. In diesem Falle wird an die Maschine eine kleine Erregermaschine angebracht, durch welche man die Primärspannung beliebig erhöhen kann. Hier ist also neben der durch die Maschine gebotenen Regulierung noch die Regelung durch die Erregung möglich.

Bei einem Gleichstromnetz ist der Anschluß von elektrischen Widerstandschweißmaschinen durch Umformung in rotierenden Maschinen ausführbar. Hierzu dienen die Motorgeneratoren und Einankerumformer. Bei den Motorgeneratoren liefert der Gleichstrommotor die für die Wechselstrommaschine erforderliche Energie und diese liefert dann den Schweißstrom. Diese Stromerzeugung ist mit Mehrkosten verbunden, ermöglicht aber, einen vorhandenen Motor oder eine vorhandene Dynamo zu verwenden. Die meist gebräuchliche Umformung von Gleichstrom in Wechselstrom erfolgt durch die schon genannten Einankerumformer, welche auf einer Seite den zugeführten Gleichstrom in demselben Gehäuse in Wechselstrom umgeformt an zwei Klemmen abgeben. In Abb. 250 ist der schematische Aufbau einer derartigen Anlage gekennzeichnet. Auch hier besteht die Möglichkeit, durch die Erregung die Wechselstromspannung zu regulieren, wodurch Spannungsabfälle ausgeglichen werden können. Die Einankerumformer eignen sich auch sehr gut für die stoßweise Belastung bei den Punktschweißmaschinen, da der Rotor ziemlich schwer ausfällt und Stöße infolge der lebendigen Kraft leicht überbrücken kann. Die Zuleitungen gleichstromseitig können entsprechend schwächer gewählt werden, da die Leistung der Wechselstrommaschinen auch von der Scheinleistung bzw. vom Leistungsfaktor abhängt. Dieser beträgt bei Einankerumformern meistens 0,6—0,8, und die Gleichstromseite wird durch die höhere Stromstärke nicht belastet.

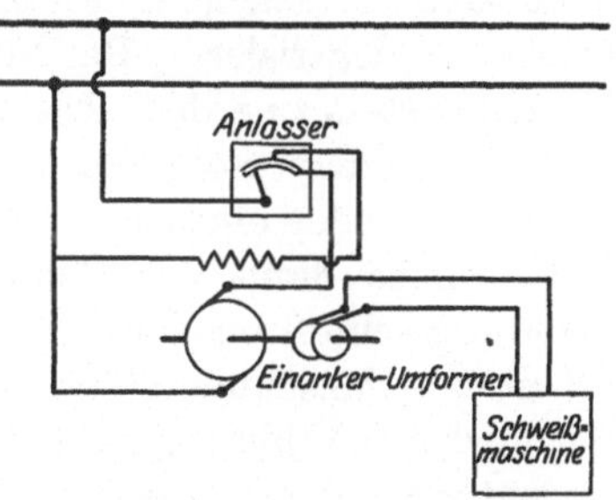

Abb. 250. Anschluß bei Gleichstrom.

XXI. Wartung elektrischer Schweißmaschinen.

Es ist wichtig, daß die im Betrieb befindlichen Maschinen nach ihrer Arbeitszeit ständig untersucht werden, ebenso muß, falls sich während der Betriebszeit ein Nachlassen der Schweißleistung oder Erwärmung zeigt, sofort die Ursache festgestellt werden. Da die meisten Maschinen keine beweglichen Teile haben, kommen Störungen ziemlich selten vor und haben fast immer den gleichen Charakter. Das Sauberhalten der

Maschinen, namentlich von Metallstaub und Öl, ist insofern wichtig, als die meisten Fehlerquellen von einer derartigen Verunreinigung herrühren. Im allgemeinen kann man zweierlei Störungen unterscheiden, nämlich Störung im mechanischen und im elektrotechnischen Teil. Die mechanischen Störungsursachen sind genau dieselben wie bei allen anderen Maschinen und können somit leicht festgestellt werden, nicht so die Störungen, welche vom elektrischen Teil herrühren. Bei diesen ist zu unterscheiden, ob die Störungsursache an der Primärseite oder an der Sekundärseite der Maschine liegt. Die häufigsten Primärstörungen sind die Körperschlüsse, ferner die Windungsschlüsse. Der Körperschluß wird durch Durchscheuern einer isolierten Stelle an der Primärwicklung oder -zuleitung verursacht und macht sich sofort dadurch bemerkbar, daß die Maschine elektrisiert. Bei höheren Spannungen ist zur Sicherheit die Maschine stets zu erden. Die Beseitigung der Körperschlüsse ist ziemlich einfach; man verfolgt zu diesem Zweck die Zuleitung mittels einer Prüflampe oder eines Kurbelinduktors und stellt die Berührungsstelle fest, welche dann zur Behebung des Fehlers zu isolieren ist. Der Windungsschluß macht sich dadurch bemerkbar, daß die sonst sehr gut arbeitende Maschine plötzlich die Sicherungen durchschlägt. Infolge der niedrigen Windungszahl ist die Leerlaufspannung der Elektroden eine wesentlich höhere, was zur Folge hat, daß das Schweißgut verbrennt. Die Fehlerursache ist auf einen Schluß der einzelnen Windungen zurückzuführen, wobei sich das Übersetzungsverhältnis ändert und die Sekundärspannung steigt. Abhilfe schafft man ebenfalls durch Isolieren der Stelle. Die primärseitig vorkommenden Störungsursachen sind Lockerung der einzelnen Primärkontakte, insbesondere bei den beweglichen Leitern der Maschinen, wie an Zuleitungen und am Klopfschalter. Sekundärstörungen können ebenfalls durch sekundäre Nebenschlüsse sowie durch Fehlkontakte verursacht werden. Bei sekundären Nebenschlüssen ist es charakteristisch, daß ein Teil, vielleicht am Maschinengehäuse, oder aber ein Gestänge die Sekundärwindung aus den Werkzeugorganen schließt, es bildet sich also eine Nebensekundäre. In diesem Falle macht sich der Fehler durch Glühen sofort bemerkbar, und man isoliert am besten mit Preßspan oder ähnlichem Isolierstoff. Die Kontaktstellen in den Sekundärwindungen bilden die meisten Störungsursachen. Dieser Umstand macht sich dadurch bemerkbar, daß die Maschine trotz der regelrechten Leistungsaufnahme sekundärseitig keine oder nur geringere Schweißleistung hergibt. Die Ursache des Fehlers liegt in diesem Falle an den Übergangsstellen, wo sich entweder Schrauben gelockert oder Verunreinigungen besonders dadurch, daß Öl in die Kontaktstellen hineingeflossen ist, gebildet haben. Aus diesem Grunde müssen die Kontaktstellen im Sekundärweg stets beobachtet werden und, bevor die Stelle zum Schmoren neigt, durch Lösen des Kontaktes und Reinigen mittels Schlichtfeile oder Schmirgelleinen wieder in guten Kontakt gebracht werden. Einen weiteren Anlaß zu Störungen gibt die Kühlung an den Sekundären. Ist diese nicht ausreichend, so erwärmt sich die Sekundärleitung sogar über die Oxydationstemperatur hinaus. Der Kontaktwiderstand wird durch eine Oxydschicht wesentlich erhöht. Hat sich einmal eine solche Schicht gebildet und arbeitet die Maschine weiter, so beginnt diese Stelle zu schmoren und der Kontakt wird nach und nach mangelhafter. Insbesondere muß noch darauf geachtet werden, daß die Kühlung nicht undicht wird, weil hierdurch Feuchtigkeitsschlüsse verursacht werden können.

XXII. Literaturverzeichnis.

Achenbach, F. W. und Lavroff, S. J.: Elektrisches und autogenes Schweißen und Schneiden von Metallen. 1925.
AEG: Elektrisches Schweißen.
Drucker: Elektrolaaschen, Klinknagelerwärmer.
Fodor, Etienne de: Die elektrische Schweißung und Lötung. 1892.
Horner, H. A.: Spot and Arc Welding. 1920.
Schimpke, Paul: Die neueren Schweißverfahren. 2. Aufl. Berlin: Julius Springer 1926.
Schimpke-Horn: Handbuch der gesamten Schweißtechnik II. Berlin: Julius Springer 1926.
Seifert, P.: Die elektrischen Schweißverfahren. Bespr. Maschinenbau 1925.
Viall, E.: Electric Welding. New York 1922.

Zeitschriften.

Welding Engineer: Punktschweißen, 9 (1924) Nr. 10, S. 38 u. 40 (2 Sp.).
Machinery. A. M. Lount: Stumpfschweißen mehrfach gekröpfter Kurbelwellen, 31 (1924) Nr. 2 S. 144/145 (3 Sp., 2 Zeichn.).
Glasers Annalen, Füchsel: Bewertung der elektrischen Widerstandschweißung nach dem Stumpfschweiß- und Abschmelzverfahren. 95 (1924) Nr. 10, S. 235/240 (7 Sp., 3 Fot., 1 Gefügebild).
Stahl und Eisen, Hahn: Die Beeinflussung der Schweißbarkeit des Flußeisens durch Zusätze von Elementen, die mit dem Eisen Mischkristalle bilden. 45 (1925) Nr. 1, S. 7 (2 Sp., 2 Fot., 1 Zahlentafel).
Gefei-Monatshefte, Schröder. Hochstimm.
Würzburger Nachrichten, Schmatz: Elektrisches Schweißen.

Katalogmaterial

der Firmen:

Allgemeine Elektrizitäts-Gesellschaft. Berlin.
Gefei-Gesellschaft für elektrotechnische Industrie m. b. H. Berlin.
Moll, Maschinenbauanstalt. Chemnitz.
„Soag“ Schweißmaschinenfabrik A.-G. vorm. „Desfa“. Düsseldorf.
Charlottenburger Schweißmaschinenfabrik. Charlottenburg.
Altonaer Maschinenfabrik. Altona.
Adolf Pfretzschner G. m. b. H., Pasing.

Namen- und Sachverzeichnis.

Die neueren Schweißverfahren. Von Prof. Dr.-Ing. **Paul Schimpke,** Chemnitz. Zweite, verbesserte und vermehrte Auflage. (Werstattbücher, Heft 13.) Mit 71 Figuren und 4 Zahlentafeln im Text. 70 Seiten. 1926. RM 1.80

Das Kupferschweißverfahren insbesondere bei Lokomotiv-Feuerbüchsen. Eine Anleitung von Regierungsbaurat **Adolf Bothe,** Leiter der Betriebsabteilung für Lokomotiven beim Reichsbahn-Ausbesserungswerk Grunewald. Mit 22 Textabbildungen. VI, 56 Seiten. 1923. RM 2.—

Das autogene Schweißen und Schneiden mit Sauerstoff. Handbuch zum Studium, zur Einrichtung und zum Betrieb von Sauerstoff-Metallbearbeitungs-Anlagen. Von Ing. **Felix Kagerer.** Dritte, verbesserte und erweiterte Auflage. (Technische Praxis Bd. I.) Mit 127 Abbildungen und 15 Tabellen. 278 Seiten. 1923. (Verlag von Julius Springer in Wien.)
Pappbd. gebunden RM 3.—

Lehrgang der Härtetechnik. Von Studienrat Dipl.-Ing. **Joh. Schiefer** und Fachlehrer **E. Grün.** Dritte, verbesserte Auflage. Mit 175 Textabbildungen. VI, 213 Seiten. Erscheint im Juli 1927

Härten und Vergüten. Von **Eugen Simon.** Erster Teil: Stahl und sein Verhalten. Zweite, verbesserte Auflage. (7.—15. Tausend.) Mit 63 Figuren und 6 Zahlentafeln. 64 Seiten. Zweiter Teil: Die Praxis der Warmbehandlung. Zweite verbesserte Auflage. (7.—15. Tausend.) Mit 105 Figuren und 11 Zahlentafeln. 64 Seiten. 1923. (Bildet Heft 7 und 8 der Werkstattbücher. Herausgegeben von Eugen Simon.) Jedes Heft RM 1.80

Die Einsatzhärtung von Eisen und Stahl. Berechtigte deutsche Übersetzung der Schrift „The Case Hardening of Steel" von **Harry Brearley,** Sheffield. Von Dr.-Ing. **Rudolf Schäfer.** Mit 124 Textabbildungen. VIII, 250 Seiten. 1926. Gebunden RM 19.50

Die Konstruktionsstähle und ihre Wärmebehandlung. Von Dr.-Ing. **Rudolf Schäfer.** Mit 205 Textabbildungen und 1 Tafel. VIII, 370 Seiten. 1923. Gebunden RM 15.—

Die Edelstähle. Ihre metallurgischen Grundlagen. Von Dr.-Ing. **F. Rapatz.** Mit 93 Abbildungen. VI, 219 Seiten. 1925. Gebunden RM 12.—

Einführung in die Elektrizitätslehre. Von Prof. Dr. **R. W. Pohl,** Göttingen. Mit 393 Abbildungen. VII, 256 Seiten. 1927. Gebunden RM 13.80

Das elektromagnetische Feld. Ein Lehrbuch von **Emil Cohn,** ehem. Professor der theoretischen Physik an der Universität Straßburg. Zweite, völlig neubearbeitete Auflage. Mit 41 Textabbildungen. VI, 366 Seiten. 1927. Gebunden RM 24.—